高等职业教育水利类一体化教材

中小型水泵及水泵站设计

主　编　张　超　郑恩楠　刘志凯
副主编　金斌斌　赵小勇　冯鼎锐
邓　聪　刘孔英

北京航空航天大学出版社

内容简介

本书是按照教育部对高职高专教育的教学基本要求和相关专业课程标准编写的，是一本系统介绍中小型水泵站设计原理的应用型技术书籍，内容包括泵站规划、机电设备选型与配套、泵房设计、进出水建筑物及出水管道设计、离心泵初步设计示例、轴流泵站初步设计示例、机电设备。书中不仅讲解水泵站的理论知识，还结合实际案例，深入剖析了水泵站设计流程中的相关问题。

本书可作为高职高专水利水电类专业以及市政工程、给排水与环境工程等专业课程的教学用书，也可作为从事水泵站工程人员的技术参考用书。

图书在版编目(CIP)数据

中小型水泵及水泵站设计 / 张超，郑恩楠，刘志凯主编 ；金斌斌等副主编. -- 北京 ：北京航空航天大学出版社，2024. 6

ISBN 978-7-5124-4320-4

Ⅰ. ①中… Ⅱ. ①张… ②郑… ③刘… ④金… Ⅲ. ①水泵－设计－高等职业教育－教学参考资料②泵站－设计－高等职业教育－教学参考资料 Ⅳ. ①TV675

中国国家版本馆 CIP 数据核字(2024)第 025512 号

中小型水泵及水泵站设计

主　编　张　超　郑恩楠　刘志凯
副主编　金斌斌　赵小勇　冯鼎锐
邓　聪　刘孔英
策划编辑　杨晓方　　责任编辑　杨晓方

*

北京航空航天大学出版社出版发行
北京市海淀区学院路 37 号(邮编 100191)　http://www.buaapress.com.cn
发行部电话：(010)82317024　传真：(010)82328026
读者信箱：copyrights@buaacm.com.cn　邮购电话：(010)82316936
涿州市新华印刷有限公司印装　各地书店经销

*

开本：710×1 000　1/16　印张：14.75　字数：314 千字
2025 年 1 月第 1 版　2025 年 1 月第 1 次印刷
ISBN 978-7-5124-4320-4　定价：79.00 元

前　言

本书是贯彻落实《关于推动现代职业教育高质量发展的意见》《关于深化现代职业教育体系建设改革的意见》《职业教育产教融合赋能提升行动实施方案(2023—2025 年)》、水利部、教育部联合印发的《关于进一步推进水利职业教育改革发展的意见》等文件精神，根据专业教学实际需要，注重理论联系实际，着重阐述符合新时代高职教育的中小型泵站初步设计的基本方法和步骤，以培养学生能力为主线，体现出实用性、实践性、创新性教材特色，理论联系实际，面向教学与生产的精品融合规划教材。

近年来，泵站类教材种类繁多，但真正适合高职院校的设计类实用教材并不多。本书是在“水泵与水泵站”(设计方向)课程组教研实践基础上，国内高校学者联袂打造的一本新形态一体化教辅用书，可作为高职高专各专业水利类课程学习辅导和教师教学用书，也可作为水利行业培训用书。在编写过程中，本书坚持实用性与理论性、可读性与前沿性、系统性与准确性相结合的原则，严格按照权威水泵站教材编排顺序，以便于读者自学和教师授课指导。

本书主要特色体现在：

(1) 内容紧贴行业发展热点，结构逻辑严密，条理清晰。

(2) 遵循设计思维训练规律，吸收项目教学法、指导学习等教学方法精华，各章节既相对独立，前后又紧密联系，充分向学生呈现出完整的水泵站设计知识图景。书中以学生为中心进行任务设计，可有效提升学生的兴趣和参与积极性。

(3) 书中根据本课程的培养目标和当前水泵站技术的发展状况，以力求拓宽专业面，扩大知识面，反映先进的工程技术水平为目的进行介绍；力求以应用为主，综合运用基本理论解决复杂的工程实际问题。

本书编写人员及分工如下：浙江同济科技职业学院张超编写第 1、第 4 章；山东省水文中心刘志凯编写第 2 章；枣庄学院冯鼎锐编写第 7 章；黑龙江大学郑恩楠编写第3章；黑龙江省润源工程勘测设计有限公司邓聪编写第5、第6章；浙江同济科技职业学院赵小勇编写第8章；浙江同济科技职业学院金斌斌负责提供相关资料和数据。

由于本书的编写仓促，书中难免有错误以及疏漏，恳请广大读者批评指正。

编　者

目　录

第1章

泵站规划

泵站规划应服从流域或地区的整体水利规划，根据党的方针政策，正确处理近期和远景、局部和整体的关系，要结合本地区的实际情况，拟定出几个不同的方案，通过经济技术比较，择优采用。合理的泵站规划不但可以达到投资省、收益快的目的，而且还能为泵站建成后的科学运行管理、泵站效率提高、不断降低成本创造有利条件。

1.1 设计基本资料

泵站工程规划设计应有全面而可靠的基本资料。基本资料是泵站工程规划设计的重要依据，它关系泵站工程建设的规模与安全。因此，在规划设计泵站工程时，要认真调查研究，搜集、整理下列基本资料：

① 地形测量资料。一般灌区和排水区总体布置图比例为1∶25 000～1∶100 000；灌区和排水渠系平面布置图比例为1∶10 000～1∶25 000地形图，站址和附属建筑物比例为1∶500～1.1 000地形图。

② 气象资料。包括本地区气温、水温、降雨量、蒸发量、风力、风向、无霜期、冰冻期、积雪厚度、冻土深等气象资料。

③ 水文资料。包括水源区、灌排区、承泄区、河流湖泊的水位、流量、泥沙、水质以及历史洪、枯水的调查等资料。

④ 工程地质资料。包括站址和附属建筑物沿线的地质纵断面图，土壤和岩石的物理与化学性质，以及地震烈度等资料。

⑤ 水利设施与自然灾害资料。包括与灌排区有关的现有水利工程状况和水资源开发利用调查情况以及历史洪、涝、旱、渍、碱等自然灾害的成因、几率，受灾范围和损失以及国民经济各部门对水利的调查要求。

⑥ 社会经济资料。包括统计灌排区范围内的土地总面积，耕地面积及其高程分布。调查本地区农林牧业结构，耕作制度、作物种类、复种指数，各种作物的单产、总

产和产值、农业成本，人均收入，人口、劳力、畜力和农业机械化程度等。收集本地区交通运输、城乡供水、环境保护、旅游等部门现状和规划资料。调查建筑材料来源、单价、运距、运输方式等资料。

⑦ 供电电源和机组资料。调查了解建站地区动力类型和来源，如供电当地电网现状和发展规划、系统容量、运行方式、供电范围、电压等级等。了解电源点对拟建泵站的供电方式、输电距离、走向和电压等级等，同时还要收集水泵与配套电动机的型号及其性能规格等技术资料。

⑧ 灌溉和排水资料。整理与本工程有关的地形、地貌、土壤、植被、河流密度、调蓄区的水位、容积、河流长度、比降、冲淤变化和水源等资料。整理本地区灌溉、排水的科学试验和作物需水量、灌涨定额、灌水技术、渠系水和回归水利用系数、作物耐淹水深、历时、适滥水深以及适宜作物生长的地下水埋深、排涝模数和排盐定额等调查资料。

⑨ 其他有关资料。搜集为编制施工组织设计、工程概预算和经济分析所需要的有关设计规范、概算定额、标准定型图纸、水泵、动力机、管材、电气设备的产品目录等有关资料。

1.2 枢纽布置

泵站枢纽一般由进水建筑物、机房及其中的机电设备、出水建筑物、变电站、道路和附属建筑物等部分组成。

泵站枢纽布置形式主要取决于地形、地质条件、水源特点和建站目的。由于灌溉泵站与排水泵站承担的任务不同，其布置形式也不会相同，所以在进行泵站枢纽布置时，应根据泵站承担的任务，结合地形、地质、水源、容泄区的特点及排灌渠系的布置要求，通过技术经济比较，从若干技术可行的方案中选择出最合理的布置方案。

1.2.1 泵站枢纽布置的原则和要求

① 泵站枢纽布置必须服从流域或地区的水利规划要求。应根据建站目的和水源地形情况，参考已建泵站的经验教训，做出几个方案进行比较，择优而用。

② 灌溉为主的泵站宜选在灌区较高的地方，以控制较大的灌溉面积；排涝为主的泵站宜选在地势较低洼靠近河湖的地方，以控制较大的排水面积。对排灌结合的泵站，应根据地形情况，考虑内水外排、外水内引，有利于泵站建筑物布置和排灌渠系布置等因素，选择合理的枢纽布置方案。

③ 站址应选在地质条件好的地段，通过地质勘探手段找出好的或比较好的地质基础。

④ 枢纽布置时要考虑能为进水和出水建筑物创造良好的水流条件。河流引水的泵站引水口应布置在河流的顺直段或凹岸偏下游处。进、出水流要平稳，不产生回

流和死水区,尽量消除水流漩涡。

⑤ 泵站枢纽布置要考虑交通运输、施工条件、电源情况和建筑材料等因素。

⑥ 泵站枢纽布置应考虑自排和提排相结合,自流灌溉和提水灌溉相结合,排水和灌溉相结合等综合利用的要求。

1.2.2　灌溉泵站的布置形式

灌溉泵站的枢纽布置形式根据水源种类和特性、地形、地质和水文地质条件的不同其布置形式也有所不同。灌溉泵站枢纽布置形式一般有以下几种。

1. 有引水渠的布置形式

泵站以河流、湖泊和灌溉渠道为水源,水源水位变幅不大,水源岸边较平缓或水源水位变幅虽大,但引水流量较小时,一般都布置成这种形式,如图1-1所示。

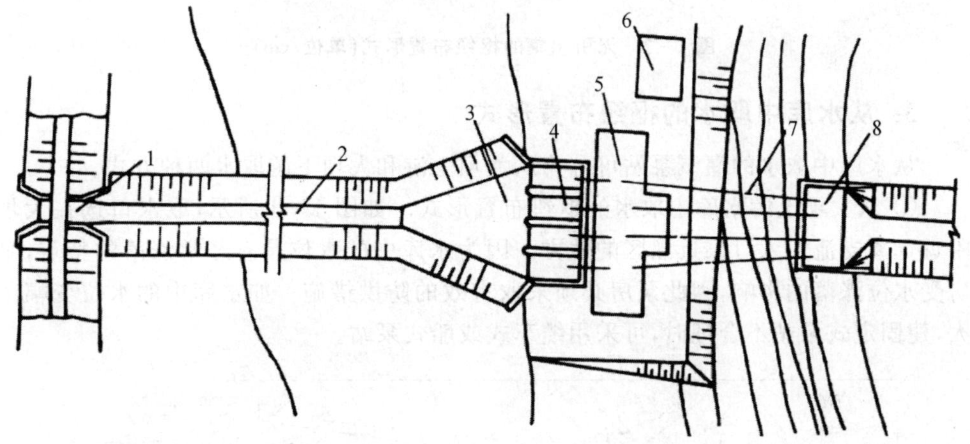

1—进水闸;2—引水渠;3—前池;4—进水池;5—泵房;6—变电站;7—出水管道;8—出水池

图1-1　有引水渠枢纽布置形式

对于有引水渠的布置形式,合理确定泵房位置是很重要的。因为在出水池位置已定的情况下,泵房的位置不同,其引水渠和出水管道的长度是不相同的,工程量和工程投资也不会相同。所以,一般要拟定几个技术可行的方案,从中找出工程投资和年运行费之和最小的方案来确定泵房的位置。

当水源水位变幅不大时,有引水渠的布置形式引水渠渠首一般不设进水闸。当水源水位变幅较大时,为控制引水渠中的水位,一般在引水渠渠首设进水闸。

2. 无引水渠的布置形式

这种布置形式是将泵房建在水源岸边或水中,没有引水渠,适用于水源岸边较陡、地质条件较好、出水池与水源距离较近的情况。如图1-2所示,无引水渠的布置形式泵房本身需要挡水,泵房结构较复杂,泵房本身的造价较高。

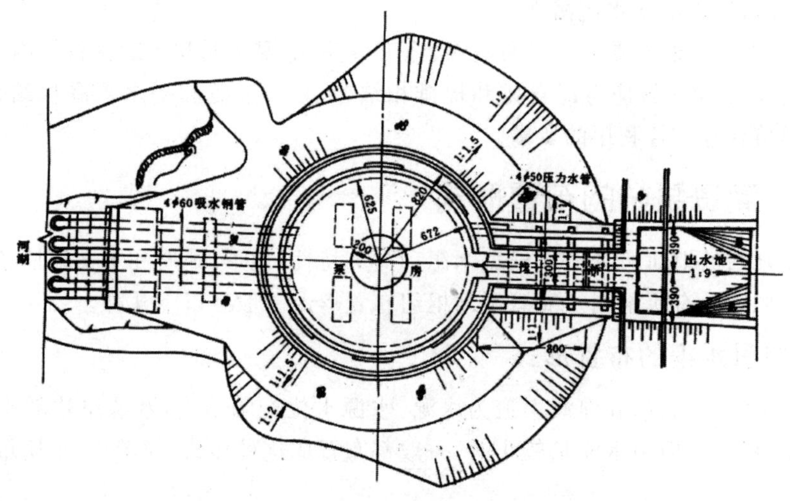

图 1-2　无引水集的枢纽布置形式(单位:cm)

3. 从水库中取水的枢纽布置形式

从水库中取水的灌溉泵站可分为从大坝上游和大坝下游取水两种方式。

① 从大坝上游水库中取水的枢纽布置形式。如图 1-3 所示,取水口选在大坝附近远离支流汇入口靠近灌区的地方。因为水库中的水位具有经常涨落的特点,泵房受水位涨落的影响,因此泵房必须采取有效的防洪措施。如水库中的水位变幅很大,建固定式泵站不合理时,可采用缆车式或船式泵站。

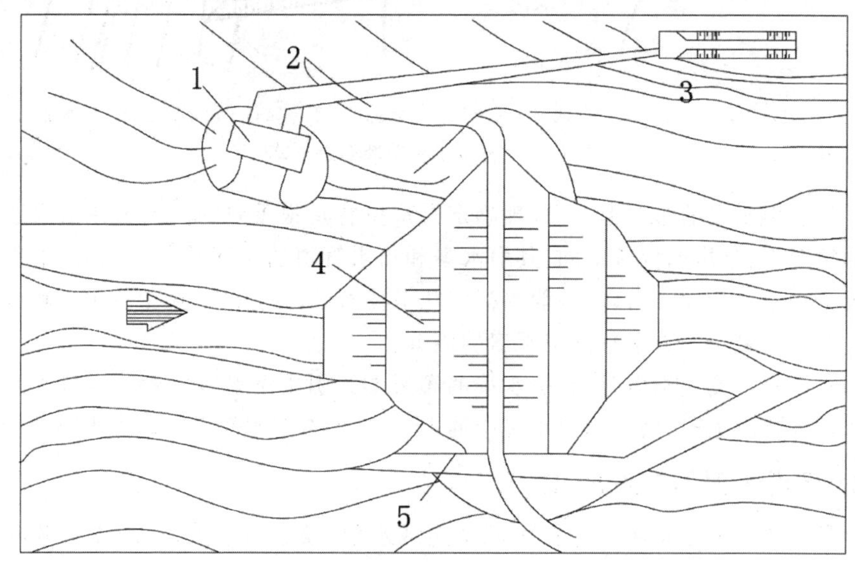

1—泵房;2—出水管;3—出水池,4—大坝;5—溢洪道

图 1-3　从水库中取水的泵站枢纽布置形式

② 从大坝下游取水的泵站枢纽布置形式。从大坝下游取水的泵站可分无压明渠引水和有压引水两种，后者如图1-4所示。泵站设在大坝下游，用管道直通水库中取水。从坝下游取水的泵站，不受水库中水位变化的影响，基本没有地下水问题，泵房建造比较容易。

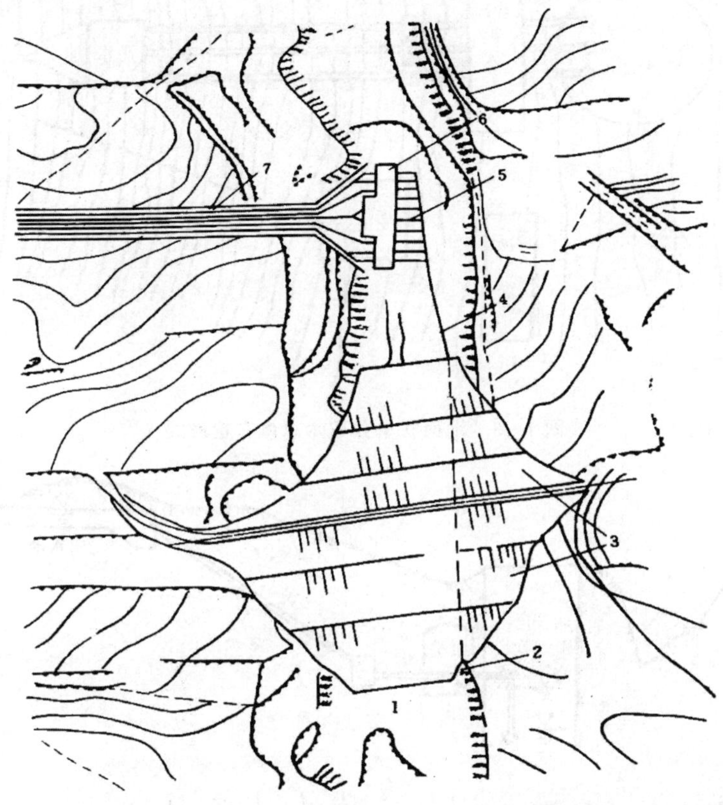

1—水库；2—进水口；3—拦水土坝；4—输水干管；5—吸水管；6—泵房；7—出水管

图1-4 从坝下游取水的泵站枢纽布置形式

4. 从井内取水的泵站枢纽布置形式

从井内取水的泵站，其布置形式主要决定于井深、井径、泵型、井址地质、安装方式和井数多少等因素。常见的布置形式有以下几种。

① 单井取水的泵站。当灌溉面积不大，地下水又较丰富时，可采用这种布置形式。单井取水的泵站又分地面式和地下式两种形式。

图1-5为地面式单井取水的泵站，它的泵房布置在井旁地面上。泵房结构简单，建造容易，通风采光较好，管理方便。图1-6为地下式单井取水的泵站，当井内水位较低采用地面式水泵吸程不够时，多采用这种形式。它的特点是泵房建在井泵挖方中形成地下室。地下室中安装机组，管理间、配电间布置在地面上。地面上与泵房之间用开挖的斜形踏步通道相连接。

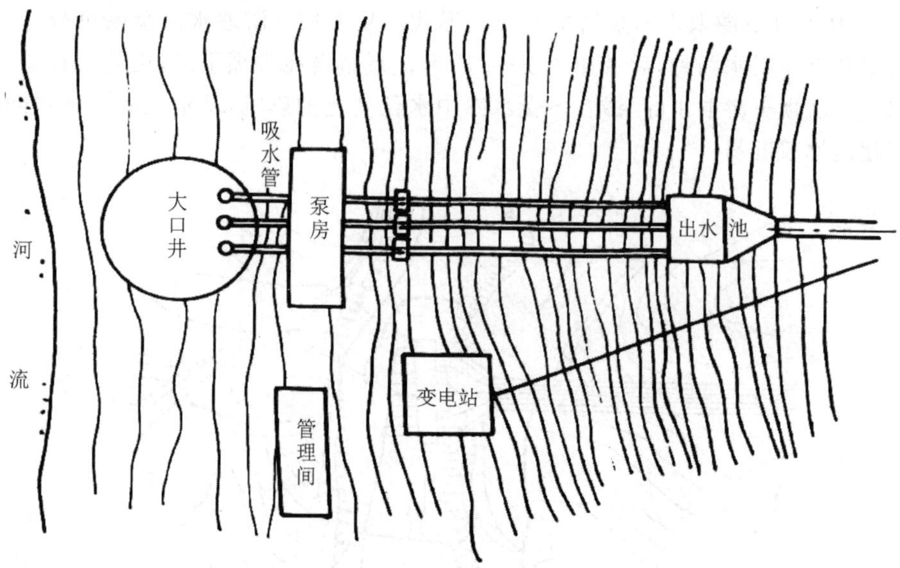

图 1-5 地面式单井取水总体布置形式

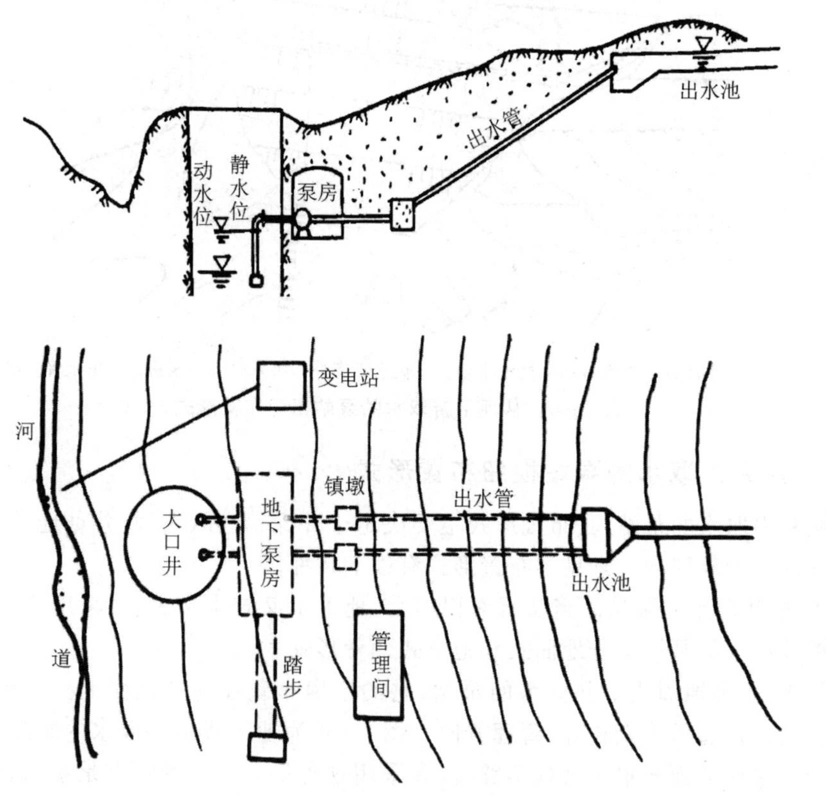

图 1-6 地下式单井取水泵站

② 群井汇流的泵站。如图1-7所示,群井汇流泵站适用于地下水较丰富的地区。各井应安装井泵站。井泵站可建成地面式或地下式。井泵站将水抽至地面,经汇流渠汇集到二级站进水池。井泵站不设管理间,只设启动器或小型配电盘。二级站设配电间、管理间、变电站,统管各井泵站。

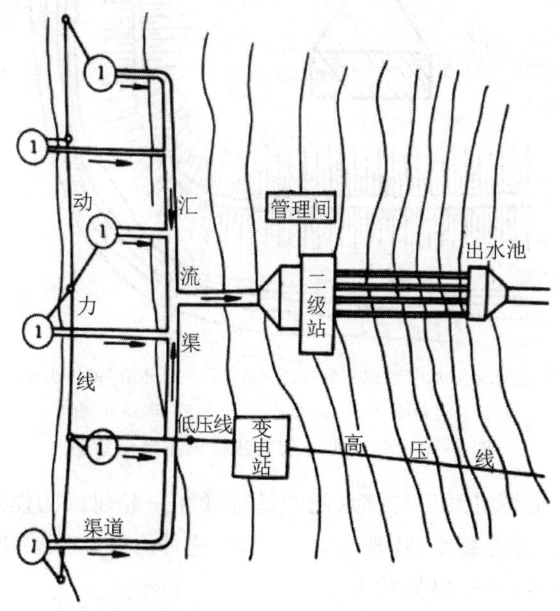

图1-7 群井汇流泵站枢纽布置形式

1.2.3 排水泵站的枢纽布置形式

排水泵站的枢纽布置形式,因不同的建站目的和不同的水文地质、工程地质、地形水系条件,其建筑物的布置形式也各不相同。排水站的主体是泵房和进出水建筑物,因此在考虑布置方案时,应先考虑泵房和进出水建筑物,然后再考虑泵站建筑物的总体布置方式。排水泵站按它担负的任务可分为只排地面径流的排水泵站和既排地面径流又排地下水的排水泵站以及既排水又兼有灌溉任务的排灌结合泵站。

1. 排水泵站的枢纽布置形式

排水泵站一般有两套排水系统。一套是当外河水位低于内水位时,用原排水闸自流排水系统;一套是当外河水位高于内水位时,用泵排水系统。根据泵站与自流排水闸的相对位置关系,排水泵站枢纽布置形式又可分为分建式和合建式。分建式是原先已有自流排水闸,而单靠自流排水不能解决内涝问题,需再建排水泵站在关闸期间排水,排水泵站就建在排水闸附近,如图1-8所示。当外河水位低于内水位需要排水时,打开自流泄水闸5,渍水由引渠经自流排水闸流入河流9。当外河水位高于内水位需要排水时,关闭排水闸5,水流由排水泵站排至容泄区9。

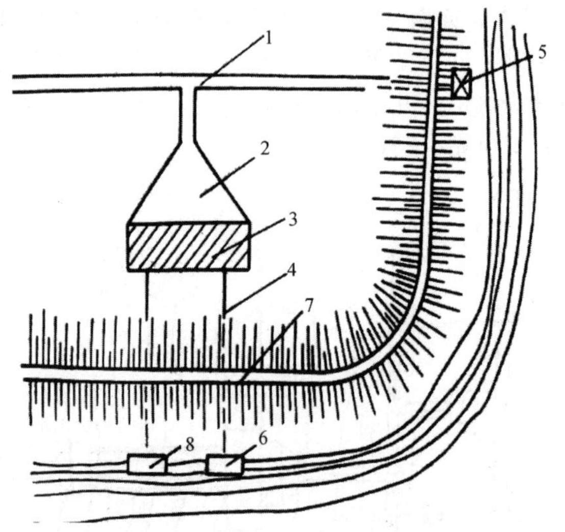

1—排水系议的引渠；2—前池；3—系房；4—出水管(或出水池)；
5—自流排水闸；6、8—泄水建筑物；7—堤；9—河流

图 1-8　分建式排水系站枢纽布置示意图

合建式排水泵站是将泵房与排水闸的基础联在一起建成的建筑物。这种形式减少了基础处理费用，布置紧凑，管理也较方便，但这种形式往往要建造压力水箱，压力水箱中水流流态较差，水头损失较大。

2. 排灌结合泵站枢纽布置形式

排灌结合泵站枢纽布置形式较多，概括起来可分为两类，即分建式和合建式。图 1-9 是合建式排灌结合泵站的一种布置形式，这种形式的特点是只有一个穿堤涵洞，即利用提水排水闸、灌溉闸、泵站和自流排水闸的不同组合达到自流排水和提水排涝的目的。

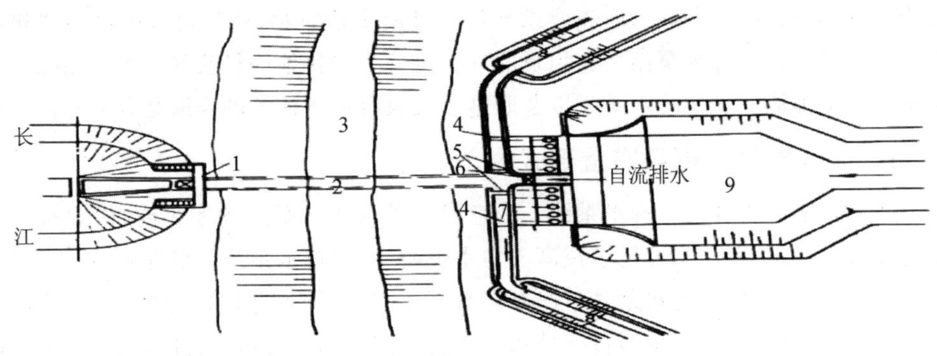

1—防洪闸；2—压力涵管；3—堤；4—灌溉闸；5—堤水排水闸；
6—自流排水闸；7—压力水箱；8—灌溉渠；9—前池

图 1-9　合建式排灌结合泵站枢纽布置形式

1.3 设计流量的确定

1.3.1 灌溉泵站设计流量的确定

1. 灌溉设计标准

灌溉设计标准是确定工程规模和权衡工程效益的重要依据。水利部1978年颁发的《水利工程水利动能设计规范》规定参照灌溉设计保证率和抗旱天数两种方法使用。采用灌溉设计保证率为灌溉设计标准的地区可参照表1-1选用灌溉设计标准。

表1-1 灌溉设计标准表

地区	作物种类	灌设计保证率/%
干旱缺水地区	以旱作物为主	50～75
	以水稻为主	70～80
半干旱少水地区	以旱作物为主	70～80
	以水稻为主	75～85
水源丰富地区	以旱作物为主	75～85
	以水稻为主	85～95

采用抗旱天数作为灌溉设计标准的地区,旱作物和单季稻灌区抗旱天数可采用30～50 d;双季稻灌区,抗旱天数可采用50～70 d。有条件的地区应予适当提高。

2. 灌溉设计流量的确定

灌溉设计流量可按下列公式计算

$$Q=\frac{qA}{\eta_{灌}}$$

式中:Q——灌溉设计流量,m^3/s;

A——灌溉面积,万亩;

q——灌水模数,$m^3/(s\cdot 万亩)$,表1-2为部分地区的灌水模数,可参考;

$\eta_{灌}$——溉水利用系数。考虑了全灌区各级渠道输水损失和田间水量损失。表1-3为规划时要求达到的数字。

$$Q=\frac{\sum m_i A_i}{3\ 600 T t \eta_{灌}}$$

式中:Q——灌溉设计流量,m^3/s;

m_i——用水高峰时段内各种作物的设计净灌水定额,$m^3/亩$,作物灌水定额可参考表1-4,表1-5,表1-6。

A_i——相应时段内各种作物灌溉面积,亩;

T——灌水持续天数,d;

t——日开机时数,t(24 h);

其他符号意义同本书前面内容一致。

有调蓄容积的灌区,其灌溉设计流量用下式计算

$$Q=\frac{\sum m_i A_i - V_{蓄}}{3\ 600 T t \eta_{灌}}$$

式中:$V_{蓄}$——灌区内有效调蓄容积,m^3;

其余符号意义同前。

表1-2 部分地区的灌水模数

地 区	灌水模数 q [m^3/(s·万亩)]
南方平原湖区	1.33～1.0
南方丘陵地区	1.0～0.67
关中地区（大中型提水灌区）	0.5～0.4
关中(小型提水灌区)	1.0
陕南、陕北	1.0

表1-3 提水灌区灌溉水利用系数 $\eta_{灌}$ 参考表

灌溉面积(万亩)	<1.0	1～10	10～30	30～50	>50
$\eta_{灌}$	0.85～0.75	0.75～0.70	0.70～0.65	0.60	0.55

表1-4 泡田用水量

土壤性质	地下水位距地面度/m	泡田用水量	
		m^3/亩	化成水层深/mm
粘土、粘壤土	—	50～80	75～120
中壤土、砂壤土	<2	70～100	105～150
	>2	80～120	120～180
轻砂壤土	<2	80～130	120～195
	>2	100～160	150～240

表1-5 黄河流域五省冬小麦灌溉制度表

地区	水文年	小麦生长期有效降雨/(m^3/亩)	总需水量/(m^3/亩)	灌溉定额/(m^3/亩)	灌水定额/(m^3/亩)	灌水时间(代号)	灌水次数/次
山东省	干旱年	60	200~300	140~240	30~40	1、2、3、4、5、6	4~6
	一般年	80		120~220		1、2、4、5	3~5
	湿润年	107		100~200		2、3、4	3~4
山西省	干旱年	67	250~300	183~233	30~45	1、2、3、4、5、6	5~6
	一般年	100		150~200		1、2、3、4、6	4~5
	湿润年	130		120~170		1、3、4、5	3~4
河北省	干旱年	37	200~300	163~263	30~40	1、2、3、4、5、6	5~6
	一般年	80		120~220		1、2、4、5	3~5
	湿润年	93		107~207		1、3、4、6	3~4
河南省	干旱年	46	200~300	204~205	30~45	1、2、3、4、5、6	5~6
	一般年	66		134~234		1、2、3、4	4~5
	湿润年	120		80~180		1、2、3、4	3~4
陕西省	干旱年	95	250~350	155~255	30~40	1、2、3、4、5	4~5
	一般年	130		120~220		1、3、4、5	3~4
	湿润年	160		90~190		1、3、4	2~3

注：水文年中干旱年的降雨保证率为75%，一般年为50%，湿润年为25%。

灌水时间的代号1、2、3、4、5、6分别代表播前灌、冬灌、返青灌、拔节灌、抽穗开花灌、灌浆灌。

表1-6 几种旱作物灌水定额

	冬小麦			玉米			棉花		
	灌水次数/次	灌水阶段	灌水定额/mm	灌水次数/次	灌水阶段	灌水定额/mm	灌水次数/次	灌水阶段	灌水定额/mm
江苏省	2~4	播种 越冬 返青 拔节	90	3~4	播前 拔节 抽穗	45~60	2~3	开花 结铃 成熟	前期 小于45 后期 小于60
安徽淮北地区	6	播前 越冬 返青 拔节 孕抽穗 开花	75~120 45~60 45~60 53~75 75~90 45~60				4	播前 幼苗 现蕾 结铃	45~60 38~45 45~60 45~60
湖北省				1~2		45~120	1~2		45~120
江西省							1~4		40~180

1.3.2 排水泵站设计流量的确定

1. 排涝设计标准

排涝设计标准是确定机电排涝工程规模的重要依据。治涝设计标准一般应以涝区发生一定重现期的暴雨不受涝为准。重现期一般采用5～10年。条件较好的地区或有特殊要求的粮棉基地和大城市郊区,可适当提高标准。条件较差的地区可采取分期提高的办法。目前我国部分省市按照各自的自然和经济条件,拟定和执行的排涝设计标准很不统一。我国部分省市机电排涝设计标准可参考表1-7。

表1-7 各省市排涝设计标准统计

地区		设计重现期/年	设计暴雨和排涝天数	泵站出口设计外江水位	备注
湖北省	平原湖区	10	内排站:3日暴雨3 d末排至作物耐淹深,2 d排走调蓄水量,共5 d 外排站:3日暴雨7～11 d排完,用于内排站及排田5 d,排渠道调蓄水1 d,排调蓄区1～4 d	采用所选设计典型年的某次暴雨同期(3～5 d)外江水位的平均最高值,气象条件不一致时,一般采用暴雨出现最多月份相应的外江最高水位的平均值	
湖南省	洞庭湖区	10	排田:3日暴雨(180～250 mm)3 d末排至田间水稻允许耐淹深度 排湖:15日暴雨15 d排完,5～7 d排田,7～10 d排完湖泊蓄水	采用6月份外河最高水位的多年平均值(原则上不应低于大堤防汛水位)或采用大堤防汛水位或警戒水位	两场暴雨间歇期为7～15 d
安徽省	巢湖、芜湖、安庆地区	5～10	3日暴雨(200～250 mm)3 d排至作物耐淹深度	采用10年一遇汛期日平均洪水位	
江苏省	苏南、苏北、水网圩区	>10	黄秧期日雨(200～250 mm)2 d排完(扣除河网调蓄,但不考虑田间滞蓄)	采用汛期平均洪水位(或排水临界期的平均洪水位)	
浙江省	杭嘉湖地区	10	1日暴雨2 d排出(不考虑田蓄)		

续表 1-7

地区		设计重现期/年	设计暴雨和排涝天数	泵站出口设计外江水位	备注
上海市	郊区	10～20	24 h 暴雨(200 mm)1～2 d 排出,不考虑田蓄。蔬菜:当日暴雨当天排出		
广东省	珠江三角洲	5～10	24 h 暴雨 2 d 排至作物耐淹深度(200～300 mm)	非湖区:采用年最高水位多年平均值湖区:采用 5 年一遇外河最高水位	集雨面积较小的中小河流采用 10 年一遇年最高水位
广西		10	1 日暴 3 d 排作物附深度		
江西省	鄱阳湖区	10	3 日暴雨不成涝	采用 10 年一遇外河 5 日最高平均洪水位	
辽宁省	平原区	5	3 日暴雨(130～170 mm) 3 d 排至作物耐淹深度		
河北省	白洋淀	5	1 日暴雨(114 mm)3 d 排出		

2. 排水泵站设计流量计算

(1) 排水模数法。影响排水模数的因素很多,各地区的自然条件不同,计算排水模数的方法也不一样。一般采用下列经验公式计算排水模数

$$q = KA^m R^n$$

式中:q——设计排水模数,$m^3/(s \cdot km^2)$;

K——综合系数(反映河网配套程度、河沟坡度、降雨历时及流域形状等因素);

R——设计暴雨所产生的径流深度(一般由暴雨、径流关系求得),mm;

A——控制的排水面积,km^2;

m——峰量指数(反映洪峰与洪量的关系);

n——递减指数(反映排水模数与面积的关系)。

上式中各项系数和指数,不同的地区和流域有不同的数值。表 1-8 可供参考,也可以从当地《水文手册》中查得。

设计排水模数乘以排水面积,即得设计排水流量。即

$$Q = qA$$

式中:Q——设计排水流量,m^3/s;

A 的意义同前。

表 1-8　排涝模数经验公式各项参数统计

流域或地区		适用范围/km^2	$K_{日平均}$	m	n	设计暴雨日数/d
安徽淮北平原地区		500～5 000	0.026	1.0	−0.25	3
河南省豫东及沙颍河平原区			0.030	1.0	−0.25	1
山东省沂沭泗地区	湖西地区	2 000～7 000	0.031	1.0	−0.25	3
	鲁北区	100～500	0.017	1.0	−0.25	1
河北省平原区		>1 500	0.058	0.92	−0.33	
		200～1 500	0.032	0.92	−0.25	
		<100	0.04	0.72	−0.33	
湖北省平原湖区		≤500	0.013 5	1.0	−0.201	3
		>500	0.017	1.0	−0.238	3
江苏省苏北平原区		10～100	0.025 6	1.0	−0.18	3
		100～600	0.033 5	1.0	−0.24	3
		600～6 000	0.049	1.0	−0.30	3

(2) 平均排除法。对排水面积较小，地形平坦，区内只有分散的湖泊、沟港河网的排水区，其排水方式以排田为主。一遇暴雨除河网调蓄和田间短期滞蓄外，大部分地面径流需在规定的时间内靠排水站排出。其计算公式为

$$Q=\frac{1\,000\left[A(p-h)+A'cP\right]-\bar{V}}{3\,600Tt}$$

式中：Q——排水设计流量，m^3/s；

A——排水区内水稻田面积，km^2；

A'——排水区内旱地和非耕地面积，km^2；

P——设计暴雨量，mm；

c——旱地和非耕地径流系数；

h——水稻田净蓄水深，mm；

$\bar{V}$——调蓄容积，m^3；

T——排水历时，d；

t——每天开机小时数，t(24 h)。

1.4　特征扬程的确定

1.4.1　灌溉泵站特征扬程的确定

灌溉泵站的净扬程(或实际扬程)加上相应的损失扬程，即为灌溉泵站的总扬程。

灌溉泵站的出水池水位一般称上水位，进水池的水位称下水位。如果出水管管口淹没在出水池水面以下，出水池水位和进水池水位之差，即为水泵的净扬程。因此在确定灌溉泵站的特征扬程时，需先确定几个特征水位值。

1. 灌溉泵站的特征水位

(1) 灌溉泵站进水池水位

无引水渠的泵站直接从水源取水，水源水位就是进水池的水位。有引水渠的泵站，要考虑引水渠比降和输水沿线各种水头损失，由水源水位逐步推算出进水池的水位。

① 最高防洪水位。最高防洪水位是确定泵房结构形式以及是否需要采取防洪措施的主要依据。泵站工程防洪设计标准应根据水利水电枢纽工程等级划分及设计相关标准确定。直接挡水的泵站，应按泵站所在河段的设防水位或历史最高洪水位确定最高防洪水位。如果站前设有防洪闸，泵站不直接挡水，则可拟定一个低于设防水位的适当控制水位，以此确定泵房等防洪墙高程，确保泵站枢纽的安全。

② 设计水位。设计水位是计算设计扬程和设计流量的进水池水位。当以河流和水库为水源时，从历年灌溉期日平均或旬平均水位排频，取相应于设计保证率的水位，从渠道取水的泵站，应与渠道设计水位相适应。

③ 最低运行水位。最低运行水位是确定水泵安装高程的依据。当水源为河流时，最低水位的频率分析多采用系列年法，将历年灌溉期最低日或旬平均流量排频，取保证率90%～95%流量的相应水位作为最低水位。当河床冲淤变化较大，水位与流量不同步时，应计入河床变化等因素影响。

自渠道引水时，其水位可从渠道水位—流量关系曲线上查得，但渠道最小流量不应小于设计流量的40%。

(2) 灌溉泵站出水池水位

① 设计水位。灌溉泵站出水池的设计水位，相当于灌溉渠系的渠首设计水位。出水池设计水位要从田间逐级推算求得。即

$$Z_{出} = A_0 + \Delta h + \sum Li + \sum \Delta Z$$

式中：$Z_{出}$——出水池设计水位，m；

A_0——设计灌溉面积内的最高或最远点的地面高程，m；

Δh——末级渠道水面高出所灌农田最高或最远点地面的高差，取0.05～0.10 m；

L、i——各级渠道长度(m)及比降；

$\sum \Delta Z$——输水线路上通过各种建筑物的水头损失之总和，m。

② 最低运行水位。泵站运行时，开机最少、流量最小时的出水池水位为出水池最低运行水位。

③ 最高水位。泵站运行时，开机最多，流量最大时的出水池水位为出水池最高水位。

2. 灌溉泵站的特征扬程

(1) 设计扬程

出水池设计水位与进水池设计水位之差,加上相应的水头损失即为设计扬程。水泵在此扬程下工作,效率较高,提水流量能满足设计流量的要求。

(2) 平均扬程

平均扬程是灌溉季节出现机遇最多、历时最长的工作扬程。选泵时应使水泵在平均扬程运行时具有最高的效率,使泵站消耗电能最少。平均扬程一般采用出水池的设计水位与进水池(水源)的平均水位之差加上相应的水头损失计算而得。

(3) 最高扬程

出水池最高水位与进水池最低水位之差加上相应的水头损失即得最高扬程。水泵在此扬程下运行,提水流量将小于设计流量,是水泵工作扬程的上限,但要保证水泵运行时的稳定性。

(4) 最低扬程

出水池最低水位与进水池最高水位之差加上相应的水头损失即得最低扬程。水泵在此扬程下运行,流量要大于设计流量,而运行效率要降低,是水泵工作扬程的下限,但要保持机组运行的稳定性。

1.4.2 排水泵站特征扬程的确定

1. 排水泵站的特征水位

(1) 排水泵站进水池水位(内水位)

① 设计内水位。设计内水位是水泵运行期间站前经常出现的内水位,是计算设计扬程和选择泵型的重要依据。根据排田要求确定设计内水位时,一般由排水区低洼农田的设计排涝水位,排水沟输水水头损失推算到站前的水位,即为排水泵站进水池设计内水位。根据排湖要求确定设计内水位时,一般采用内湖死水位与最高蓄水位的平均值考虑排水沟输水水头损失,推算求得设计内水位。

② 最高内涝水位。最高内涝水位是确定电机层楼板高程或泵房内水侧挡水高程的依据。一般以排水区出现超过设计排涝标准的暴雨,泵站又不能向外排水时,站前形成的最高水位或选取建站前曾出现过的最高水位作为最高内涝水位。

③ 最高运行内水位。它是泵站按设计标准正常运行的上限排涝水位,超过这个水位,将扩大洪涝灾害损失,调蓄区的控制工程也可能遭受破坏。应在保证排涝效益的前提下,根据设计标准和排涝方式(排田或排湖),通过综合分析后确定。

④ 最低运行内水位。它是泵站正常运行的下限排涝水位,是确定水泵安装高程的依据。一般主泵房的基础高程也据此而定。决定最低运行水位时,要考虑以下几个方面的要求:(1) 满足作物对降低地下水位的要求;(2) 满足调蓄区预降要求的最低水位;(3) 满足预防盐碱化对地下水埋深的要求。对上述各水位进行分析推算到

站前的水位，采用其中最低者作为最低运行水位。

(2) 排涝泵站出水池水位（外水位）

① 设计外水位。设计外水位是计算设计扬程的依据。设计外水位的确定要根据排水区与泵站外河的水文特征分别根据不同情况，合理进行选择。全国各省确定排涝泵站出口设计外水位的方法很不一致，建议采用排水临界期(也就是作物最不耐淹，同时最易出现集中暴雨，外河水位又较高而排水最紧张时期)经常出现的外河水位来进行统计分析。在排田情况下，可采用一定频率(5 年一遇至 10 年一遇)的临界期 3～5 日(与排干天数相应的天数)平均水位作为设计外河水位。在排湖情况下，一般采用与设计暴雨相应的典型年外河水位过程作为设计外河水位过程。有时为简便设计，也可取设计时段的平均水位作为设计外水位。

② 最高防洪水位。对直接挡江河洪水的泵站，以此水位确定泵站枢纽的挡水高度，并以此水位核算挡水建筑物的整体稳定。该水位可根据建筑物等级和防汛要求等具体情况而定。

③ 最高运行外水位。该水位用以决定泵站最高扬程，是选择水泵的校核扬程。水泵在此扬程下运行，流量要减少，效率允许降低。同时该水位也是虹吸型泵站选择管道驼峰底部高程的主要参数，即要与最低运行外水位结合考虑驼峰顶部的允许真空度。当外河水位变幅较小，水泵在设计防洪水位下能正常运行时，其设计防洪水位即为最高运行外水位。当外河水位变幅较大超过水泵扬程范围时，可选用排涝期外河历年最高 5～10 d 的平均位作为最高运行外水位。

④ 最低运行外水位。最低运行外水位与最高运行内水位配合，用以确定泵站的最小扬程。同时最低运行外水位也是确定流道出口淹没高程的依据。当出现此水位时，要求泵仍能安全运行。最低运行外水位一般采用排涝期间相应外河历年最低水位的平均值。

2. 排水泵站的特征扬程

① 设计扬程。进水池的设计水位与出水池设计水位的水位差，再加上进出水流道式管道沿程和局部水力损失，即得设计扬程。水泵在此扬程下运行，效率较高，提水流量能满足设计流量的要求。

② 平均扬程。平均扬程是排涝季节中出现机遇最多、运行历时最长的工作扬程。应使水泵在平均扬程运行时具有最高的效率。平均扬程一般采用排涝期间外水位多年平均值、中值或中值与设计内水位之差加损失扬程求得。近年来，也有采用典型年泵站抽排过程中出现的分段扬程、流量和历时，用加权平均法求得平均扬程。

③ 最高扬程。最低运行内水位与最高运行外水位之差加上损失扬程，即为最高扬程它是水泵工作扬程，的上限。在此扬程大应保证水泵运行的稳定。

④ 最低扬程。最高运行内水位与最低运行外水位之差加上损失扬程，即为最低扬程，它是水泵工作扬程的下限，但水泵在此扬程下运行应保证其稳定。

1.5 高扬程灌区的分级

对扬程较高、灌溉面积较大的灌区，应考虑分级提水、分区灌溉问题。如采用一级提水，则泵站需将全灌区的灌溉用水量一次提到灌区的最高控制点，然后水再从高处流向低处，造成"高提低灌"，再增加低处农田灌溉用水的提水高度，这会浪费一部分功率。

高扬程灌区分级的原则是各级泵站功率总和为最小。按这个原则确定各级泵站站址高程的方法，称最小功率法。最小功率法有图解法和解析法。图解法直观、简便，但它适用于灌区面积与高程关系曲线近似呈光滑曲线的情况。需说明的是，按最小功率法的原则确定各级泵站的站址高程，仅用于初步确定各级泵站的位置。实际上，高扬程灌区的分级还应根据地形、地质条件、灌区地面高程分布以及可供选择的机组等，在进行技术经济比较后确定。

现将图解法的具体步骤介绍如下：

① 以一级站进水池水面高程为坐标原点，以灌溉面积 A 为横坐标，扬程 H 为纵坐标，根据地形资料绘出灌区面积与高程关系曲线。从面积与高程关系曲线的最高点分别向纵横坐标作垂直线，如图 1-10 所示。

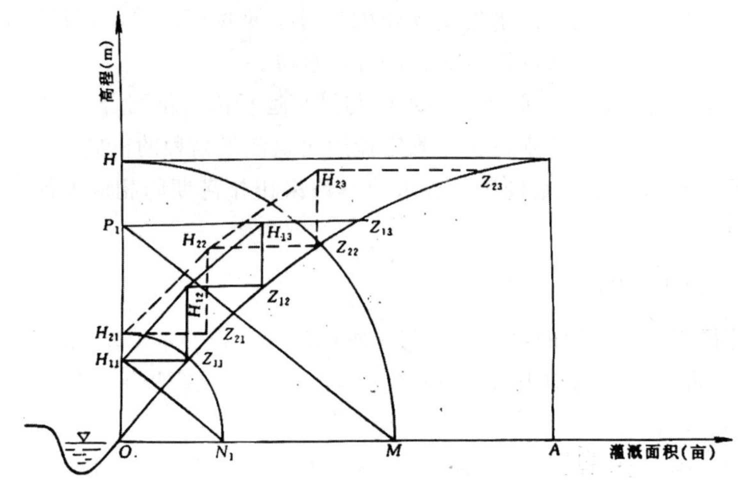

图 1-10　图解法确定各级站站址高程

② 确定分级数目。第一次作图时先设一级站的扬程 $H_{11}=H/n$（n 为分级数目，本例假设 n 为 3，H 为灌区总扬程）。H_{11} 中第一个注角 1 表示第一次作图，第二个注角 1 表示一级泵站。其他类推。

③ 在纵坐标等于 H_{11} 处向右作水平线，与面积与高程关系曲线交于 Z_{11}，如图 1-10 所示。Z_{11} 点高程即为一级站出水池水位高程（也可近似看作二级站站址

高程)。

④ 过 H_{11} 点作 $H_{11}H_{12}$ 直线平行于过 Z_{11} 点的切线,与过 Z_{11} 点的垂相交于 H_{12} 点。过 H_{12} 点向右作水平线,与面积与高程关系曲线交于 Z_{12} 点,Z_{12} 点的高程即为二级站出水池水位高程,即三级站站址高程。

⑤ 重复上述作图步骤,求出最后一级泵站出水池水位高程。若最后一级泵站出水池位高程与纵坐标值 H 不等,则说明第一次作图时,一级站的扬程不正确,需进行第二次作图。第二次作图时,一级站的扬程可按比例关系求得,即 $H_{21}=H_{11}H/H_{13}$。然后按上述步骤进行第二次作图,直至最后一级泵站出水池水位高程与纵坐标 H 相等为止。此时所得各 Z 点的纵坐标值,即为各级泵站出水池水位高程,也即下一级泵站站址高程。

H_{21} 值也可用图解法求得,其步骤:(1) 以 O 为圆心,OH 为半径画弧交横坐标于 M 点;(2) 由 H_{13} 向左作水平线交纵标于 P_1 点,连接 P_1、M 点;(3) 过 H_{11} 作平行于 P_1M 的直线交横坐标于 N_1 点;4 以 O 为圆心,ON_1 为半径画弧与纵坐标交于 H_{21},然后从该点开始进行第二次作图,直至最后一级泵站出水池水位高程与纵坐标 H 相等为止。

习 题

1. 某离心泵装置的流量为 468 m^3/h,进水口直径为 250 mm,出水口直径为 200 mm,真空表读数 58.7 kPa(440 mmHg),压力表读数为 225.63 kPa(2.3kgf/cm^2),真空表测压点与压力表轴心间垂直距离为 30 cm,试计算该泵的扬程。

2. 某水泵装置在运行时测得流量为 102 L/s,扬程为 20.0 m,轴功率为 27 kW,试计算该泵的运行效率为多少?若将运行效率提高到 80%时它的轴功率应是多少?

3. 某离心泵的额定转速为 1 450 r/min,叶轮外径为 300 mm,叶轮内径为 120 mm,设水流径向流入叶片($a_1=90°$),其出口绝对速度为 20 m/s,水流出口方向角为 15°,此时的水力效率为 85%,若考虑叶片数有限的反旋系数为 0.25,试计算该泵所产生的扬程是多少?并绘制叶片出口速度三角形示意图。

4. 在产品试制中,一台模型泵的尺寸为原型泵的 1/4,在转速为 730 r/min 时进行试验,测得流量为 11 L/s,扬程为 0.8 m,如果模型泵与原型泵的效率相等,试求:

(1) 模型泵的转速为 960 r/min 时的流量和扬程各为多少?

(2) 原型泵的转速为 1 450 r/min 时的流量和扬程各为多少?

5. 一台混流泵,已知其流量为 360 m^3/h,扬程为 6.5 m,额定转速为 1 450 r/min,试计算其比转数。

第 2 章

机电设备选型与配套

2.1 水泵选型

2.1.1 水泵选型的原则

① 首先选用国家已颁布的水泵系列产品和经有关部门组织正式鉴定过的产品。

② 所选水泵能满足泵站的设计流量和设计扬程的要求。

③ 同一个泵站所选水泵型号要尽可能一致,要有利于管理和零件配换。

④ 按平均扬程选型时,水泵应在高效区运行。在最高和最低扬程下运行时,应能保证水泵安全稳定运行。

⑤ 有多种泵型可供选择时,应对机组运行调度的灵活性、可靠性、运行费用、辅助设备费用、土建投资、主机发生事故时可能造成的影响等因素进行比较论证,从中选出综合指标优良的水泵。

⑥ 从多泥沙水源取水时,应考虑泥沙含量、粒径对水泵性能的影响。

⑦ 泵站主机组的台套数一般以 4～8 台套为宜。

2.1.2 水泵选型的方法与步骤

① 计算确定泵站设计流量和平均扬程。此时管路尚未布置,其管路水头损失,在初选泵型的规划阶段可以估算。其方法是根据设计流量的大小,初拟水泵台数,算出单泵流量,然后用单泵流量和实际扬程(净扬程)参考表 2-1 估算出损失扬程。待设计阶段再详细计算,进行修正。也可采用实际扬程的 15%～20%估算损失扬程。

② 初选泵型。一般情况下,设计扬程小于 10 m 时,宜选用轴流泵;5～20 m 时宜选用混流泵;20～100 m 时宜选用离心泵;大于 100 m 时可选用多级离心泵或其他

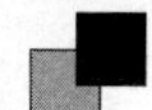

类型水泵。根据选泵原则和平均扬程从“水泵性能表”或“水泵综合性能图”上选择几种扬程符合要求而流量不同的泵型。

表 2-1　管路水头损失估算表

单位：%

实际扬程/m	管径/mm			备　注
	<200	250～350	>350	
10	30～50	20～40	10～25	损失扬程占实际扬程的百分数
10～30	20～40	15～30	5～15	管径在 350 mm 以下时，包括底阀损失
>30	10～30	10～20	3～10	在内

③ 根据几个可供选择的水泵方案和相应的管路布置情况，确定水泵工作点，并求得相应的工作点参数。

④ 对选用不同型号水泵所需的设备费、建筑费、管理费等进行技术经济比较，从中选出最合理的方案。

⑤ 校核所选水泵在最大扬程和最小扬程下运行能否产生汽蚀，电动机能否超载等。

2.2　动力机与水泵配套

水泵站上的动力机，大多数是电动机和柴油机。电动机提水成本低，开停迅速，操作方便，运行故障少，易于实现自动化，但它需要电源。柴油机基建投资少，机动灵活，可以改变转速，是最适用于调节水泵转速的动力机。在缺少电源的中小型泵站中采用较多。

2.2.1　电动机与水泵的配套

① 电动机类型的选择。水泵站的电源都是三相交流电，所以常用的是三相交流感应电动机。在选用感应电动机时，应优先选用鼠笼式电动机。当电网容量不能满足鼠笼式电动机起动要求时，才选择绕线式异步电动机。当功率在几百千瓦以上时，可考虑选用同步电动机。

② 电动机的配套功率。当水泵选定以后，一般在水泵样本上都给出了相应的配套功率。

如需计算电动机的配套功率，可按下式计算

$$P_m = K\ \frac{\gamma Q H}{1\ 000 \eta \eta_{传}}$$

式中：P_m——配套功率，kW；

γ——水的容重，N/m；

Q、H、η——水泵工作范围内的最大轴功率所对应的水泵的流量，m^3/s；扬程，m；效率，%；

$\eta_传$——传动效率，%；

K——电动机的功率备用系数，可参考表 2－2 选用。

表 2－2　电动机功率备用系数表

水泵轴功率/kW	<5	5～10	10～50	50～100	>100
K	2～1.3	1.3～1.15	1.15～1.10	1.10～1.05	1.05

电动机的额定电压要与供电电源电压相符。电动机与水泵为直接传动时，它们的转速和转动方向必须相同。当电动机容量不大，而电动机和水泵的额定转速相差不大时，可采用间接传动。

根据计算的 P_m、电源电压和水泵转速在电动机产品样本中选配合适的电动机。

2.2.2　柴油机与水泵的配套

1. 柴油机的型号

柴油机的型号由以下三部分组成。

① 首部：为缸数符号，用数字表示气缸数目。

② 中部：为机型系列代号。由冲程符号 E(E 表示二冲程，没有 E 的表示四冲程)和缸径符号组成。

③ 尾部：为变型符号。用数字顺序表示，表示原设计基础上对机器作了某些改进，与前面符号用一短横线隔开。必要时在短横线前面加机器特征符号，用汉语拼音字母表示。

例如：Q—汽车用；T—拖拉机用；C—船用：J—铁路牵引用；2—增压；K—复合；F—风冷，没有 F 为水冷。

例如：4135T－1 柴油机表示 4 缸、四冲程、缸径 135 mm、拖拉机用、水冷式、第一种变型产品。

2. 柴油机选型

(1) 柴油机配套功率的确定

柴油机的配套功率用下式计算

$$P_m = KP/\eta_传$$

式中：P_m——配套功率，kW；

P——水泵的轴功率；kW；

K——柴油机功率备用系数，可参考表 2－3 选用；

$\eta_传$——传动效率，皮带传动一般为 0.95。

表 2-3　柴油机功率备用系数表

水泵轴功率/kW	<2	2～5	5～50	50～100	>100
备用系数 K	1.7～1.5	1.5～1.3	1.15～1.10	1.08～1.05	1.05

柴油机功率选得过小，既影响水泵效率，又会使柴油机长期处于超负荷情况下工作，致使耗油多，磨损大，很不经济。柴油机功率选得过大，而负载偏低，将使机组效率过低，耗油多，也不经济。

选配柴油机时，要考虑柴油机连续 12 h 以上不停车运转。按配套率公式计算的配套功率 P_m，应按柴油机的 12 h 标定功率选配。

2. 柴油机转速的确定

目前，国产通用柴油机的转速大都在 1 500～2 000 r/min（也有 1 800～2 20 r/min 的）。所以柴油机产品的标定转速不可能与水泵转速完全一致。当柴油机与水泵额定转速相近时，应采用联轴器直接传动以减少传动损失。如不允许直接传动时，可利用柴油机转速在一定范围内可以调整的特点，采用间接传动（皮带或齿轮传动），使两者转速一致。

2.3　传动设备

中、小型水泵站中的水泵与动力机之间的传动方式可分直接传动和间接传动两种。

2.3.1　直接传动

把水泵和动力机的轴用联轴器连接起来，借以传递能量，称为直接传动。直接传动传递功率大，传动效率高，设备简单，维修方便，应用广泛。但采用直接传动必须符合下列条件：

① 动力机与水泵的额定转速要相同或相差不超过 2%。

② 水泵和动力机的转轴必须在同一条直线上。

③ 水泵与动力机的转向要一致。

在泵站机械配套中，常用的联轴器有刚性联轴器、弹性联轴器和爪形联轴器。常用联轴器多数已标准化、规格化。选择联轴器时，首先按工作条件选择合适的类型，然后再按扭矩、轴径和转速选择联轴器的型号。其计算扭矩可按下式计算

$$M_P = 9\,550K\,\frac{P_e}{n}$$

式中：M_P——计算扭矩，N·m；

P_e——配套电动机的额定功率，kW；

n——配套电动机的额定转速，r/min；

K——工作情况系数，当选用弹性联轴器时，$K=2.0$。

2.3.2 皮带传动

当动力机与水泵不能采用直接传动时，可采用皮带传动，皮带传动属于间接传动。皮带传动可分为平皮带传动和三角皮带传动两种。皮带传动的特点是传动带具有弹性，可以缓和冲击，吸收振动，使运转平稳无噪音。当过载时带在带轮上打滑，可保护其他零件免受损坏。它的缺点是传动带与带轮间总有一些滑动，因此不能保证稳定的传动比。它的外形尺寸大，轴与轴承上受力大，传动效率比直接传动低。在泵站中单机功率在 150 kW 以下时，可考虑采用皮带传动。

1. 平皮带传动

平皮带传动方式可分为开口传动、交叉传动和半交叉传动三种方式。如图 2-1 所示。

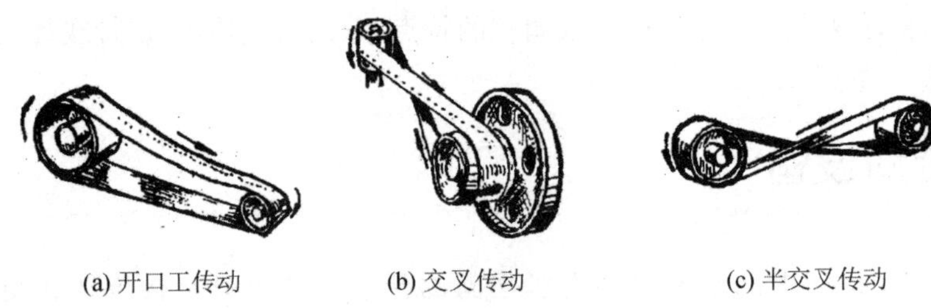

(a) 开口工传动　　(b) 交叉传动　　(c) 半交叉传动

图 2-1　平皮带传动

平皮带中应用最广的是橡胶布带，它是由几层带胶帆布粘在一起，经硫化制成。近年来发展起来的强力锦纶带，由于抗拉强度高，传动性能好，也被广泛采用。

平皮带传动计算的主要内容包括：确定皮带轮宽度，皮带厚度（橡胶布带的层数）、长度、大小轮直径以及两皮带轮的中心距等。

2. 三角带传动

三角带传动的功率比平皮带传动的大，皮带与皮带轮接触面大，结合好，运行平稳无噪声，传动比可达 1:10，皮带轮中心距较短。如图 2-2 所示。

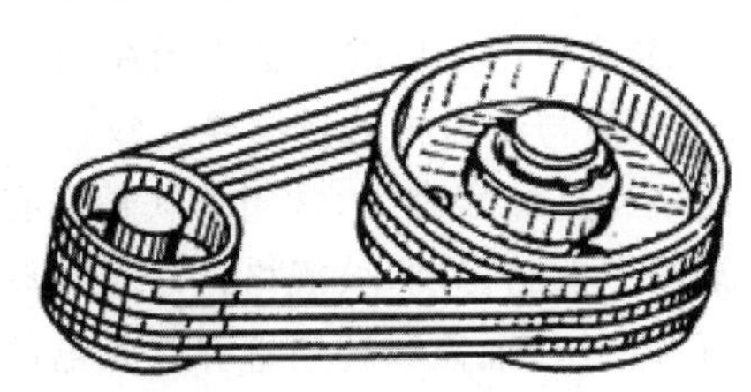

图 2-2　三角带传动

三角带传动计算的主要内容包括：根据传动功率选择三角带型号，选择计算大、小皮带轮直径及皮带宽度，计算三角皮带根数，选择皮带轮中心距和计算三角皮带长度等。

2.4　管道及其附件的选择

2.4.1　管　道

1. 管　材

水泵站上的管道有进水管和出水管。进水管又称吸水管，出水管又称压力管。水泵站使用的水管种类很多，主要有以下几种。

① 钢管。能承受较大的内水压力，不易破碎。能承受动荷载，壁薄管段长，接头简单，运输方便。缺点是易腐蚀，寿命短。使用中必须在其表面涂良好的涂料层加以保护。承受动荷载和较大内水压力时，可采用钢管。

② 铸铁管。抗腐蚀性能好，经久耐用，安装方便。与钢管比，价格低，比钢管使用寿命长。缺点是壁厚，性脆，耗材较多。管径小于 600 mm 的出水管可选用铸铁管。

③ 钢筋混凝土管。能节约金属材料，输水性能好，价格较低，安装简便，使用期限长。

缺点是重量大，运输不便，其配件连接也不方便。管径在 300～1 500 mm 的低压管道宜采用钢筋混凝土管。

④ 预应力钢筋混凝土管。与普通钢筋混凝土管相比，能承受较高的内水压力，节省钢材，管壁较薄，抗渗抗裂性能好，安装也较方便。

⑤ 钢丝网水泥管。自重轻，弹性好，强度高，节约钢材，抗渗性能好。中、高扬程的泵站可采用钢丝网水泥管。

⑥ 胶管。可分吸引胶管和压力胶管两种。吸引胶管承受压力小，用作吸水管。压力胶管承受压力大，适合作出水管。胶管的公称通径一般在 200～300 mm 之间。其价格较贵，寿命较短，适合流动使用。

管道在泵站工程中占有很大的投资比例。管道的类型对管道的运输费和安装费影响很大。所以在选择管材时要结合水管产地全面分析考虑。

2. 管径的选择

同一流量，当水管直径小时，其管内流速大，消耗的电能也大，但管道投资小；当水管直径大时，管内流速小，消耗的电能也小，但管道投资大。中小型水泵站在选择管径时，通常以经济流速来求解经济管径。

① 吸水管。吸水管承受外压，要有一定的刚度，并保证不漏气，一般采用钢管或铸铁管。为减小吸水管路水头损失，充分利用水泵吸上扬程，管内流速一般控制在 1.5～2.0 m/s 的范围内，据此可求出吸水管管径，即

$$D_{吸}=(0.80\sim0.85)\sqrt{Q}$$

式中：D_a——吸水管经济管径，m；

Q——通过管道的设计流量，m^3/s。

吸水管的长度不宜太长，一般为 6～10 m。

② 出水管。出水管承受内水压力，属内压管，要有足够的强度和刚度。高扬程泵站为节省管道投资，可根据管路各段承受的内水压力不同选配不同的管材。在确定水管直径时，通常把管内流速控制在 2.5～3.5 m/s 范围内。由此可用下列经验公式计算经济管径，即

当 $$Q < 120\ m^3/h 时，D = 13\sqrt{Q}$$

当 $$Q > 120\ m^3/h 时，D = 11.5\sqrt{Q}$$

式中：Q——通过管道的设计流量，m^3/h；

D——水管的经济管径，mm。

2.4.2 管道附件的选择

1. 偏心渐缩管

为减少吸水管路水头损失，提高水泵安装高程，一般吸水管的直径都大于水泵进口直径。所以吸水管路与水泵进口连接处要设置偏心渐缩管。

2. 同心渐缩管

通常水泵出口直径与出水管直径不相同，这时要设置同心渐缩管把水泵出口和出水管道连接起来。

3. 底阀和喇叭口

底阀适用于吸水管径小于 300 mm 的小型泵站。当吸水管径大于 300 mm 时，一般用真空泵抽气充水，吸水管路进口不装底阀而装置喇叭口。喇叭口有钢制喇叭口和铸铁喇叭口。

4. 弯 管

弯管也称弯头，它是用来改变管道方向的管件。常用的弯头有 90°、45°和 22°30′等几种。

5. 伸缩节

露天铺设的管道，受气候变化的影响，将会发生轴向的伸缩变形。两镇墩之间的管道因被镇墩固定，如不采取措施，管道将因气候变化产生的温度应力而遭到破坏。所以，在出水管道布置时，一般都在镇墩下方或两镇墩之间设置伸缩节。

对扬程不高，管路较短，用法兰盘连接的管段，因法兰盘接头垫有止水橡胶圈，可不专设伸缩节。有些高扬程泵站，为防止发生水锤时机组遭到破坏，常在逆止阀和机组间设置伸缩节。套管式伸缩节如图 2-3 所示。

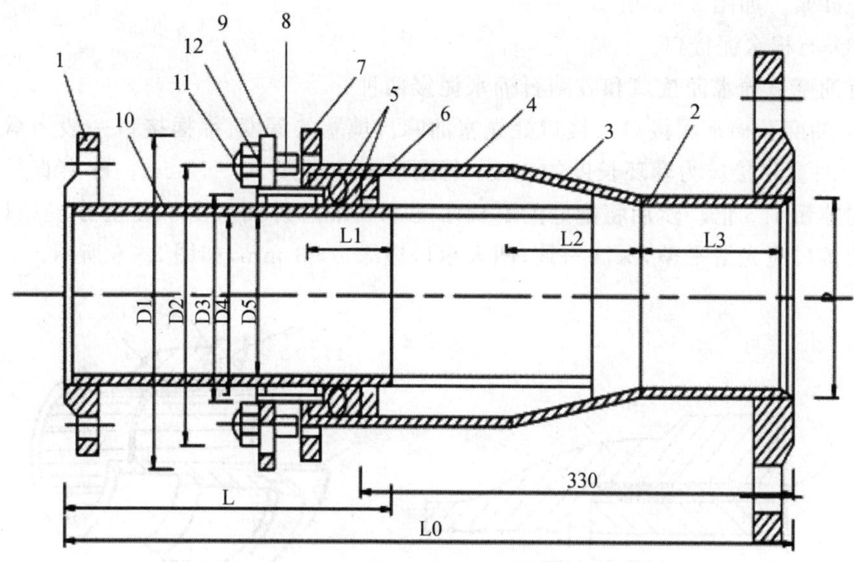

1—法兰盘；2、10—焊接钢管；3—异径管；4—钢制套管；5—橡胶圈；
6—挡圈；7、9—翼盘；8—短管；11—双头螺杆；12—螺母

图 2-3　套管式伸缩节(单位：mm)

6. 出口拍门

拍门的作用和逆止阀相同，当水泵突然停车时，为防止出水池中的水倒流，常在出水管出口处设置拍门。

7. 管道接口

管道接口施工是管道工程施工的一个关键性工序。管道接口的方法很多，主要有以下几种。

(1) 法兰盘连接

法兰盘常用焊接方式装于管口。连接时，接口处两法兰面须平行、对正，与管子的轴线垂直，然后夹入橡胶垫圈，再将螺栓及螺母点上机油，对称地上紧螺栓，螺栓应露出螺母。直径 600 mm 以上管子的接口，两法兰盘上可加铅油一道，凡法兰盘接口，应做防腐处理。法兰盘接口，如图 2-4 所示。

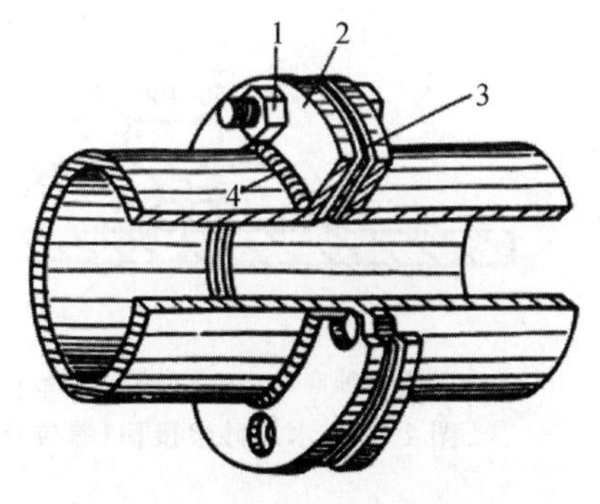

1—螺母；2—法兰盘；3—橡胶垫圈；4—焊缝

图 2-4　法兰盘接口

(2) 沥青水泥砂浆接口

接口处先塞麻两道(搭接 10～15 cm)，后塞沥青条，用凿子均匀塞进，沥青条外面

抹水泥砂浆。如图 2－5 所示。

(3) 石棉水泥接口

有油麻石棉水泥接口和胶圈石棉水泥接两种。

① 油麻石棉水泥接口。接口处先塞油麻。填塞的深度:承插接口一般为承口深度的 1/3;套环接口为套环长度的 1/3。每圈麻辫应搭接 10～15 cm。麻辫直径要比接口间隙粗 1.5 倍。然后将配好的石棉水泥塞在油麻外面。由下往上分层填打,打成后的接口应光滑平整,深浅一致,凹入承口边缘 2～3 mm,如图 2－6 所示。

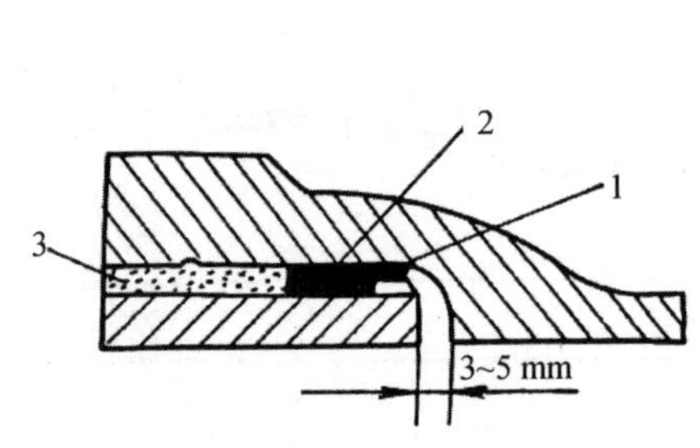

1—麻;2—沥青条;3—水泥砂浆

图 2－5　沥青水泥砂浆接口

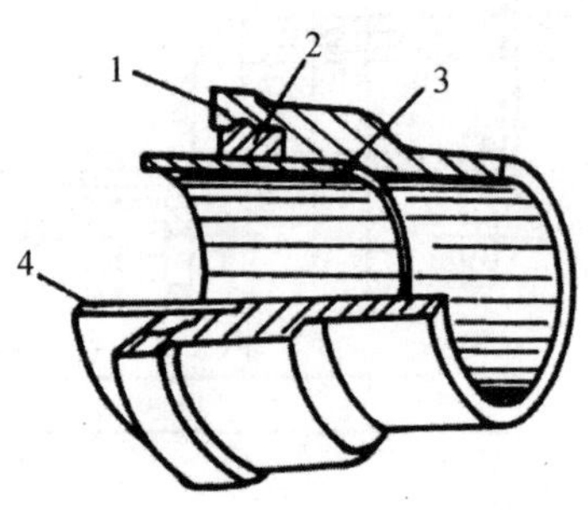

1—承口;2—石棉水泥;3—油麻;4—插口

图 2－6　油麻石棉水泥接口

② 胶圈石棉水泥接口。把胶圈先套入铸铁管插口,对正承口,将插管连同胶圈同时插入承口,用麻钻均匀地把胶圈打上插口小台,最后在胶圈外面填塞石棉水泥。胶圈石棉水泥接口方法一般用于铸铁管道的接口。

(4) 水泥砂浆接口

接口形式分承插口、套管和抹带 3 种。承插口和套管的接口方法均在接口处先塞油麻,外抹水泥砂浆,如图 2－7 所示。

抹带接口一般用水泥砂浆在接口处抹成弧形环带,如图 2－8 所示。

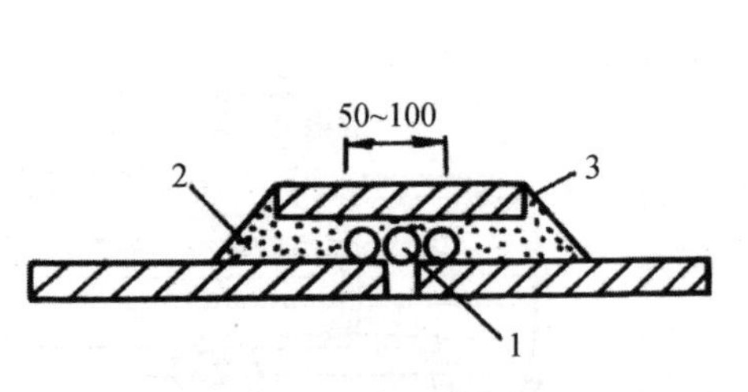

1—油麻;2—水泥砂浆;3—套管

图 2－7　水泥砂浆接口(单位:mm)

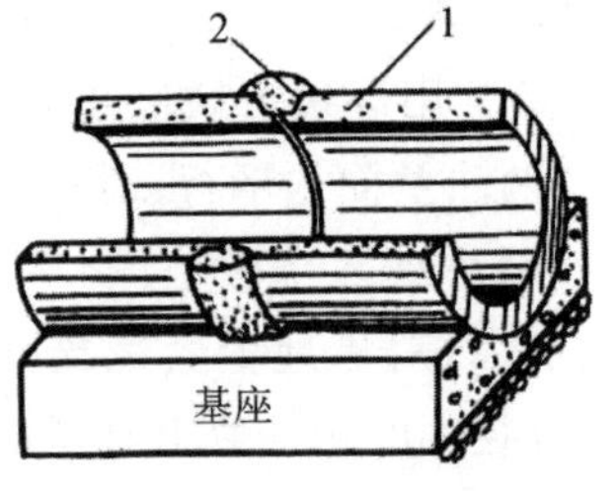

1—管子;2—水泥砂浆

图 2－8　水泥砂浆抹带接口

(5) 橡胶圈接口用圆形橡胶圈作为接口填料

依靠压缩胶圈产生的正压力和胶圈与管壁的摩擦力来达到密封的目的。柔性接

口如图 2－9 所示。

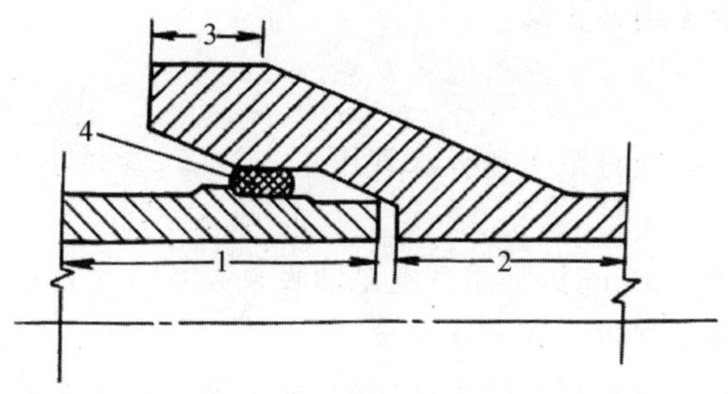

1—插口段；2—管主体；3—承口段；4—橡胶圈

图 2－9　橡胶圈接口

这种方法适用于承插式预应力和自应力钢筋混凝土管道的接口，也可作为承插铸铁管的柔性接口。安装时先把橡胶圈套在插口头部，将插口对准承口，用人工或倒链、千斤顶等，沿轴线方向推入即可。

（6）自应力水泥砂浆接口

自应力水泥砂浆作为管道接口的填料，具有抗渗性能好，使用起来操作简单，节约石棉和麻，降低劳动强度和工程造价等优点。施工时，被接两管间的缝隙不得大于 3 mm。套管式接头的套管应具有足够的强度，一般不小于 20×10^5 Pa（内压）。材料级配时，自应力水泥初凝时间要大于 30 min，终凝时间要大于 8 h。砂的最大粒径不超过2.5 mm。砂浆级配为：水泥∶砂∶水＝1∶1∶0.28，其 28 d 强度不小于 600×10^5 Pa。

2.5　辅助设备的选配

1. 闸　阀

闸阀的种类很多。水泵站常用的有明杆楔式单闸板闸阀和暗杆楔式单闸板闸阀。

小管径的管路上一般用明杆楔式单闸板闸阀，闸阀的开启程度可根据轴伸出的长度来控制。暗杆楔式单闸板闸阀，其闸体外部设有指示盘，闸阀开启程度，可根据指示盘来控制。

闸阀的选择，应根据泵站扬程的大小、出水管的直径及其造价等，来选择闸阀的型式和规格。

2. 逆止阀

当泵站事故停机，出水管中的水将要发生倒流时，逆止阀的阀门靠自重和管内回流的冲击在短时间内自行关闭，从而防止水倒流。扬程较高的泵站一般都安装逆止阀，但它的水力损失大，在突然关闭阀门时要发生很大的水锤，产生较大的振动，对机组、管道的安全不利。一般扬程不高，管道不长的泵站，多用拍门来代替逆止阀。目前在水泵站中已很少采用逆止阀。

3. 真空泵

离心泵在起动前必须将泵壳和吸水管用水先注满，管径小于 300 mm 的一般用人工充水。

一般管径大于 300 mm 时，常用真空泵抽吸泵壳及吸水管路内的空气，达到抽气充水的目的。水泵站中常用水环式真空泵。

真空泵是根据抽气量和真空值来选择的，抽气量可按下式计算

$$Q_{气}=K\ \frac{(V_1+V_2)H_a}{T(H_a-H_s)}$$

式中：$Q_{气}$——真空泵的抽气量，m^3/min；

K——考虑缝隙及填料函漏损的安全系数，一般取 $K=1.05\sim1.10$；

V_1——闸阀以下出水管路和泵壳内的空气容积，可按水泵吸入口面积乘以水泵吸入口至出水闸阀间的距离求得，m^3；

V_2——从进水池水面算起的吸水管路中的空气容积，m^3；

H_a——当地大气压力的水柱高度，m；

H_s——进水池最低工作水位至泵壳顶部的高度，m；

T——抽气时间，min，一般为 3～5 min。

根据计算的 $Q_{气}$ 和真空值在真空泵产品样本中选择合适的真空泵。

须要注意的是，上式计算的 $Q_{气}$ 是一台水泵需要的抽气量。若一台真空泵同时对 n 台水泵抽气，则应以 $nQ_{气}$ 和真空值选择合适的真空泵。

水泵站内一般设置两台真空泵，互为备用。

4. 真空表和压力表

真空表安置在水泵进口处，用来测定水泵进口处的真空值。压力表装在水泵出口处，用来测定水泵出口处的管内压力。根据这两个表的读数就可算出水泵的工作扬程和判断水泵运行是否正常。压力表的规格型号如表 2 - 4 所列。

5. 起重设备

大中型水泵站中，其设备的安装与维修均需要起重设备。

起重设备的额定起重量应根据最重吊运部件和吊具的总重量，参照现行起重机系列确定。起重机的提升高度应满足机组安装和检修的要求。

一般起重量小于 5 t 时，可选用手动单梁起重机，根据情况也可用单轨小车配以葫芦。起重量大于 10 t 时，宜选用电动双梁起重机。

当泵房中的设备或部件最大重量不超过 1 t 时，一般采用手拉葫芦与三脚架。当设备重量在 5 t 以下，或设备重量不超过 1 t 但机组数目较多时，宜设置手动单轨小车。

表 2-4　压力表的规格

名称		型号	测量范围(从 0 起)/10^5 Pa	用途	重量/kg
弹簧式压力表	双针	YC—100S	2.5,4,6,10,16,25,40,60	测量不起腐蚀作用的液体压力,且可同时测量二点的压力及此二点的压差	0.75
	双管	YC—150S			0.95
	电接点	YX—150	1,1.6,2.5,4,6,10,25,40,60		3.0
弹簧式真空表	一般	Z—100ZT Z—100 Z—100T	<1	测量不起腐蚀作用气体的负压	0.70
		Z—150, Z—150T Z—150ZT			1.30
	电接点	ZX—150		同上,可用于远程传送发出信号和自动控制	3.0
压力真空表	一般	YX—100	1,1.6,2.5,4,6,10,16,25	测量不起腐蚀作用的气体、液体的压力及负压	0.70
		YX—150	<1		1.30
	电接点	YZX—150		同上,且可用于远程传送及自动控制	3.0

注:仪表适合在气温 20 ℃~50 ℃、相对湿度不超过 80%条件下工作。

电接点仪表电源参数为 50 Hz,200 V 或 110 V。

仪表在测量压力时,不超过测量上限的 2/3,测波动压力不超过 1/2,最低压力均不低于上限的 1/3,介质的压力变化,在每秒钟内不超过上限的 10%。

本表中的仪表均为上海压力表厂产品。

2.6　水泵安装高程的确定

水泵的安装高程系指水泵基准面的高程。不同类型的叶片泵,其基准面的确定方法如图 2-10 所示。

正确确定水泵安装高程,是泵站设计中的一个重要问题。水泵安装高程过高,水泵运行期间会使水泵进口处压力过低,水泵将遭到严重的汽蚀破坏,缩短水泵使用寿命。水泵安装高程过低,会增加基础开挖深度,同时土建造价会增加。所以正确确定水泵安装高程,使水泵既能安全运行,又能节省土建造价,具有很重要的意义。

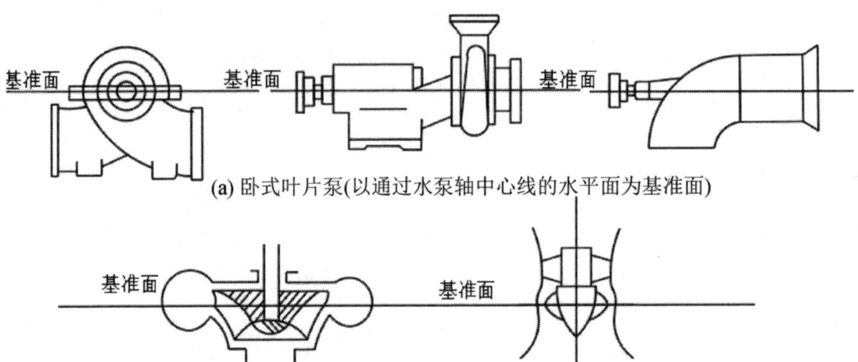

(a) 卧式叶片泵(以通过水泵轴中心线的水平面为基准面)

(b) 立式离心泵和混流泵(以通过第一级叶轮出口中心的水平面为基准面)

(c) 立式轴流泵(以通过叶片轴线的水平面为基准面)

图 2－10　叶片泵的基准面

卧式水泵一般都安装在进水池水面以上，其最大允许吸水高度[$H_{吸}$]可用下式计算

$$[H_{吸}]=[H_s]-h_{吸}-\frac{v_{吸}^2}{2g}$$

式中：[$H_{吸}$]——水泵允许吸水高度，m；

[H_s]——水泵样本上给定的水泵允许吸上真空高度，m；

$h_{吸}$——吸水管路的水头损失，m；

$v_{吸}$——水泵进口断面的平均流速，m/s。

水泵样本中给出的[H_s]值，是水泵在额定转速下，大气压力等于 10 132 5Pa 及水温为 20 ℃的标准情况下的数值。如果水泵工作时的转速、被抽送的水温和水泵安装地点的大气压力与标准情况不同，则必须先对[H_s]进行修正，把修正过的[H_s]值代公式(2－8)中计算出[$H_{吸}$]。

如需修正，一般先进行转速修正，后进行气压和水温修正。

水泵工作转速与额定转速不同时，[H_s]按下式修正

$$[H_s]'=10-(10-[H_s])\left(\frac{n'}{n}\right)^2$$

式中：[H_s]′——相对于转速 n'时的允许吸上真空高度，m；

n'——水泵工作时的转速，r/min；

n——水泵样本给定的转速，r/min，即额定转速。

当大气压力和水温与标准情况不同时，[H_s]值可按下式修正

$$[H_s]'=[H_s]-\left(10.33-\frac{P_a}{\gamma}\right)-\left(\frac{P_{汽}}{\gamma}-0.24\right)$$

式中：$\frac{P_a}{\gamma}$——水泵安装地点的大气压头，mH_2O；

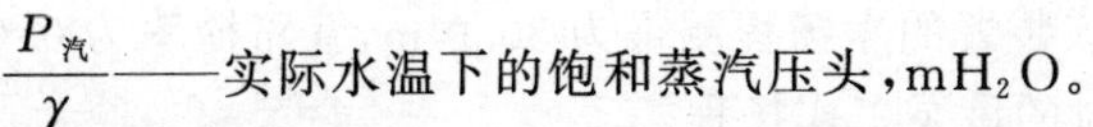

$\frac{P_{汽}}{\gamma}$——实际水温下的饱和蒸汽压头，mH_2O。

不同海拔高程的大气压力和不同水温时的饱和蒸汽压力，可从有关书籍中查得。

根据以上情况，可计算得到的水泵允许吸水高度，加在进水池设计最低水位上，即得水泵安装高程

$$\nabla_{安}=\nabla_{低}+[H_{吸}]$$

式中：$\nabla_{安}$——水泵安装高程，m；

$\nabla_{低}$——进水池设计最低水位，m。

轴流泵的吸上性能是由汽蚀余量 Δh 表示的。当已知水泵允许汽蚀余量$[\Delta h]$时，水泵的允许吸水高度$[H_{吸}]$可用下式计算

$$[H_{吸}]=\frac{P_a}{\gamma}-\frac{P_{汽}}{\gamma}-[\Delta h]-h_{吸}$$

式中：$[\Delta h]$——水泵样本给定的允许汽蚀余量，m；

其他符号意义同前。

轴流泵的吸水管路较短，$h_{吸}$ 可忽略不计。在一个标准大气压和水温为 20 ℃的情况下，$\frac{P_a}{\gamma}-\frac{P_{汽}}{\gamma}=10.33-0.24=10.09(mH_2O)$，所以上式可改写成

$$[H_{吸}]=10.09-[\Delta h]$$

当水泵运行转速与样本给定的转速不同时，$[\Delta h]$可用下式进行修正

$$[\Delta h]'=[\Delta h]\left(\frac{n'}{n}\right)^2$$

式中：n——水泵样本中给定的水泵转速，r/min；

n'——水泵运行转速，r/min；

$[\Delta h]'$——相对于转速 n'时的允许汽蚀余量，m。

当计算的$[H_{吸}]$为正值，说明水泵基准面可以安装在水面以上，但为了起动方便，仍将叶轮中心线淹没于水下 0.5～1.0 m。若计算的$[H_{吸}]$为负值，说明水泵基准面必须在水面以下，其数值即为水泵基准面淹没在水下的最小深度，如果其值不足 0.5～1.0 m，应采用 0.5～1.0 m。

习 题

1. 一台 Sh 型泵，已知其流量为 45 L/s，扬程为 78.0 m，额定转速为 2 900 r/min，试计算其比转数。

2. 一台型号为 50D8×6 型多级离心泵，已知其流量为 5 L/s，扬程为 51.0 m，额定转速为 2 950 r/min，试计算其比转数。

3. 某离心泵装置，其进出水管路直径为 200 mm，管路全长为 280 m，局部水头

损失为沿程水头损失的 25%，该装置的净扬程测得为 30.0 m，管路糙率为 0.013，试计算其运行流量为 150 m^3/h 时的该泵工作扬程。

4. 某泵站安装 32Sh—19 型泵，其口径为 800 mm，吐出口直径为 600 mm，运行时测得流量为 1 530 L/s，真空表读数为 38.16 kPa(286 mmHg)，压力表读数为 294.3 kPa(3.0 kgf/cm^2)，压力表轴心高于真空表测压点 0.3 m，该泵站实际净扬程为 30.0 m，测得轴功率为 580 kW，试计算：

(1) 水泵的工作扬程；

(2) 管路的水头损失和扬程；

(3) 该泵的运行效率。

5. 某泵站安装若干台 6B33 型水泵，实际净扬程为 30.0 m，管路沿程与局部阻力系数之和为 0.0022 s^2/m^5，试推求该泵在运行时的流量、扬程、轴功率与效率等各为多少？

第3章 泵房设计

泵房是泵站建筑物中的主体工程，是安装水泵、动力机及其辅助设备的建筑物。泵房设计内容主要包括：泵房结构型式的选择、泵房内部布置及各部尺寸的拟定、泵房整体稳定分析和构件的结构计算等。

合理的泵房设计应做到坚固适用，施工方便，经济合理，技术先进，安全可靠和运行管理方便。

3.1 泵房型式的选择

影响泵房结构型式的因素有：水泵类型，水源水位变幅，地质地形条件和枢纽布置等，其中水泵类型和水源水位变幅是影响泵房结构型式的两个主要因素。

3.1.1 分基型泵房

分基型泵房的主要特点是泵房基础与机墩分开建造，无水下结构，结构简单，施工方便，一般工业厂房相似，是中、小型泵站常用的一种结构型式。这种型式的泵房地面高于进水池最高水位，所以通风、采光和防潮的条件比较好。

根据泵房进水侧岸边形式，可将其分为斜坡式和直墙式两种。如图 3 - 1 和图 3 - 2 所示。

斜坡式适用于地基条件较好的场合。它是将进水侧岸边做成有护砌的斜坡形式。这种形式对吸水管路的安装检修都较方便，但吸水管路较长。直墙式适用于地基条件较差的场合，它和斜坡式比较，可以缩短吸水管路的长度。

分基型泵房优点很多。当水源水位变幅小于所选水泵有效吸上高度时，可以选用分基型泵房。分基型泵房适用于安装卧式和斜式水泵。如果水源水位变幅较大，仍想采用分基型泵房，可在引水渠渠首设置闸门控制水位，将泵房布置在挖方中。但这样做一般要进行技术经济分析，如果技术经济不合理，则宜考虑对其他型式的泵房的影响。

1—水泵;2—闸阀;3—吸水管

图 3-1　斜坡式分基型泵房

1—水系;2—闸网;3—吸水管;4—挡土壤

图 3-2　直墙式分基型泵房

3.1.2　干室型泵房

当水源水位变幅较大,不宜采用分基型泵房时,可采用干室型泵房。它的结构特点是为了防止高水位时外水渗入泵房,泵房四周墙壁和底板用混凝土或钢筋混凝土浇注成一个不透水的整体结构,形成一个干燥的地下室,机组就安装在地下室内。

干室型泵房结构较复杂,造价高。它适用于以下场合:

① 水源水位变幅大于水泵有效吸水高度。

② 水源水位变幅较大,采用分基型泵房在技术经济上不合理。

③ 建站处的地质及水文地质条件较差,如地基土承载能力较低,地下水位较高等情况。

干室型泵房的平面形状有长方形的,如图 3-3 所示。这种形式适用于机组较多的情况另一种是圆形的,它适用于机组台数较少的场合,如图 3-4 所示。

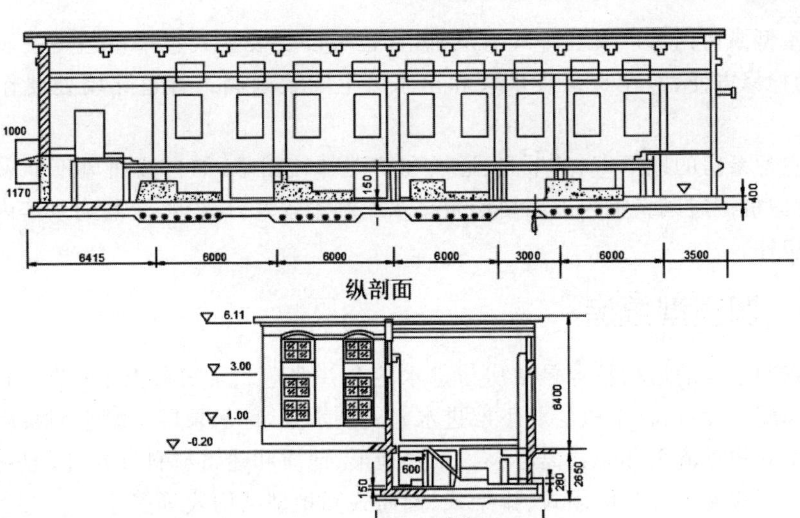

图 3-3　长方形干室型泵房剖面图(单位:mm)

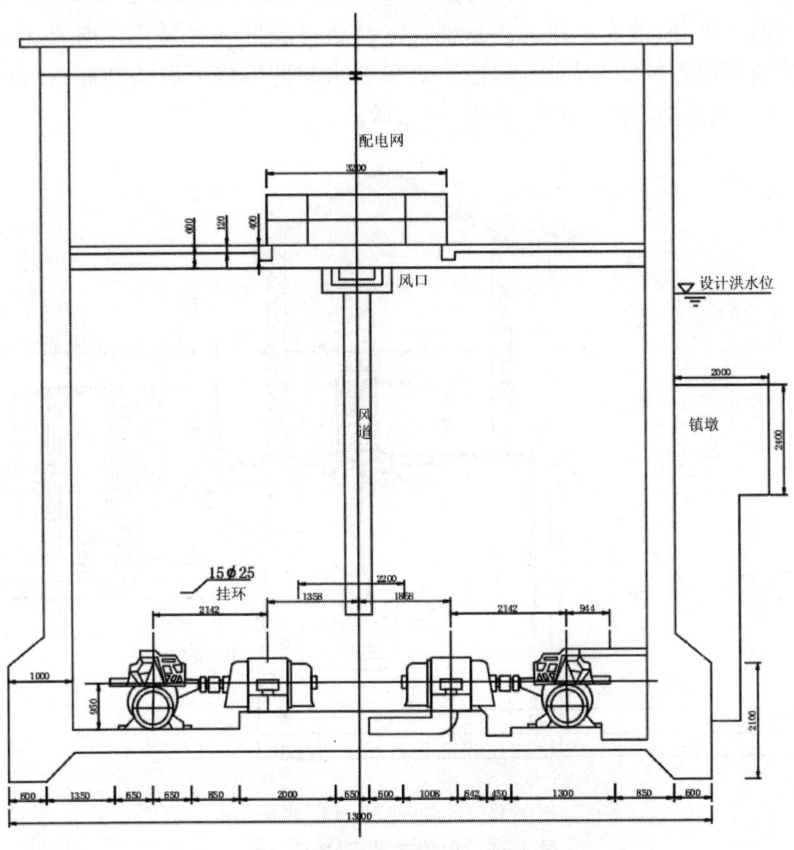

图 3-4　井筒形干室型泵房(单位:mm)

干室型泵房内可以安装卧式水泵机组，也可以安装立式水泵机组。安装卧式机组时，为检修方便，常在水泵吸水管和出水管上安装闸阀。管道穿墙处要作好防渗处理。

干室型泵房的地下室，其采光、通风和防潮都较困难，如自然通风不能满足要求时，应考虑机械通风。室内地面要设置排水沟和集水井，以便将渗漏到泵房内的积水排至泵房外。

3.1.3 湿室型泵房

湿室型泵房的结构特点是泵房与进水池合并建造。泵房分上下两层，上层安装电动机和配电设备，称电机层。下层进水并安装水泵，称水泵层。湿室型泵房适合安装中小型立式轴流泵和立式离心泵。根据地形、地质和建筑材料等条件，湿室型泵房按其结构型式又可分为墩墙式、排架式、圆筒式和箱型结构式等多种。

1. 墩培式泵房

墩墙式泵房除进水侧外，其他三面都有挡土墙，墙后填土与电机层齐平。每台水泵之间用墩子隔开，形成单独的进水池。水流条件较好。水泵工作时互不干扰。每个进水池前可设置闸门和拦污栅，便于对单台水泵的检修。墩墙和底板可采用浆砌石结构，可就地取材，施工简单，如图 3-5 所示。

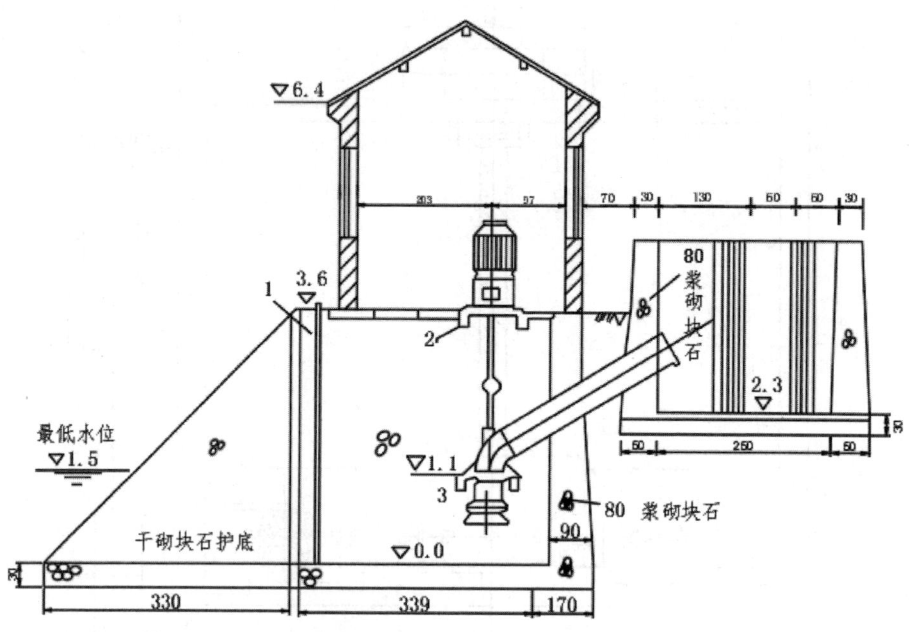

1—检修门槽，2—电机梁，3—水泵梁

图 3-5 墩墙式泵房(单位:cm)

墩墙式泵房因墙后填土，将产生很大的水平推力。为满足抗滑稳定的要求，常需加大泵房的重量，这会增加工程量。

2. 排架式泵房

排架式泵房的下部为钢筋混凝土的排架，用以代替墩墙来支撑水泵机组和上部结构。四面临水，泵房与岸坡用工作桥连接，如图 3－6 所示。

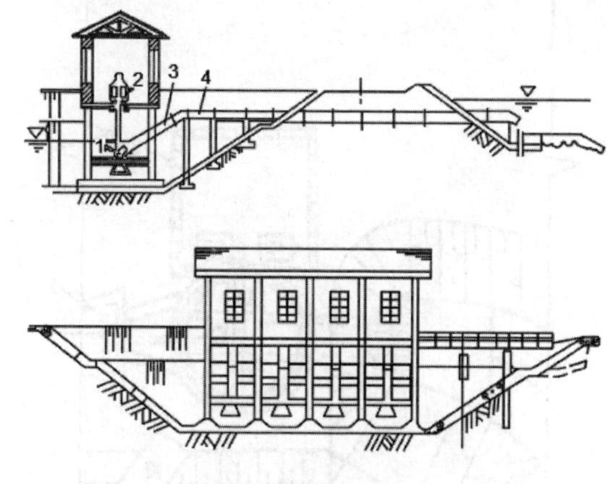

1—水泵；2—电动机；3—出水管；4—穿堤涵管

图 3－6　排架式泵房

排架型泵房结构轻，用材省、地基应力小而均匀。这种形式由于没有侧墙和后墙的填土压力，可不必考虑泵房的抗滑稳定问题。

排架式泵房的缺点是水泵检修不便.护坡工程量大。这种形式适用于安装中小型立式机组和地基条件较好的场合。

3. 圆筒式泵房

泵房的水下部分是用混凝土、钢筋混凝土或砖石等砌筑成的圆筒，四周填土，用引水涵管把引水渠和进水池连通，如图 3－7 所示。圆筒式泵房地基应力小，泵房稳定性强，对沉陷的适应性能好，对细砂地基可以防止管涌。其缺点是进水条件差，施工较麻烦，机组数量一般不超过 3 台。

4. 箱形结构式泵房

它是在排架式泵房除进水侧外其他三面加设了挡土板。中间每隔 2～3 台水泵设置检修隔墙，墙高超过进水池最高水位，在进水室前设检修闸门。泵房两侧填土高度与电机层齐平，后侧填土高度较矮，如图 3－8 所示。

箱形结构式泵房地基应力小，地基反力均匀，后侧矮填土，水平推力不大，解决了抗滑稳定问题。与排架式泵房相比刚度大，适应软土地基，抗震性能好，对外交通方便。缺点是泵房造价高。

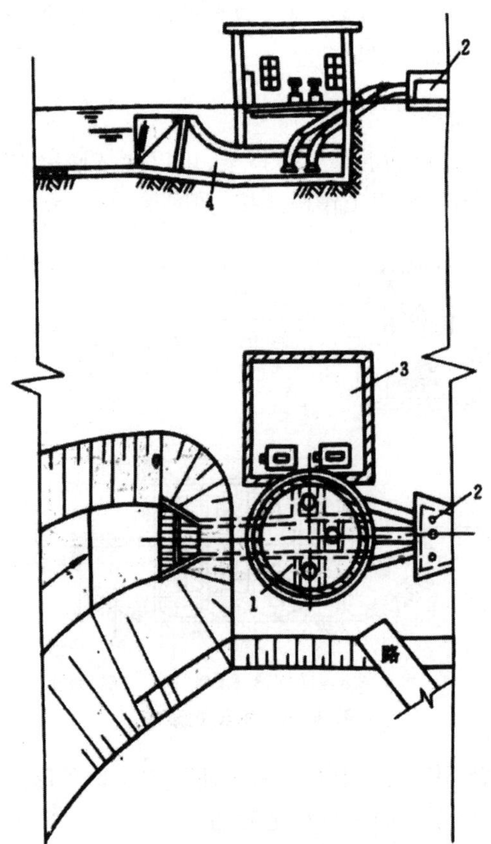

1—泵房；2—压力水箱；3—变电站；4—进水室

图 3-7　圆筒式泵房

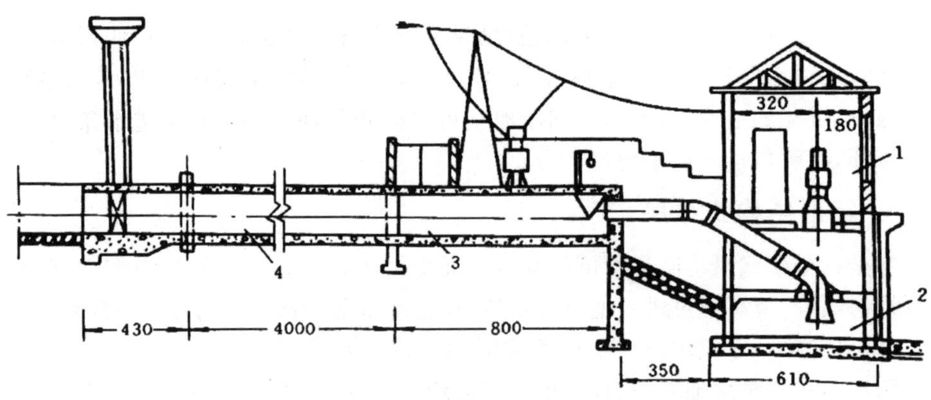

1—电机层；2—水泵层；3—压力水箱；4—出水涵管

图 3-8　箱形结构式泵房(单位:cm)

3.1.4　块基型泵房

块基型泵房是把水泵的进水流道与泵房的底板用钢筋混凝土浇注成一个整体，并作为整个泵房的基础，故称块基型泵房，如图 3－9 所示。块基型泵房整体性好。适用于各种地基条件，在软土地基上也可以建造。泵房本身自重大，抗浮和抗滑的稳定性较好。口径大于 1 200 mm 的大型水泵可采用块基型泵房。特别是在需要泵房直接挡水时，采用块基型泵房更为有利。

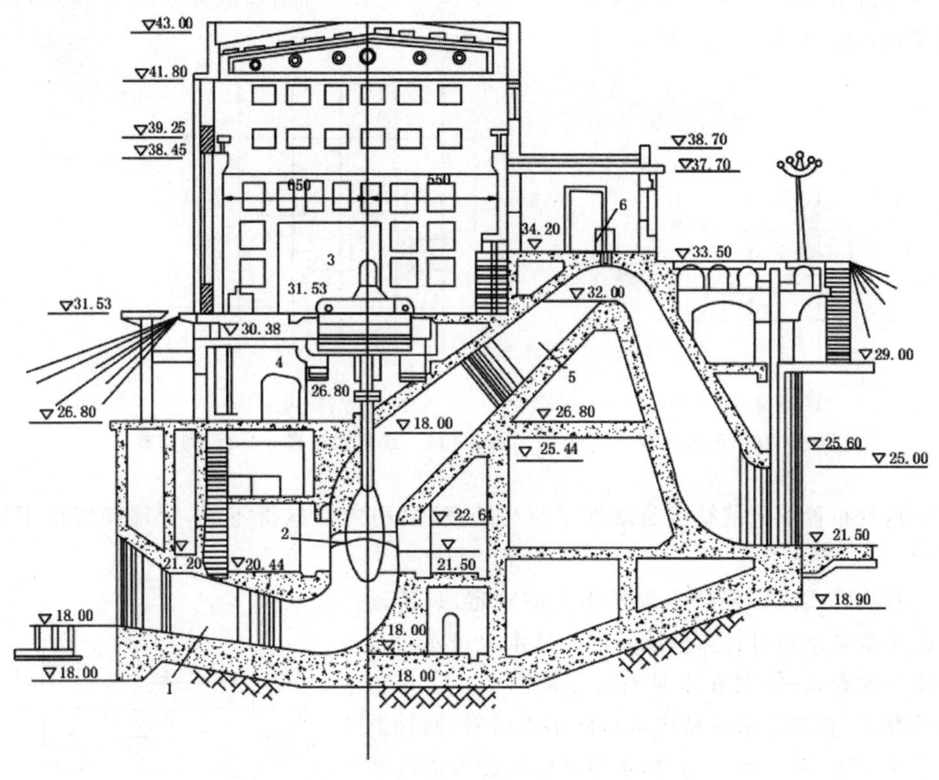

1—肘型进水流道；2—大型立式轴流泵；3—电动机；
4—电机大梁；5—虹吸式出水流道；6—真空破坏阀

图 3－9　堤身虹吸式泵站剖面图(单位：cm)

3.2　泵房内部布置

合理的泵房内部布置不仅可以减少泵房建筑面积，而且还能缩小其他建筑物的尺寸。

3.2.1 主机组布置

1. 一列式布置

各机组的轴线位于同一直线上。优点是简单整齐、泵房跨度小。缺点是当机组较多时会增加泵房长度，相应的也要增加进水池和出水池的宽度，如图 3－10 所示。

2. 双列交错排列布置

当机组数目较多时，为缩短泵房长度和减小进水池和出水池宽度，可采用双列交错排列布置，如图 3－11 所示。

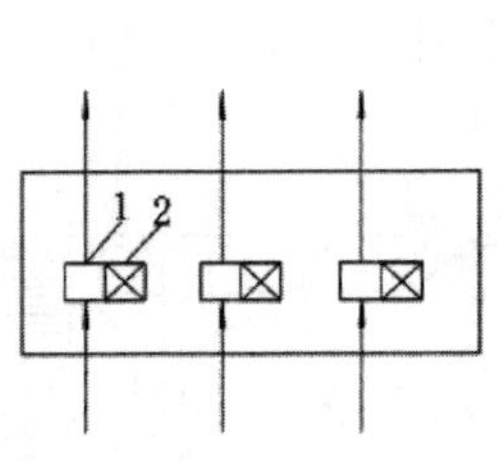

1—水泵；2—电动机

图 3－10　列式布置

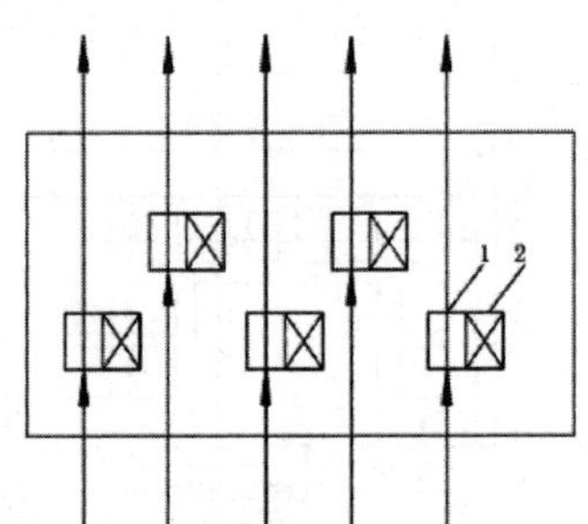

1—水泵；2—电动机

图 3－11　双列式布置　平行-列布置

这种布置形式的缺点是增加了泵房跨度，泵房内部显得零乱，管理操作也不够方便。

双吸卧式离心泵按水泵样本上的规定，从传动方向看水泵是逆时针方向旋转的。从水泵进水口往出水口向看，联轴器在水泵右边。从图 3－11 布置的情况看，有部分水泵从进水口向出水口看，联轴器在水泵左边，从传动方向看，水泵是顺时针方向旋转的，恰和水泵样本中的规定相反。这点在水泵定货时必须加以说明。

当选用 BA 型(或 B 型)水泵时，可采用这种布置形式，如图 3－12 所示。这种布置形式的优点是机组间距减少，能缩短泵房长度和前池宽度。

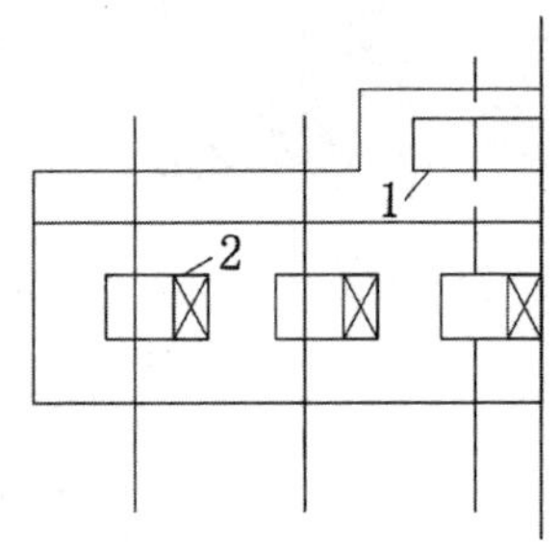

1—水泵；2—电动机

图 3－12　平行-列布置

3.2.2 配电设备布置

配电设备的布置形式有集中布置和分散布置两种。分散布置是将配电盘放在两台电动机中间的靠墙空地上，无需增加泵房宽度。

集中布置按它在泵房中的位置,可分两种布置形式。

1. 端式布置

配电间布置在泵房进线的一端。如图 3 - 13 所示。这是机组台数较少的泵站采用最普遍的布置形式。它的优点是不增加泵房跨度,进出水侧都可以开窗。有利于泵房的通风和采光。它的缺点是当机组台数多时,工作人员不便监视远离配电间的机组运行情况。

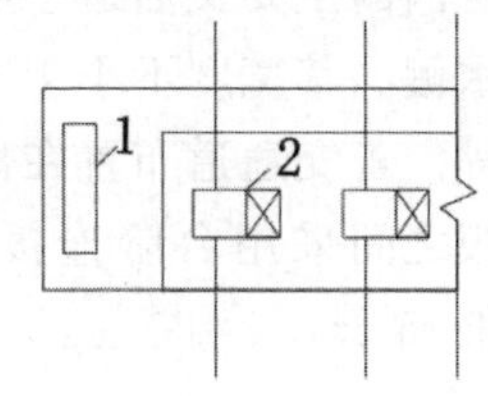

1—配电柜;2—主机组

图 3 - 13 配电间布置在系房一端

2. 侧式布置

将配电间布置在泵房进水侧或出水侧,如图 3 - 14 所示。其优点是当机组台数较多时,有利于工作人员监视机组的运行。这种布置形式要增加泵房跨度,为了弥补泵房跨度加大的缺点,可沿泵房跨度方向向外凸出一部分作为配电间,这样就不会增加整个泵房的跨度。

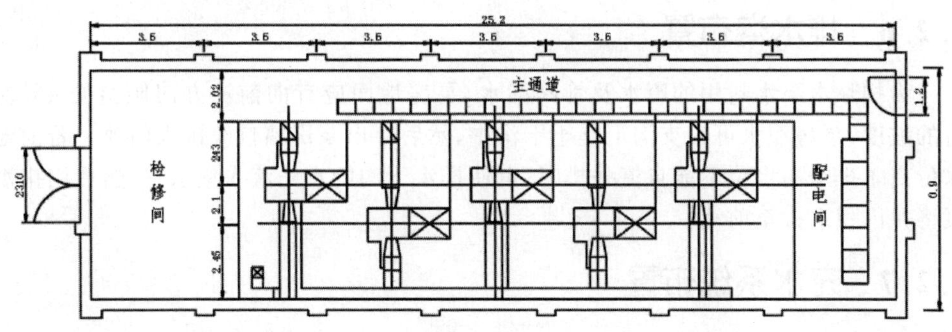

1—配电柜;2—主机组

图 3 - 14 配电间布置在泵房一侧

配电间的尺寸主要决定于配电柜的规格尺寸、数目以及必要的操作维修空间。高压配电柜不要靠墙,可以双面维护。低压配电柜可以靠墙,单面维护。不靠墙安装的配电柜,柜后需留出不小于 0.8 m 的通道,以便检修,柜前一般需要 1.5～2.0 m 的操作宽度。为防止积水流向配电间,配电间地板应高于泵房地板,也可使配电间地板高程与泵房内交通道高程相同。为防备发生意外事故,配电间一般都单设一个向外开的便门。

3.2.3 检修间布置

检修间一般设在靠近泵房大门的一端,它的尺寸应能放置泵房内最大的设备或部件。并便于拆装检修。中小型泵站,若机组容量较小或机组间距较大时,可以就地检修,不必专设检修间。

3.2.4 交通道布置

泵房内的主要交通道一般沿泵房长度方向布置。可以布置在出水侧,也可以布置在进水侧。其宽度不小于 15 m。交通道通常高于泵房地板,一般与配电间地板在同一高程。若交通道布置在出水侧,其高程还要考虑有利于闸阀的操作。交通道与泵房地板之间采用台阶连接台阶宽度应不小于 0.8 m。台阶级高与级宽可采用 20 cm 和 25 cm。

3.2.5 电缆沟布置

如图 3-15 所示,电动机至配电柜间的电缆一般都放置在电缆沟内。电缆沟设在电动机进线盒一侧。电缆沟应防潮防水。常用青砖砌筑砂浆抹面。电缆搁置在沟内支架上。沟顶用木板或混凝土板盖好。电缆沟的尺寸视电缆数多少而定。一般沟深为 40～80 cm,沟宽为 40～60 cm。小型泵站一般不专设电缆沟,而是在电缆上套一钢管或陶瓷管,把它挂在墙上或固定在墙角下。

3.2.6 排水沟布置

为排除水泵水封用的废水及管阀漏水,泵房地面应有向前池方向倾斜的 2%左右的坡度,泵房积水可沿支沟汇集于干沟中,然后穿出泵房墙自流排入前池。若前池水位高于排水沟水位不能自流外排时,可使排水干沟的水先流入集水井,然后用排水泵将井内积水排至前池。

3.2.7 充水系统布置

真空泵及其抽气管路的布置,以不影响主机组检修,不增加泵房面积,便于工作人员操作为原则。真空泵通常布置在泵房的一端,靠近机组的墙边或墙角。也可布置在进水侧中部的空地上。抽气管路,可沿机组泵顶架空布置,其高度以不影响工作人员行走为宜,也可沿机组基础的地面铺设,然后再用抽气支管与每台水泵相连。

3.2.8 门窗布置

泵房应有较大的门窗面积,以利通风采光。一般门窗面积不应小于泵房地板面积的 20%～30%。大门应能通过运输内部最大设备构件。在泵房进出水的侧墙上应设置双层窗,以利自然通风。门窗设计宜采用标准图集,图 3-15 为分基型泵房内部布置图。

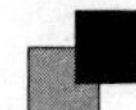

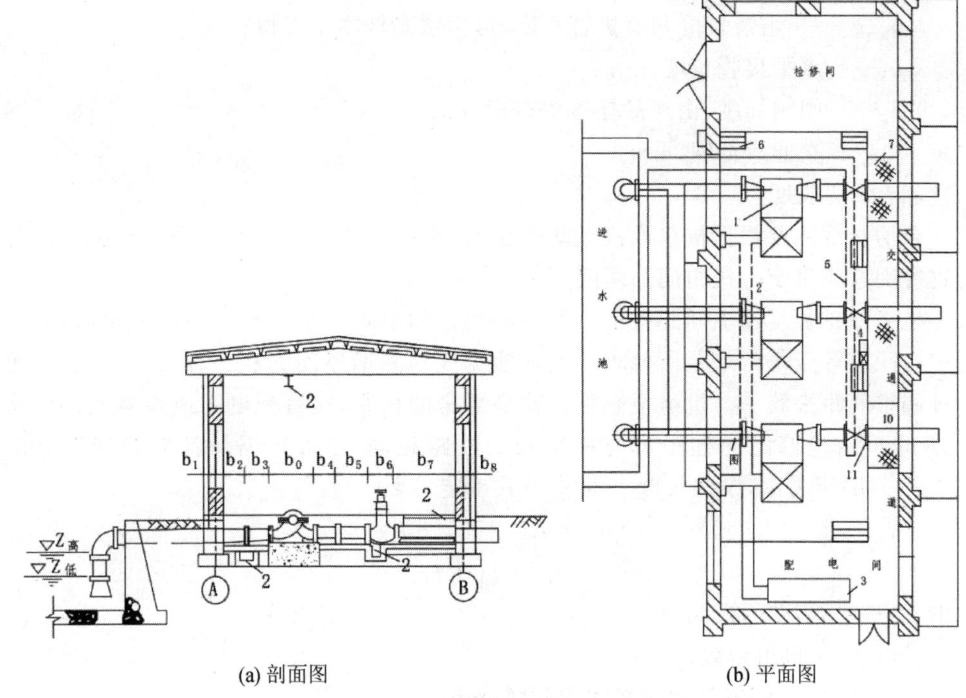

(a) 剖面图　　　　(b) 平面图

1—主机组;2—电缆沟;3—配电柜;4—真空泵;—排水沟;6—踏步;

7—花纹钢制盖板;8—吊车;9—进水管;10—出水管;11—闸阀

图 3-15　分基型泵房内部布置图

3.3　泵房尺寸的确定

3.3.1　卧式机组泵房尺寸的确定

1. 平面尺寸

(1) 泵房跨度

泵房跨度主要由水泵长度、进出水闸阀、管路配件尺寸、穿墙套管的安装间隙、工作道的宽度、配电盘的位置以及安装检修和操作所必需的空间等因素确定。泵房跨度也应与定型的屋架跨度或吊车跨度相适应。最小跨度不宜小于 4.5 m。

从图 3-15(a)图中可以看出,泵房的跨度 B 可由下式确定

$$B=b_0+b_1+b_2+b_3+b_4+b_5+b_6+b_7$$

式中:b_1、b_8——泵房纵向定位轴线以内的墙身厚度,mm;

b_2——管道安装检修空间,mm。一般不小于 300 mm;

b_3——偏心渐缩管长度，mm；

b_0、b_4——水泵长度和渐扩管长度，可由水泵样本中查得；

b_5——水平接管长度，mm；

b_6——闸阀长度，由产品样本中查得，mm；

b_7——交通道宽度，mm。

(2) 泵房长度

泵房长度主要根据机组或机组基础长度、机组间的间距以及检修间和配电间的位置等因素来确定。机组间的间距可参考表 3-1 选取。

机组基础长度加上间距就是机组中心距。如果每台水泵有单独的进水池，则机组中心距应等于每台水泵所要求的进水池宽度与隔墩厚度的和。若两者不统一，可通过调整间距来统一。机组中心距也就是泵房的柱距，在有配电间或检修间的泵房中，配电间或检修间的柱距可与机组间的柱距相同，也可根据设计需要确定。由图 3-15(b)可看出，泵房长度 L 可由下式确定

$$L = nL_0 + L_1 + L_2$$

$$L_0 = l_0 + l_1$$

式中：L——泵房长度，mm；

n——主机组台数；

L_1、L_2——配电间和检修间的开间，mm；

L_0——泵房开间，mm；

l_0——主机组基础长度，mm；

l_1——两机组基础之间或机组顶端到墙壁之间距离，根据机组流量可从表 3-1 中查得，mm。

表 3-1　泵房内部设备之间间距表

单位：mm

	机组流量 (m^3/s)		
	<0.5	0.5～1.5	>1.5
设备顶端与墙间	700	1 000	1 200
设备与设备顶端	800～1 000	1 000～1 200	1 200～1 500
设备与墙间	1 000	1 200	1 500
平行设备之间	1 000～1 200	1 200～1 500	1 500～2 000
高压或立式电动机组间	1 500	1 500～1 750	2 000

3.3.2 泵房高度的确定

由已确定的水泵安装高程减去泵轴线至水泵底座的距离，便得到水泵基础面高程，由水泵基础面再往下移 0.1～0.3 m 的安装空间，即得到泵房主机组地平面

高程。

通常检修间地板高程要高于主机组地平面高程。检修间地板高程一般与配电间地板高程相同。为了防洪安全和便于汽车运输设备，检修间地板高程应高出最高洪水位和泵房外地面 0.5 m 左右，由此可确定检修间地板高程。

若泵房内设有吊车，载重汽车需进入检修间装卸设备，则吊车轨面高程可由下式确定

$$\nabla_{轨}=\nabla_{地}+h_1+h_2+h_3+h_4+h_5$$

式中：$\nabla_{轨}$——吊车轨面高程，m；

h_1——汽车车厢底板（包括垫块高度）离地面高度，m；

$\nabla_{地}$——检修间地板高程，m；

h_2——起吊物吊离车厢底板的必要高度，m；

h_3——最高设备（或部件）的高度，m；

h_4——吊索最小高度，m；

h_5——吊车吊钩至轨道面的最小距离，m。

吊车轨面高程$\nabla_{轨}$，加上轨道高度即得屋面大梁底面高程$\nabla_{梁}$。如图 3-16 所示。

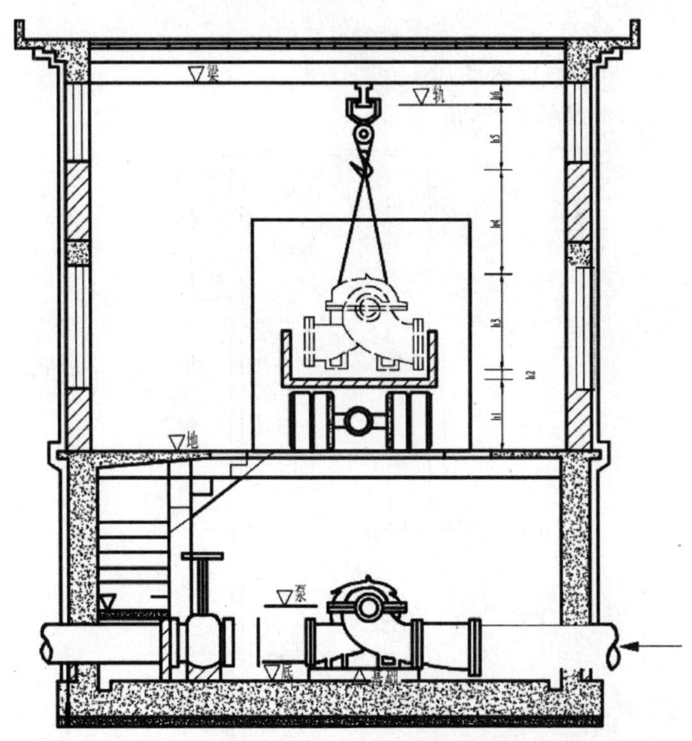

图 3-16　干室型泵房高程示意图

3.3.3 立式机组泵房尺寸的确定

湿室型泵房多安装立式轴流泵。泵房分上下两层，上层安装电动机和配电设备，称电机层。下层安装水泵，称水泵层。主机组多为一列式布置。

1. 平面尺寸

电机层的平面尺寸主要由电动机、配电设备及工作道的布置要求而确定。水泵层的平面尺寸一般是在保证水泵要有良好的进水条件的基础上决定的。两者的平面尺寸很难相同，在泵房设计中两者要协调一致。同时还要考虑电机层的跨度应尽量与定型的吊车规格尺寸相适应。一般情况下，水泵层的平面尺寸已定时，电机层的平面尺寸基本够用。如果电机层跨度比水泵层大，为减少水泵层的工程量，可将电机层在结构上做成悬臂式的。

2. 泵房各部高程

(1) 水泵进口高程$\nabla_{进}$

高程$\nabla_{进}$如图 3－17 所示。

$$\nabla_{进}=\nabla_{低}-h_2$$

式中：h_2——水泵最小淹没深度，m；

$\nabla_{低}$——进水池最低水位，m。

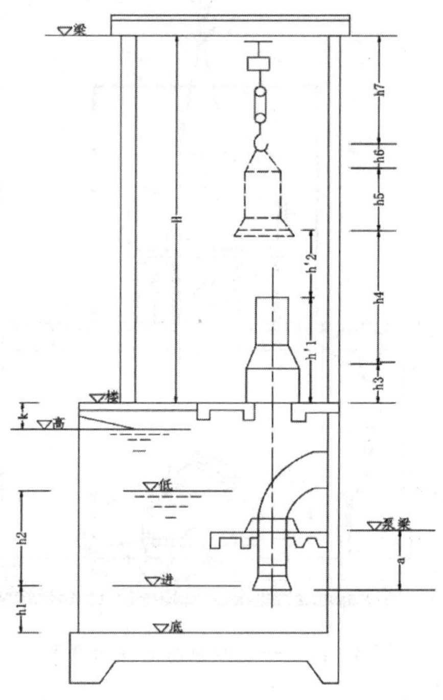

图 3－17　立式机组泵房各部高程示意图

(2) 底板高程$\nabla_{底}$

$$\nabla_{底}=\nabla_{进}-h_1$$

式中：$\nabla_{进}$——水泵进口高程，m；

h_1——水泵悬空高度，m。

(3) 水泵梁顶部高程$\nabla_{泵梁}$

$$\nabla_{泵梁}=\nabla_{进}+a$$

式中：a——水泵进口至水泵梁顶面的距离，可从水泵样本中查得，m。

(4) 电机层楼板高程$\nabla_{楼}$

$\nabla_{楼}$应按进水池最高内水位加安全超高(0.5～1.0 m)来确定。同时为防止雨水进入室内，电机层楼板应高于室外地面。当电机层楼板高程与泵轴长度不一致时，应进行调整。

(5) 泵房屋面大梁下缘高程$\nabla_{梁}$

电机层楼面高程$\nabla_{楼}$加上电机层高度 H，即得泵房屋面大梁下缘高程$\nabla_{梁}$。有两种情况：

① 当起吊部件不越过电动机顶部时，$\nabla_{梁}$用下式计算

$$\nabla_{梁}=\nabla_{楼}+H$$

其中

$$H=h_7+h_6+h_5+h_4+h_3$$

式中：H——电机层高度，m；

h_7——屋面大梁下缘至起重钩中心的最小距离，可从产品样本中查得，m；

h_6——起重绳的垂直长度。为起重部件宽度，m；

h_5——最大一台电动机高度，或最长一节中间轴或水泵轴长度，m；

h_4——吊起部件底部与立式电动机的支座间的距离，$h_4\geqslant0.2$ m；

h_3——立式电动机支座顶端至电机层楼板的距离，m。

② 当起吊部件越过电动机顶部时，$\nabla_{梁}$用下式计算

$$\nabla_{梁}=\nabla_{楼}+H$$

$$H=h_7+h_6+h_5+h_2+h_1$$

式中：h_2——吊起部件底部与最高一台机组顶部的距离，一般不小于 0.5 m；

h_1——最大一台电动机的高度，m；

其他符号意义同前。

3.4 泵房整体稳定性分析

泵房的内部布置及各部尺寸确定以后，还须进行泵房的整体稳定分析。整体稳定分析的主要内容包括：抗渗、抗滑、抗浮、抗倾稳定和地基稳定校核等内容。稳定校核如不能满足要求时，则须对泵房内部布置和各部尺寸进行调整。满足要求后，再进行结构计算。

对泵房进行整体稳定分析时,应根据泵房的结构特点,具体问题具体分析。湿室型堤身式泵房本身就是个挡水建筑物,它不仅直接承受水压力而且还受渗透水流的作用,所以对它必须进行抗渗和抗滑的稳定校核。对干室型泵房,因它三面有回填土,受力较均匀,所以对干室型泵房一般不进行抗滑稳定验算。但干室内不允许进水,在高水位时泵房受很大浮力,所以对它必须进行抗浮稳定校核。

3.4.1 荷载组合

作用在泵房上的荷载很多,泵房整体稳定分析时,应选择可能出现的最不利荷载组合进行计算。有时很难预见哪一种荷载组合最为不利时,应按不同情况分别计算比较。一般可按以下几种情况考虑。

① 完建期。系指泵站完建初期,尚未投产运行,进出水侧均无水。

② 正常运行期。系指泵房正常运行情况,进出水侧为设计水位,出水侧有地下水。

③ 检修期。墩墙型泵房可以逐孔检修,荷载计算与正常运行期相同,只减少一个检修孔中的水重。有的泵站检修时须把前池、进水池中的水全部排空,荷载计算比正常运行期少了进水池中水重和进水侧水压力。检修期的荷载计算应视具体情况确定。

地震荷载应根据建筑物的等级按抗震设计规范规定进行。

3.4.2 抗渗稳定性校核

堤身式湿室型泵房,往往和出水池(或压力水箱)建在一起,泵房本身承受着进出水侧水位差造成的水平推力、渗透压力和浮托力。为确保地基土的渗透稳定,泵房顺水流方向的长度除满足泵房内部布置要求外,还应有足够的地下轮廓线长度。泵房的地下轮廓线长度是从水流的入渗点开始,沿着泵房底板的不透水地下轮廓线到渗流的逸出点为止。泵房的地下轮廓线总长度,如果大于用勃莱法或莱因法计算的最小地下轮廓线总长度,则不会发生渗透变形,是安全的。

实际工程中,为延长渗透途径,减小渗透坡降,防止地基土发生渗透变形,往往设置防渗设备和排水设施。泵房主要依靠底板长度,出口处的防渗板,在渗流逸出处设置反滤层及铺盖等措施来满足一定的渗径长度要求,确保泵房的渗透稳定。

3.4.3 抗滑稳定性分析

抗滑稳定用下列公式计算

$$K_c = \frac{f \sum W}{\sum p} \geqslant [K_c]$$

$$K_c=\frac{f'\sum W+CA}{\sum p}\geqslant[K_c]$$

式中：$[K_c]$——允许抗滑系数，根据建筑物等级而定，参见表3-2；

K_c——抗滑安全系数；

$\sum W$——所有垂直力的总和，kN；

$\sum P$——所有水平力的总和，kN；

f——底板与地基之间摩擦系数，可按试验资料确定，缺乏资料时，可参考表3-3选用；

f'——摩擦系数，$f'=\text{tg}\,\phi$，ϕ 为地基土内摩擦角，通过试验确定，可参考表3-4；

C——地基土的凝聚力，kN/m^2，通过试验确定，可参考表3-4；

A——滑动面的剪切面积，m^2。

表3-2 滑动安全系数$[K_c]$

建筑物级别	Ⅰ	Ⅱ	Ⅲ	Ⅳ	Ⅴ
设计情况（基本）	1.35	1.30	1.25	1.20	1.15
校核情况《特殊）	1.20	1.15	1.10	1.05	1.05

表3-3 f 值

地基土类别		f 值	地基土类别	f 值
粘土	软塑	0.20～0.25	砂壤土、粉壤土	0.35～0.40
	硬塑	0.25～0.35	细砂、极细砂	0.40～0.45
	坚硬	0.35～0.45	中、粗砂	0.45～0.50
壤土、粉质壤土		0.30～0.40	砂、卵石	0.50～0.60

表3-4 土的C、ϕ值表

土的名称	状态（稠度）	内摩擦角 ϕ/(°)	凝聚力/($kN\cdot m^{-2}$)
粘土	软	8～10	0.05～0.10
	中等	15	0.20
	硬	16～20	0.40～0.60
壤土	软	13～14	0.02～0.08
	中等	17～18	0.10～0.15
	硬	16～20	0.20～0.40
砂壤土	软	18	0.20
	中等	22	0.05～0.10
	硬	26	0.15

3.4.4 抗浮稳定性分析

泵房抗浮稳定按下式计算

$$K_{\phi}=\frac{\sum G}{\sum V_{\phi}}\geqslant[K_{\phi}]$$

式中：$[K_{\phi}]$——允许抗浮安全系数，基本组合，$[K_{\phi}]=1.10$；特殊组合，$[K_{\phi}]=1.05$；

K_{ϕ}——抗浮安全系数；

$\sum G$——所有向下的垂直力总和，kN；

$\sum V_{\phi}$——浮托力，为泵房淹没于水下同体积水重，kN。

3.4.5 地基应力校核

泵站整体稳定分析时，当泵站机组台数较少时，可取整个泵房作为计算单元。若泵站机组较多，泵房长度较长时，一般取一个机组段作为计算单元。图 3-18 为干室型泵房地基应力计算简图。地基应力按下式计算

$$P_{\substack{max\\min}}=\frac{\sum G}{BL}\left(1\pm\frac{6e}{B}\right)$$

$$e=\frac{B}{2}-\frac{\sum M_A}{\sum G}$$

式中：P_{max}——基础底面边缘最大地基应力，Pa；

P_{min}——基础底面边缘最小地基应力，Pa；

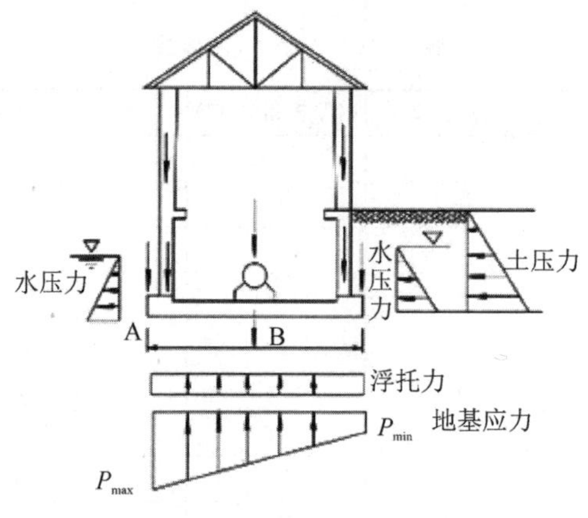

图 3-18 地基应力计算简图

$\sum G$——计算单元内所有垂直力之总和,kN;

B——计算底板宽度(顺水流方向),m;

L——计算单元长度,m;

e——偏心距,即SG作用点对于底板中线的距离,m;

$\sum M_A$——计算单元内所有外力(包括水平力和垂直力)对底板A点的力矩之和,kN·m。

按地基应力公式计算的 $P_{\max}$,$P_{\min}$ 应符合下两式要求

$$\bar{P} \leqslant [R]$$

$$P_{\max} \leqslant 1.2[R]$$

式中:$\bar{P}$——基础底面处的平均地基应力,Pa;

$P_{\max}$——基础底面边缘最大地基应力,Pa;

$[R]$——地基土的容许承载力,Pa。

同时,地基应力分布不均匀系数 η 还应满足下式要求

$$\frac{P_{\max}}{P_{\min}} < \eta$$

对砂土地基,$\eta \leqslant 3.0$;

对坚实粘土地基,$\eta \leqslant 2.0$;

对松软粘土地基,$\eta \leqslant 1.5$。

若计算结果不符合式(3-17)、式(3-18)和式(3-19)要求时,分不同情况,可采取以下措施使之满足要求。

(1) 将泵房底板向一侧加长,改变合力偏心距,使地基应力分布均匀。

(2) 采用换砂基,打桩基等必要的地基处理措施。

(3) 调整泵房内部机电设备布置或改变构件结构形式等,尽量使地基应力分布均匀。

习 题

1. 将两台10Sh-19型水泵串联于一个供水系统中,水源到水池间的水位差为20.0 m,管路糙率为0.013,管路长度为52.0 m,管径为300 mm,局部水头损失为沿程水头损失的25%,试计算:

(1) 该串联泵在运行时的流量、扬程、轴功率和效率各为多少?

(2) 如供水需求增加10%,拟采用一台泵变速,则变速后的实际转速是多少?

2. 某灌溉泵站安装2台12Sh-13型水泵并联。并联点前拟用12 in铸铁管,长度为12.0 m,管路上各设无底阀滤网1个,$R/d=1.5$ 的90°弯头2个,10 in/12 in的渐扩管1个,闸阀1个;并联点后(含并联点)采用14英寸铸铁管,长度40.0 m,管路

上设置 12 in 等径正三通 1 个，12 in/14 in 渐扩管 1 个，$R/d=1.5$ 的 45°弯头 2 个，带平衡锤的拍门 1 个。进水池水位为 32.0 m，出水池水位为 58.0 m，出水管口中心高程为 60.0 m，试：

(1) 并联泵运行时的总流量、水泵效率和轴功率；

(2) 一台泵单独运行时的流量、轴功率和效率。

3. 一台 14Sh－13 型水泵，叶轮直径为 410 mm，扬程为 37～50 m，因当地实际需要的扬程为 36 m，属偏高扬程。当流量需要为 290 L/s 时，现采用车削的方法进行性能调节，试求：

(1) 叶轮的车削量；

(2) 叶轮车削后的水泵轴功率。

4. 有一台 32Sh－19 型水泵装置，转速从 730 r/min 降至 585 r/min，将水沿铸铁管提高 16.0 m，装置特性参数见表 3－5，试求：

表 3－5

流量 $Q/(m^3 \cdot s^{-1})$	0.0	0.3	0.5	0.8	1.1	1.4	1.7
需要扬程 $H_{需}/m$	16.0	16.12	16.33	16.85	17.60	18.60	19.72

(1) 水泵工作点流量。

(2) 用节流调节法将流量减少 25%时的轴功率。

(3) 用变速调节法将流量减少 25%时的轴功率。

第4章 进出水建筑物及出水管道设计

4.1 进水建筑物设计

4.1.1 前池设计

前池是引水渠和进水池之间的连接建筑物。它的作用是把引水渠中的水均匀扩散引至进水池,为水泵吸水创造良好的水力条件。前池的形式有两种。一是侧向进水前池,即引水渠中的水流方向与进水池中的水流方向成一定的角度(不宜小于90°),如图4-1所示。另一种是正向进水前池,即引水渠中的水流方向与进水池中的水流方向一致,如图4-2所示。在枢纽布置时,应尽量采用正向进水前池。如因某种原因一定要采用侧向进水前池,应通过模型试验来确定各部尺寸,并增设消涡导流措施等。

正向进水前池设计主要包括以下内容。

1. 前池扩散角 α 的确定

正向进水前池在平面上呈梯形,其短边等于引水渠末端渠底宽,长边等于进水池总宽,如图4-2所示。前池扩散角 α 的大小,不仅影响池中水流流态,而且对前池工程量也有很大影响。设计中,如果 α 值选用的较小,池中水流虽然平顺,但前池的长度却要很长,如此增加了前池工程量。如果采用的 α 值较大,虽然可缩短前池长度,减少工程量,但前池中将会产生回流和漩涡,恶化了池中水流流态。根据有关试验和实际经验,一般前池扩散角取 $\alpha=20°\sim40°$。

2. 前池长度 L 的确定

正向进水前池扩散角 α 确定以后,可根据引水渠末端渠底宽 b 和进水池总宽 B,其长度 L 可用下式计算,如图4-2所示。

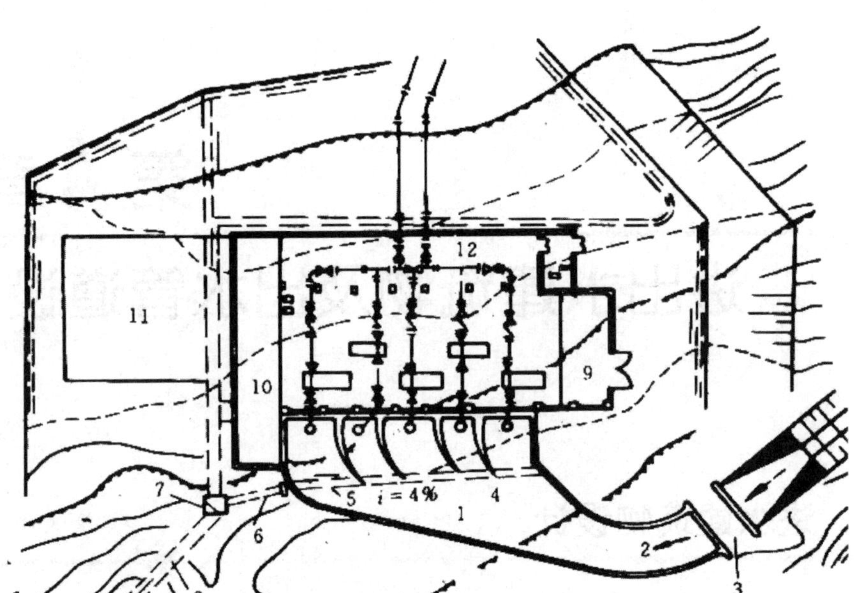

1—前池；2—引渠；3—交通桥；4—导流墩；5—楔形水槽；6—冲沙道；7—检查井；8—排水道；9—检修间；10—配电间；11—变电站；12—泵房

图 4-1　侧向进水前池

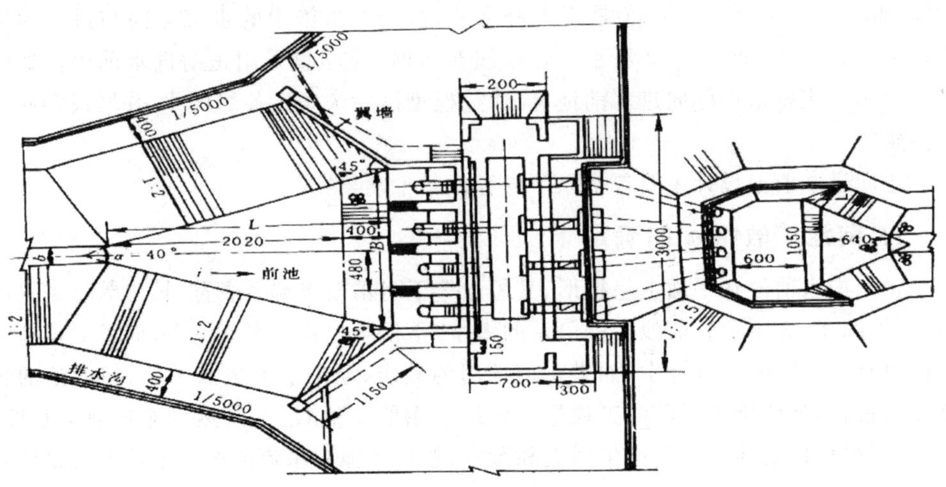

图 4-2　正向进水前池

$$L=\frac{\frac{1}{2}(B-b)}{\text{tg}\,\frac{\alpha}{2}}$$

式中：B——进水池总宽度，m；

b——引水渠末端渠底宽，m；

α——前池扩散角，(°)。

3. 前池底坡 i 的确定

引水渠末端渠底高程往往比进水池池底高程高，所以前池通常有进水池方向倾斜的纵坡，即

$$i=\frac{\Delta H}{L}$$

式中：ΔH——引水渠末端渠底高程与进水池池底高程差，m；

L——前池长度，m。

试验证明，前池底坡的大小也会影响池中水流流态和前池工程量的大小。一般认为前池底坡 $i=0.2\sim0.3$ 是比较合理的。当 i 小于 0.2 时，为减少前池工程量，可将靠近引水渠一侧的前池底坡做成平底，而将靠近进水池一侧的前池底坡做成 $i=0.2\sim0.3$ 的斜坡。

4. 前池边坡和翼墙形式的选择

前池边坡系数主要根据土质和挖方深度确定，常用数据可参考表 4-1、表 4-2 选取。

前池的翼墙有直立式、倾斜式和圆弧形。试验结果表明，前池翼墙墙面与进水池的中心线成 45°夹角的直立式翼墙可为进水池提供良好的进水条件，如图 4-2 所示。

表 4-1　土质边坡系数 m 选用参考表

土壤类别	密实度或粘性土的状态	容许坡度值(高宽比)	
		坡高 5 m 以内	坡高 5～10 m
碎石土	密实	1:0.35～1:0.50	1:0.50～1:0.75
	中密	1:0.50～1:0.75	1:0.75～1:1.00
	稍密	1:0.75～1:1.00	1:1.00～1:1.25
轻粘壤土	坚硬	1:0.35～1:0.50	1:0.50～1:0.75
	硬塑	1:0.50～1:0.75	1:0.75～1:1.00
粘土、重粘壤土	坚硬	1:0.75～1:1.00	1:1.00～1:1.25
	硬塑	1:1.00～1:1.25	1:1.25～1:1.50

表 4-2　岩石边坡系数 m 选用参考表

岩石类别	风化程度	容许坡度值(高宽比)	
		坡高 8 m 以内	坡高 8～15 m
坚硬岩石	微风化	1:0.10～1:0.20	1:0.20～1:0.35
	中等风化	1:0.20～1:0.35	1:0.35～1:0.50
	强风化	1:0.35～1:0.50	1:0.50～1:0.75
软弱岩石	微风化	1:0.35～1:0.50	1:0.50～1:0.75
	中等风化	1:0.50～1:0.75	1:0.75～1:1.00
	强风化	1:0.75～1:1.00	1:1.00～1:1.25

按上述要求设计的前池，在泵站部分机组运行的情况下，由于前池中主流的偏斜会引起不对称的扩散，在主流两侧要形成回流区，从而恶化了前池中的水流流态。为保证水泵或吸水管具有良好的进水条件，通常在前池中加设隔墩和导流墩，如图 4-3 所示。前池中加设隔墩或导流墩不仅可以避免偏流和回流的发生，而且可以缩短前池长度，减少前池开挖工程量。仅在前池中设置隔墩的称半隔墩式前池，从前池一直延伸到进水池后墙设置隔墩的称全隔墩式前池。一般规定流量大于 0.3 m^3/s 的水泵必须有单独的进水池。

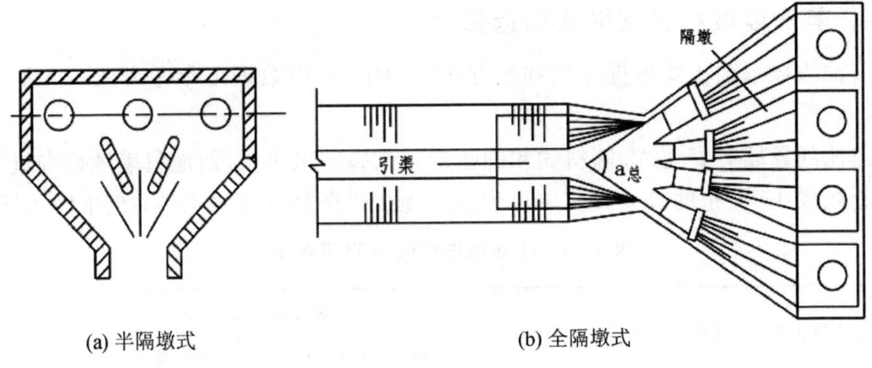

图 4-3　有隔墩的前池

4.1.2　进水池设计

试验表明，进水池中的水流流态直接影响水泵的进水性能。进水池的设计应使进水池中水流平顺，流速不宜过大，同时不允许有漩涡产生。进水池中的水流流态除决定于前池来水外，还与进水池的形状、尺寸、吸水管在进水池中的相对位置以及水泵的类型等有直接关系。所以，进水池设计应首先对影响进水池中水流流态的各种因素进行分析，然后才能合理地确定进水池的形式和尺寸。

1. 进水池的布置形式

(1) 布置在泵房前面的进水池

① 开敞式。它的特点是前池和进水池内无任何建筑物。这种形式,结构简单,施工方便。适用于水源含泥沙量少和机组较小的场合。

② 半开敞式。这种形式是在前池中设置分水墩或在进水池中垂直进水池后墙设置分水隔墙。如图 4-2 和图 4-3(a)所示,这些形式适用于水源含沙量较少和机组较大的情况。

③ 全隔墩式。如图 4-3(b)所示,它是在前池和进水池中,从前池到进水池后墙设置一道或几道分水隔墙,将前池和进水池分成两个或若干个单独的进水池。单独的进水池中可以布置一个或几个吸水管。全隔墩式进水池还可分为隔墙间互不相通和互相连通的两种形式。相互连通式隔墙,水流可相互调节,池中水流比较稳定。全隔墩式进水池,结构较复杂,工程量大,适用于水源含沙量较大,机组较大的情况。

(2) 布置在泵房下面的进水池

布置在泵房下面的进水池有矩形、多边形、半圆形、圆形和蜗壳形几种,如图 4-4 所示。由于矩形进水池结构简单,施工方便,中小型泵站采用较多。

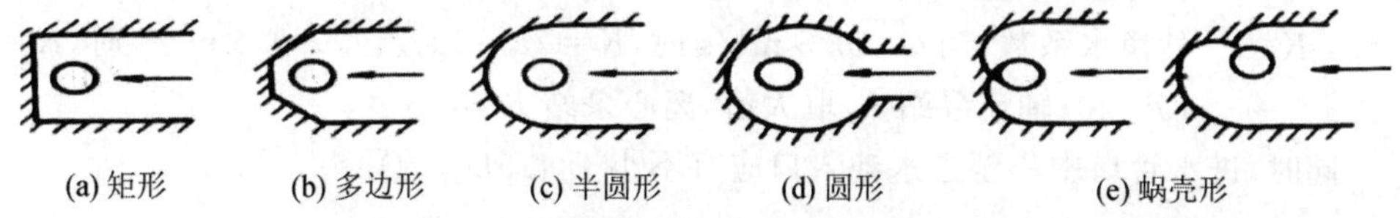

图 4-4　布置在泵房下面的进水池示意图

2. 进水池的最小宽度

如图 4-5 所示,对多机组开敞式进水池,其进水池的最小宽度可按下式计算

$$B = nD_{进} + (n-1)S + 2t$$

式中：S——两吸水管口外缘之间距离,一般取 $S=(1\sim1.5)D_{进}$,m;

$D_{进}$——喇叭口直径,m;

n——吸水管的个数;

t——吸水管口外缘至进水池侧墙距离,一般取 $t=(0.5\sim1.0)D$,m。

有隔墩的多机组进水池,其进水池的最小宽度可按下式计算

$$B = (D_{进} + 2t)n + (n-1)\delta$$

式中：t——吸水管口外缘至墩壁或池壁的距离,m;

δ——隔墩厚度,m;

n——吸水管的个数。

3. 进水池的长度

进水池的长度可按下式计算

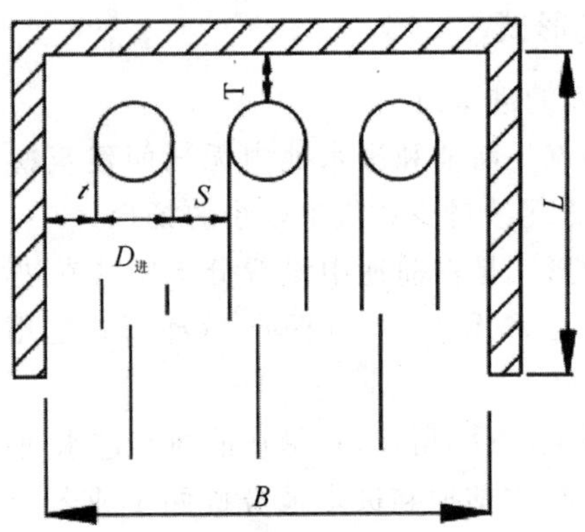

图 4－5　开敞式进水池平面布置图

$$L = K\frac{Q}{Bh}$$

式中：B——进水池宽度，m；

h——设计水位时进水池水深，m；

Q——水泵设计流量，m^3/s；

K——秒换水系数，当 $Q<0.5\ m^3/s$ 时，$K=25\sim30$；当 $Q>0.5\ m^3/s$ 时，$K=15\sim20$；轴流泵站 K 取大值，离心泵站 K 取小值。

同时，进水管口中心至进水池入口应有不小于 $4.5D_进$ 的距离。

4. 悬空高度 h_1 的确定

水泵吸水管口至池底的最小距离称悬空高度，如图 4－6 所示。

国内外试验证明，悬空高度 h_1 过大或过小都会影响水泵效率。我国生产的小型轴流泵对悬空高度 h_1 都有规定，约为 $0.8D_进$ 左右。在无资料的情况下，一般采用悬空高度 $h_1=(0.6\sim0.8)D_进$。对小管径采用较大值，对大管径采用较小值，但任何管径其 h_1 不得小于 $0.5D_进$。

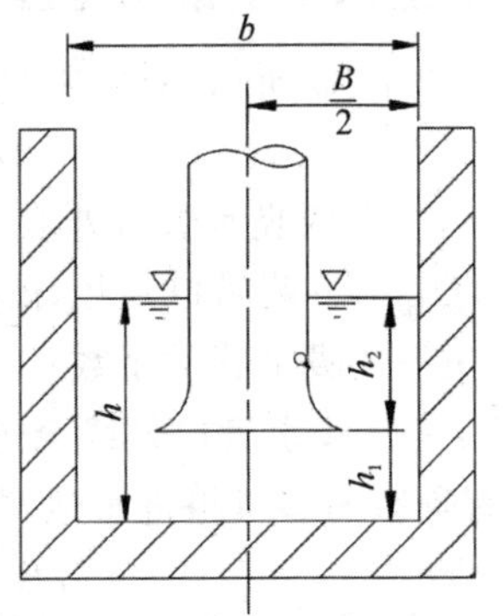

图 4－6　吸水管在进水池中的位置

5. 最小淹没深度 h_2 的确定

影响淹没深度的因素很多，它与喇叭口进口流速、悬空高度、后墙距、进水池宽及进水池中的水流流速都有密切关系。

试验表明，为防止水泵运行时在吸水管周围形成漩涡，使空气进入水泵，当负压吸水其进口流速为 0.8～1.0 m/s 时，最小淹没深度 $h_2=0.8D_进$，当正压吸水时 $h_2>0.4$ m。

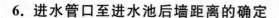

6. 进水管口至进水池后墙距离的确定

进水管口外缘至进水池后墙的距离 T，以 $T=0$ 为最好，但为了安装与检修方便，通常采用 $T=(0.3\sim0.5)D_{进}$。

7. 进水池中的防涡措施

为防止进水池中产生漩涡，通常在进水池中布置防涡措施，最常见的防涡措施有两种：

(1) 在进水池中的不同部位设置隔板；

(2) 在进水管口的下部底板设置导流板或导流锥。它们在进水池中的布置形式，如图 4－7 所示。

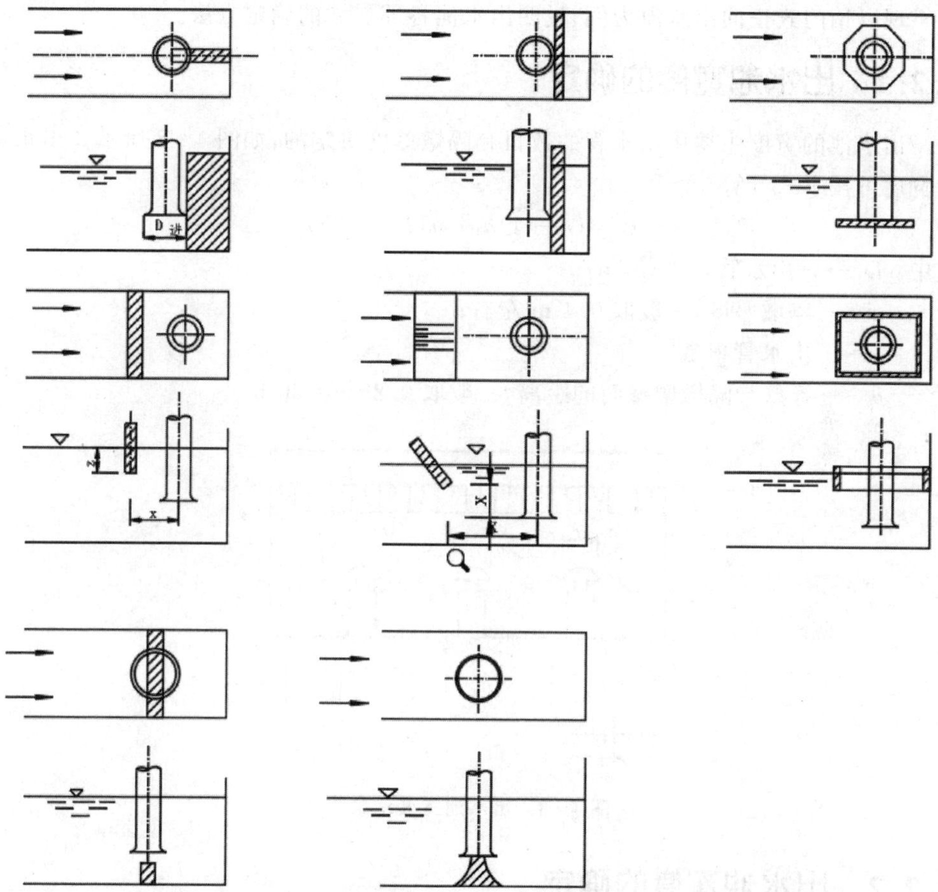

图 4－7　进水池中的各种防涡措施

4.2 出水池设计

出水池是出水管道和灌溉干渠或容泄区的连接建筑物，它具有消除出水管道出流余能，使水流平顺地流入灌溉干渠或容泄区的作用。通常，出水池的位置比泵房高，一旦发生事故将直接危及泵房和机电设备的安全，因此，出水池的结构形式必须牢固可靠，并尽量把它建在地基条件较好的挖方中。当建在填方上时，出水池应尽量采用整体式结构。

出水池按出水方向，可分为正向出水池、侧向出水池和多向分流出水池三种形式。正向出水池水流条件好，设计时应尽量采用正向出水池。根据防止出水池中的水向出水管倒流的方式，可分为拍门式、溢流堰式和自由出流式等。

现以拍门式正向出水池为例，说明出水池各部尺寸的确定方法。

4.2.1 出水池宽度的确定

出水池的宽度主要由出水管的数目和隔墩厚度决定的，如图 4－8 所示。出水池的宽度可按下式计算

$$B=(n-1)a+n(D_0+2b)$$

式中：D_0——出水管口直径，m；

a——隔墩厚度，一般取 0.4 m 左右；

n——出水管根数；

b——管壁与隔墩墩壁间的距离，一般取 0.25～0.30 m。

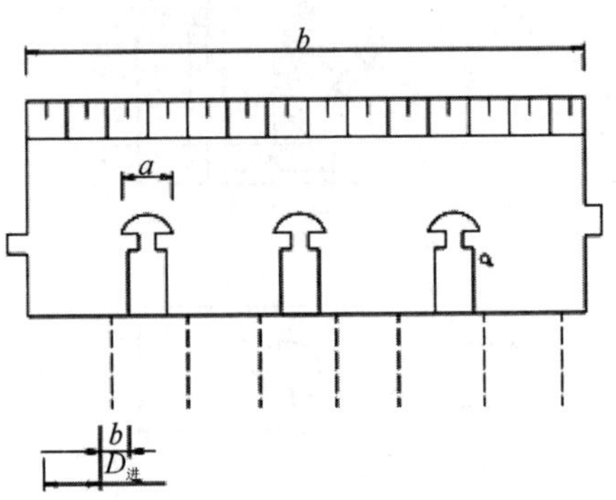

图 4－8 出水池宽度示意图

4.2.2 出水池深度的确定

1. 出水池内最小水深 $h_{小}$ 的确定

如图 4－9 所示，出水池内最小水深 $h_{小}$ 可由下式计算

$$h_{小}=P+D_{出}+h_{淹}$$

式中：$h_{淹}$——出水管口上缘在出水池中的最小淹没深度，可按最小设计流量时相应的渠道最小水深 $H_{小}$ 推算出 $h_{淹}$，为保证出水池为淹没出流，必须使 $h_{淹}\geqslant 2v_0{}^2/2g$，一般 $h_{淹}$ 不小于 0.1 m；

P——出水管口下缘至池底的距离，m；

$D_{出}$——出水管口直径，m。

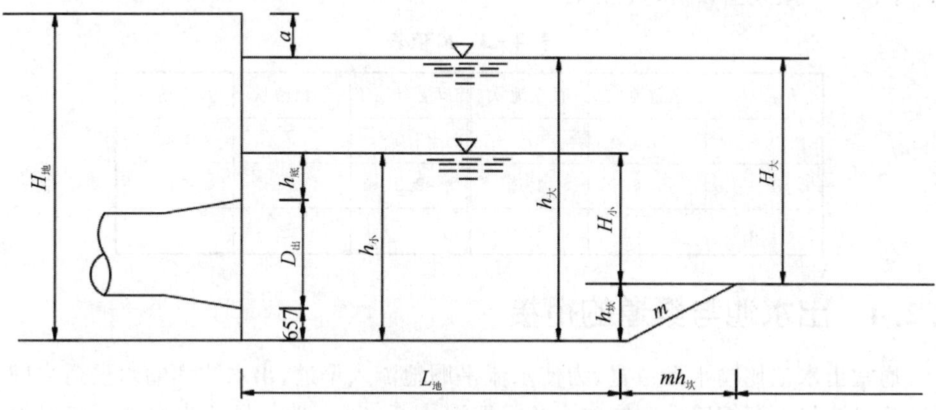

图 4－9　出水池的深度和长度示意图

2. 出水池最大水深 $h_{大}$ 的确定

出水池最大水深 $h_{大}$ 可用下式确定

$$h_{大}=h_{坎}+H_{大}$$

式中：$h_{坎}$——池中消力坎高度，$h_{坎}=h_{小}-H_{小}$，m；

$H_{小}$、$H_{大}$——渠道中通过最小和最大设计流量时的相应水深，可从渠道的 $Q=f(H)$ 关系曲线上查得。

3. 出水池深度 $H_{池}$ 的确定

出水池深度 $H_{池}$ 可用下式确定

$$H_{池}=h_{大}+a$$

式中：a——安全超高，m。

当 $Q<1\ \mathrm{m^3/s}$ 时，$a=0.4$ m；$Q=1\sim10\ \mathrm{m^3/s}$ 时，$a=0.6$ m；$Q=10\sim30\ \mathrm{m^3/s}$ 时，$a=0.75$ m。

4.2.3　出水池长度的确定

出水池长度可按下式计算。

$$L_{池}=Kh'_{淹}$$

式中：$h'_{淹}$——出水管口在出水池中的最大淹没深度，$h'_{淹}=h_{大}-P-D_{出}$，$h_{大}$由上式求出；

K——系数，可按表4-3选用。

计算出水池长度的经验公式很多，可参考其他有关资料。正向出水池的长度，还可根据水泵出口流速的大小，用下列经验公式计算

$$当\ v_0=1.5\sim2.5\ \text{m/s}\ 时，L_{池}=(3\sim4)D_0$$

式中：v_0——水泵出口流速，m/s。

表4-3　K值表

$h_{坎}/D_0$	倾斜池坎	直立池坎	$h_{坎}/D_0$	倾斜池坎	直立池坎
0.5	6.5	4.0	2.0		0.85
1.0	5.8	1.6	2.5		0.85
1.5		1.0			

4.2.4　出水池与渠道的衔接

通常出水池比输水渠道宽，为使水流平顺地流入渠道，出水池和输水渠道之间要用渐缩段连接。渐缩段的圆锥中心角一般取40°～50°。为了防止出水池水流对渠道的冲刷，在紧接出水池后的一段渠道应护砌。护砌段的长度$L_{护}$一般等于渠中最大水深的4～5倍。

4.3　出水管道设计

4.3.1　停泵水锤计算

泵站水锤有起动水锤、关阀水锤和停泵水锤。起动水锤和关阀水锤只要按正常程序进行操作，是不会引起危及泵站安全水锤问题的。最危险的是由于突然停电或误操作造成的停泵水锤。停泵水锤所引起的水锤压力较大，常造成机组部件损坏、水管破裂等严重后果。因此，泵站的出水管道设计，必须考虑水锤压力问题。

停泵水锤的计算方法有解析法和图解法。生产中应用最广泛的是简易计算法。下面介绍利用帕马金水锤图解曲线计算停泵水锤的方法。

图4-10为帕马金水锤图解曲线。图中$2P$为管路特性参数，K为水泵机组转子的惯性系数。$\frac{2L}{a}$表示水锤波沿出水管道往返一次所需要的时间。其中，a为水锤波传播速度，L为出水管道长度。a、$2P$、K可用下列公式计算

$$a=\frac{1\ 425}{\sqrt{1+\frac{K_0}{E}\frac{D}{\delta}}}$$

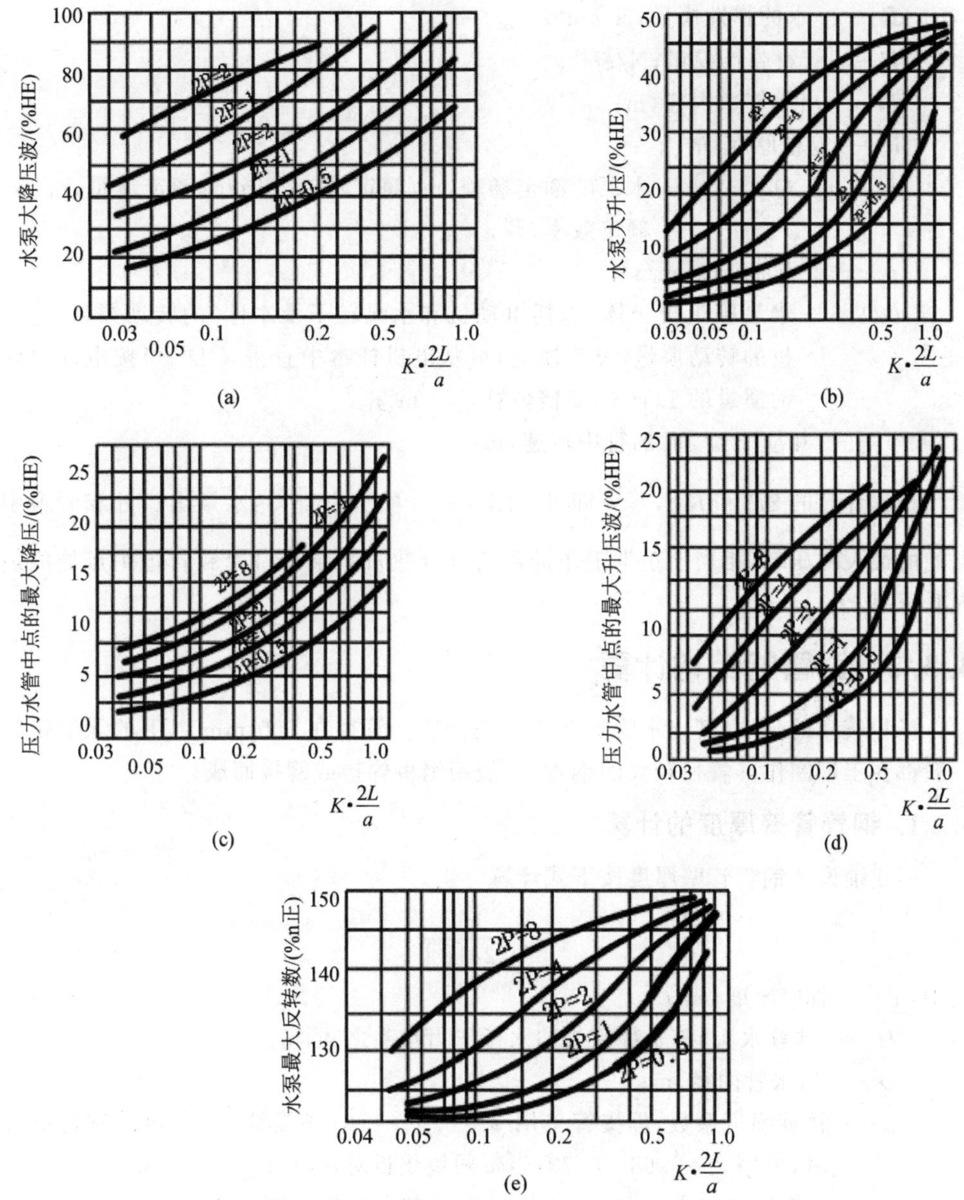

图 4 - 10　帕马金水锤图解曲线

$$2P = \frac{av_{正}}{gH_{正}}$$

$$K = 1.79 \times 10^{6}\ \frac{Q_{正}\ H_{正}}{GD^{2}\eta_{正}\ n_{正}^{2}}$$

式中：a——水锤波传播速度，对钢管和铸铁管 $a \approx 800 \sim 1\ 200$ m/s；对钢筋混凝土管 $a \approx 900 \sim 1\ 000$ m/s；

K_0——水的弹性模量，N/cm^2；

E——管材弹性模量，N/cm^2；

D——出水管道内径，m；

δ——管壁厚度，m；

$H_{正}$、$n_{正}$、$Q_{正}$、$\eta_{正}$——水泵的额定扬程，m；额定转速，r/min；额定流量，m^3/s；额定效率，%；

g——重力加速度，m/s^2；

GD^2——水泵机组转子体(包括电动机和水泵转子及水体)的转动惯量，电动机的转动惯量(飞轮惯量)可从电机样本中查得，GD^2 可按电动机转动惯量的 1.1～1.2 倍估算，$N \cdot m^2$；

$v_{正}$——相应于 $Q_{正}$ 时的管中流速，m/s。

根据计算的 $2P$ 和 $K \cdot \dfrac{2L}{a}$ 即可在图 4－10 中分别查得：水泵出口处和管道中点处的最大降压率(相当于正常工作扬程的百分数)；水泵出口处和管道中点处的最大升压率。

4.3.2 钢管的结构计算

扬程较高的泵站，其出水管道通常采用钢管。管径在 600 mm 以下的无缝钢管一般都在工厂制作。管径较大的钢管，一般用钢板焊接或铆接而成。

1. 钢管管壁厚度的计算

明式铺设的钢管管壁厚度按下式计算

$$\delta \geqslant \frac{HD}{2\phi[\sigma]}$$

式中：δ——管壁厚度，cm；

H——计算水头，等于静水头与水锤压力水头之和，m；

D——出水管内径，m；

ϕ——接缝强度系数，焊接管采用 $\phi=0.9$～1.0；铆接管，当为两排铆钉搭接时，采用 $\phi=0.68$～0.72；当带两块垫板对接时，$\phi=0.75$～0.80；

$[\sigma]$——钢板容许应力，泵站出水管道，一般采用镇静钢，MPa。

按上式计算的钢板厚度，还应再加 2 mm 锈蚀安全量，同时参照钢板规格，最后选定管壁厚度。

2. 钢管稳定性验算

钢管管壁厚度除满足应力要求外，还应满足弹性稳定要求。这是因为泵站突然停机时，管内水要倒流，万一通气孔失灵，管内将产生真空，在管外大气压力作用下钢管可能失去稳定。钢管在运输、安装中可能会受到冲击、震动而变形。为使钢管在上

述情况下不丧失稳定，要求管壁具有一个最小的厚度。可按下式验算

$$\delta \geqslant \frac{D}{130}$$

式中：δ——管壁厚度，mm；

D——水管内径，mm。

管壁厚度如不符合稳定性要求，用增加管壁厚度的方法来满足钢管稳定性的要求是不经济的。一般采用在管道的外壳上每隔一定距离，设置一道钢环的办法来增加钢管的稳定性。

3. 出水管路线路选择

对于出水管路线路选择，一般要经过多种方案比较，最后择优确定。

出水管路的选线原则：

① 管线应结合地形、地质条件，尽量与等高线垂直布置，以有利于管坡的稳定。

② 管线布置要短而直，少转弯，以利于减小管道投资和水头损失。

③ 管道需变坡布置时，要掌握先缓后陡的布置原则，避免管内出现水柱断裂现象，致使管道遭到破坏。

④ 管道应避开地质不良地段，不能避开时，应采取安全可靠的工程措施。必须铺设在填方上的管道，填方要严格压实处理，并做好排水设施。

⑤ 管线选择要考虑是否方便运输、安装和管理。

⑥ 管路铺设角不应超过土壤的内摩擦角，一般采用 1∶2.5～1∶3.0 的管坡。

4. 出水管道的布置与铺设方式

(1) 出水管道的布置方式

出水管道有以下几种布置方式：

① 单泵单管平行布置，优点是管道结构简单，管道附件少，运行可靠，适合于低扬程少机组的泵站。

② 单泵单管收缩布置，出水管道出机房后逐渐向出水池方向收缩，可减小出水池的宽度，以减少工程量，适合于高扬程多机组的泵站。

③ 多泵并联布置，优点是节省管材，减少管床和出水池宽度，以减少工程量。这种布置要增加管道附件，相应地也增加了水头损失。它适合于高扬程多机组的泵站。

(2) 出水管道的铺设方式

出水管道有明式铺设和暗式铺设两种。

一般泵站多采用明式铺设，如图 4－11 所示。明式铺设有利于管道的安装与检修，但经常性维护工作量很大。一般金属管都采用明式铺设。为便于安装与维修，管间净距不宜小于 0.8 m，钢管底部应高出管槽地面 0.6 m。预应力钢筋混凝土管应高出管槽地面 0.3 m。管槽坡面宜做护面及排水设施。当管槽纵向坡度较陡时，应设人行阶梯便道，其宽度不宜小于 1.0 m。当管径大于或等于 1.0 m 且管道较长时，应设检查孔,一般每条管道不少于 2 个。

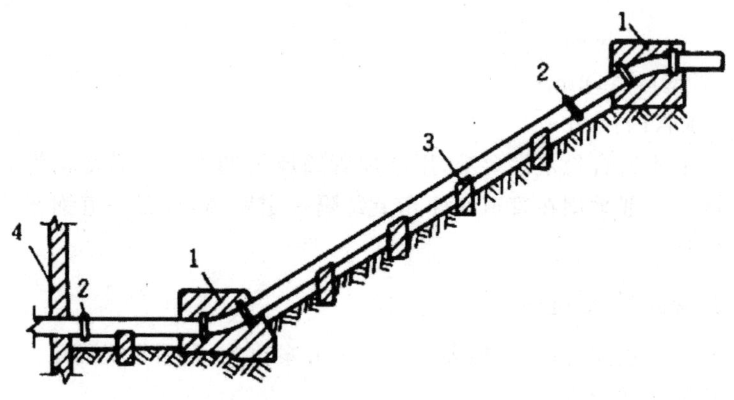

1—镇墩;2—伸缩节;3—支墩;4—泵房墙

图 4-11 明式铺设管道示意图

钢筋混凝土管多采用地下埋设,如图 4-12 所示。管顶最小埋深应在冻土深度最大值以下。埋管之间的净距不应小于 0.6 m。埋入地下的管道应做好防腐处理,埋管的回填土地面应做好横向及纵向排水沟。

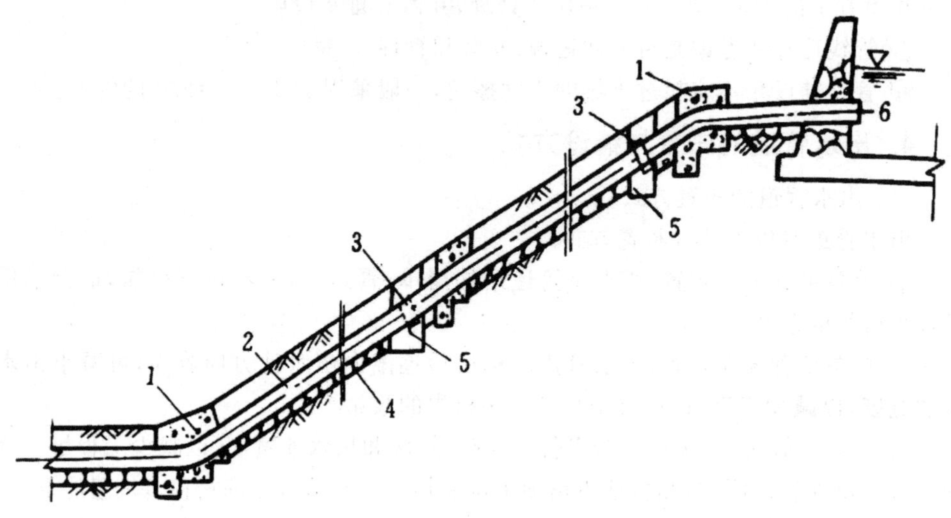

1—镇墩;2—出水管道;3—伸缩节;4—管床;5—检修井;6—出水池

图 4-12 暗铺式管道示意图

管道的支承方式,暗式铺设多采用连续素混凝土座垫或浆砌石管座。管座的包角一般为 90°、120°和 135°,如图 4-13 所示。明式铺设多采用支墩支承,如图 4-11 所示。支墩的间距除伸缩节附近的支墩间距外,其他各支墩间距以等距离布置为宜。钢管与支墩之间应设支座。

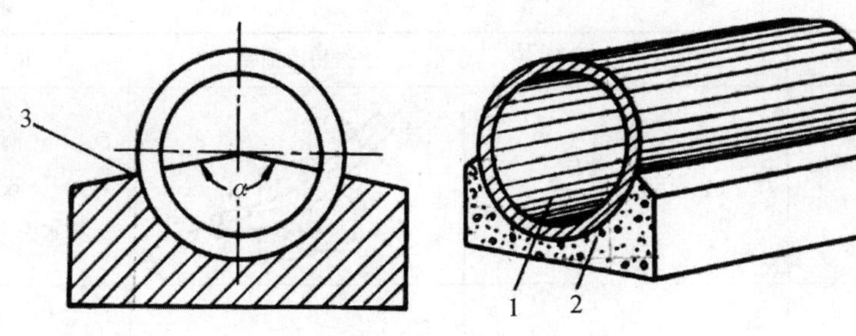

1—管子；2—混凝土管座；3—135°管座

图 4－13　混凝土管座

为保证管道在正常运行和事故停泵时的稳定性，在管道转弯处必须设置镇墩。铺设在斜坡上的长管段也要设置镇墩。其间距不宜超过 100 m，两镇墩间的钢管应设置伸缩节。

5. 镇墩设计

镇墩的设计内容主要包括校核镇墩的抗滑和抗倾的稳定性与地基强度验算等。

(1) 作用在镇墩上的力的类型及其计算

表 4－4 中列出了设有伸缩节而无变径管段的明式铺设的管道，在正常运行和正常停泵时，作用在镇墩上的力及其计算式中的 A'_i、A''_i 分别表示自镇墩上方和下方传来的力（当发生水锤时，用 a'_i、a''_i 表示），L'、L'' 分别表示从镇墩弯管中心到镇墩上、下方伸缩节处的管长，α'、α'' 分别表示镇墩上、下方管段的倾角。

表 4－4 中的计算水头是水泵正常运行和正常停泵时的水头，即静水头。当事故停泵时，还应计入水锤压力水头。

(2) 荷载组合

表 4－4 中的各力在同一条管路中，不会同时发生。工程中常用水泵正常运行、正常停泵和事故停泵三种情况进行力的组合，选其中最不利的进行校核。

表 4－4　作用在镇墩上的各类力及其计算式

序　号	力的名称	正常运行和正常停泵	作用力简图	说　明
1	管道转弯处的内水压力	$A'_1=\gamma H_1\dfrac{\pi D_1^2}{4}$ $A''_1=\gamma H_2\dfrac{\pi D_2^2}{4}$		D_1、D_2——弯管进出水口的内径 H_1、H_2——弯管进出口断面中心的计算水头

续表 4-4

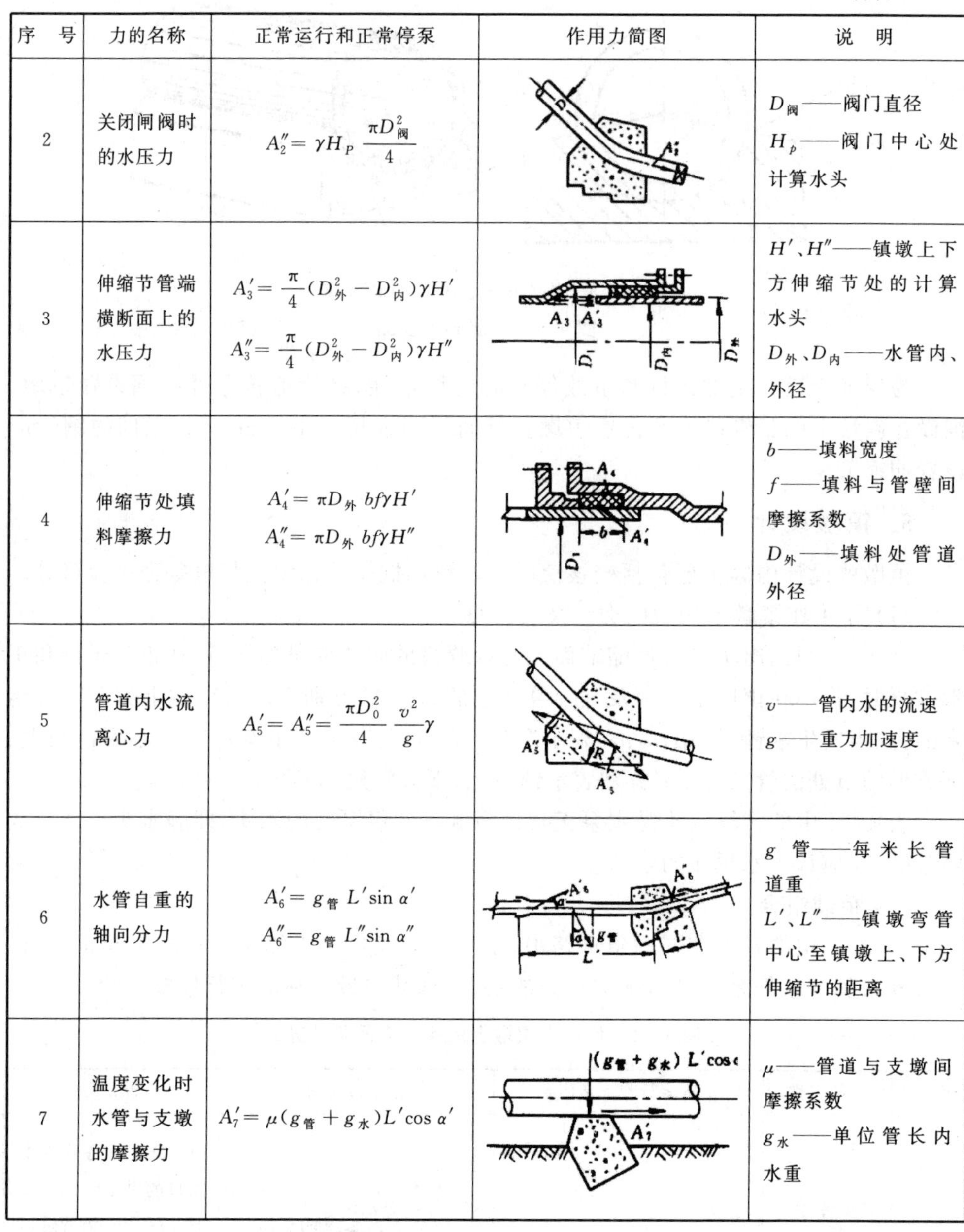

序号	力的名称	正常运行和正常停泵	作用力简图	说明
2	关闭闸阀时的水压力	$A_2''=\gamma H_P \frac{\pi D_{阀}^2}{4}$		$D_{阀}$——阀门直径 H_p——阀门中心处计算水头
3	伸缩节管端横断面上的水压力	$A_3'=\frac{\pi}{4}(D_{外}^2-D_{内}^2)\gamma H'$ $A_3''=\frac{\pi}{4}(D_{外}^2-D_{内}^2)\gamma H''$		H'、H''——镇墩上下方伸缩节处的计算水头 $D_{外}$、$D_{内}$——水管内、外径
4	伸缩节处填料摩擦力	$A_4'=\pi D_{外}\ bf\gamma H'$ $A_4''=\pi D_{外}\ bf\gamma H''$		b——填料宽度 f——填料与管壁间摩擦系数 $D_{外}$——填料处管道外径
5	管道内水流离心力	$A_5'=A_5''=\frac{\pi D_0^2}{4}\frac{v^2}{g}\gamma$		v——管内水的流速 g——重力加速度
6	水管自重的轴向分力	$A_6'=g_{管}L'\sin\alpha'$ $A_6''=g_{管}L''\sin\alpha''$		$g_{管}$——每米长管道重 L'、L''——镇墩弯管中心至镇墩上、下方伸缩节的距离
7	温度变化时水管与支墩的摩擦力	$A_7'=\mu(g_{管}+g_{水})L'\cos\alpha'$		μ——管道与支墩间摩擦系数 $g_{水}$——单位管长内水重

图 4-14(a)为水泵正常运行情况镇墩上作用力的组合简图；图 4-14(b)为正常停泵时镇墩上作用力的组合简图；图 4-14(c)为事故停泵时镇墩上作用力的组合简图。图 4-14 中以镇墩内弯管中心为坐标原点，Y 轴向下为正，X 轴向右为正。将各轴向力分解为沿 X 轴和 Y 轴两个方向的分力，即可得到各轴向力在 X 轴和 Y 轴方向的分力之和 $\sum A_X$ 和 $\sum A_Y$。

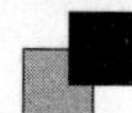

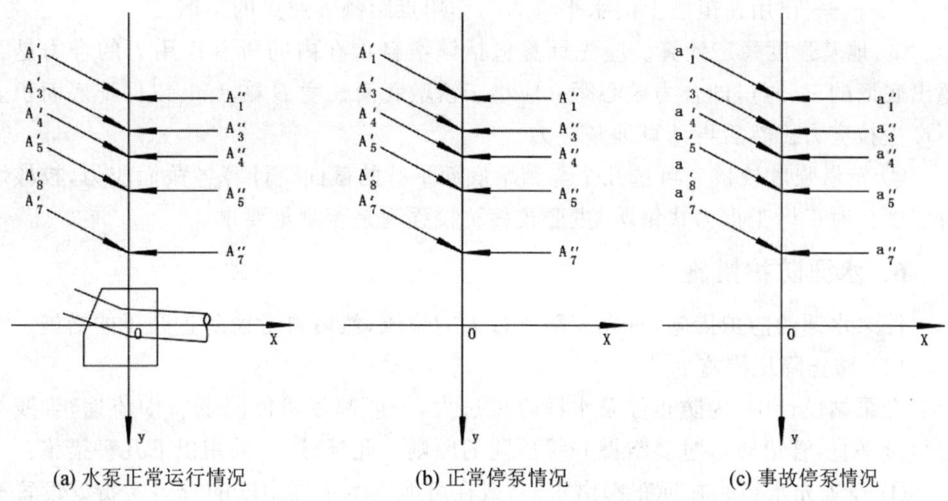

(a) 水泵正常运行情况　　(b) 正常停泵情况　　(c) 事故停泵情况

图 4-14　镇墩上作用力的组合示意图

(3) 镇墩设计

① 镇墩抗滑稳定校核。可按下式校核

$$K_c = \frac{(\sum A_y + G)f}{\sum A_x} \geqslant [K_c]$$

式中：K_c——抗滑安全系数；

$[K_c]$——允许抗滑安全系数；正常情况取 1.3，特殊情况取 1.1；

G——镇墩自重，kN；

$\sum A_Y$—— 所有轴向力在 y 轴方向的分力之和，kN；

$\sum A_X$—— 所有轴向力在 x 轴方向的分力之和，kN；

f——镇墩底面与地基的摩擦系数。

通常也可先确定 $[K_c]$，由此可计算出镇墩的重量，即

$$G = \frac{[K_c]}{f} \sum A_x - \sum A_y$$

符号意义同前。

知道镇墩所需重量后，可通过试算拟定出镇墩的尺寸。

② 镇墩抗倾稳定计算。

$$K_0 = \frac{y_0(\sum A_y + G)}{x_o \sum A_x} \geqslant [K_0]$$

式中：K_0——抗倾稳定安全系数；

$[K_0]$——允许的抗倾稳定安全系数，正常情况取 1.5；特殊情况取 1.2；

y_0——作用在镇墩上的垂直合力的作用点距倾覆原点的距离；

x_o——作用在镇墩上的水平合力的作用点距倾覆原点的距离。

③ 地基强度稳定计算。应先计算包括镇墩自重在内的所有作用力的合力是否超出底面的三分点，即合力偏心距 e 应小于镇墩底面长度 B 的 1/6，以保证底面积上不产生拉应力。然后再计算地基应力。

④ 镇墩强度校核。可选几个与镇墩底面平行的截面。计算各截面应力，校核墩身强度。对于圬工重力式镇墩，主要校核抗拉强度是否满足要求。

6. 水锤防护措施

停泵水锤的防护措施，首先应防止过大的降压，然后再考虑防止升压的措施。

(1) 防止降压措施

在泵站设计中，为防止停泵水锤降压过大，一般都尽可能降低管中流速，管线布置尽量平直，管道转弯时要掌握先缓后陡的原则。此外，还可采用以下几种措施：

① 设置充水箱。在逆止阀出水侧，或在可能发生水柱中断的管道转折处设置充水箱，防止过大的降压，如图 4－15 所示。

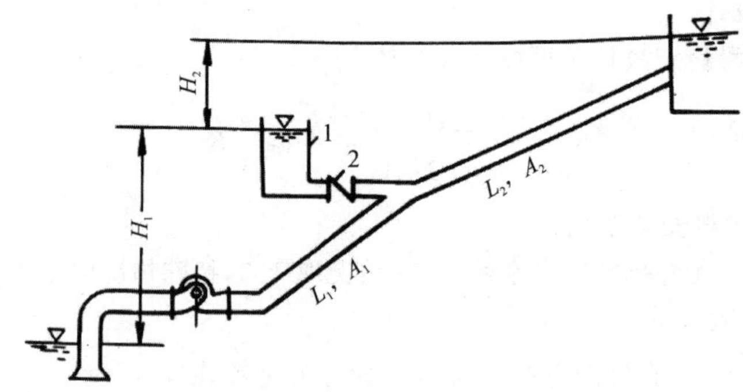

1—水箱；2—单向逆止阀

图 4－15　防止水锤的充水箱

② 设置空气室。在紧接逆止阀的出水侧管道上安装一个钢制密闭圆筒，如图 4－16 所示。

③ 安装飞轮。在机组的转轴上安装一个质量较大的飞轮，这样会增加泵房面积和启动阻力矩，此方法仅适用于出水管道较短的泵站。一般很少采用。

(2) 防止增压措施

① 设置水锤消除器。在逆止阀的出水侧安装水锤消除器。

② 设置爆破膜片。在逆止阀出水侧主管道上安一支管，在支管端部用一个薄金属片密封，当管中压力超过额定值时，膜片破裂，放出部分高压水降低管内压力。

③ 安装缓闭阀。缓闭阀是较好的水锤防护措施，它具有逆止阀和水锤消除器的作用，又可做主阀用。

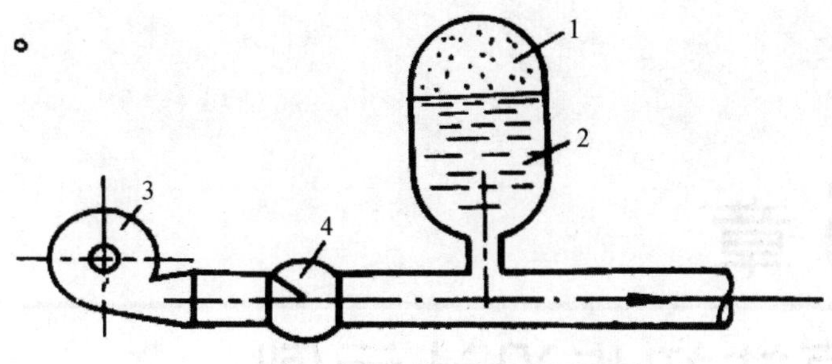

1—压缩空气；2—压力水；3—水泵；4—逆止阀

图 4-16　防止水锤的空气室

习　题

1. 一台 14ZLB-70 型水泵，工作范围内的允许汽蚀余量为 12.0 m，当额定转速由 1 460 r/min 降至 980 r/min 时，其安装高度应是多少？

2. 某灌溉泵站经规划得如下数据，进水池设计水位 45 m，最低水位 3.5 m，最高水位 5.6 m；出水池控制水位 33.5 m。灌溉总面积 14 万亩，模数为 0.85 m^3/s·万亩。试选择水泵型号和确定台数。

3. 某灌溉泵站经规划得如下数据：进水池设计水位 309.1 m，最低水位 308.8 m，最高水位 310.2 m；出水池控制水位为 327.0 m，泵站流量 2.2 m^3/s 根据上述规划数据，试选择该站的合适泵型与台数。

4. 某泵站需扩建，已有泵型为 14ZLB-70。进水池设计水位为 3.0 m，出水池控制水位为 7.5 m，试确定该泵合适的转速、叶角和最经济的台数。

第5章 离心泵站初步设计示例

5.1 设计任务书

5.1.1 设计任务

根据所提供资料完成莘庄灌溉泵站初步设计，写出设计说明书和绘制设计工程图各一份。

5.1.2 设计资料

1. 建站目的

丰锋农场内有一块 19 000 亩岗田，多年来因缺水灌溉而减产。规划决定利用场内水源高家淀，兴建一座灌溉泵站引水上岗，同时进行土地平整和科学种田，全部岗田即可建成丰产田。

2. 工程位置

本工程经勘测确定位于岗田东侧坡脚处靠近莘庄镇北边，该处地形如图 5－1 所示。计划用明渠引水至坡脚处，在岗地适当位置建出水池，以控制全部岗地灌溉。

3. 农水规划成果

本区种植冬小麦，兼种棉花等经济作物。灌溉用水率为每万亩 0.85 m^3/s，干渠首控制水位 217.38 m，最低水位 217.08 m。高家淀水量充沛，淀中有部分水生植物，水质优良，正常水位 192.3 m，最高水位 192.7 m，最低水位 191.7 m。

4. 土质及其他

站址范围内土质为粘壤土，干容重 12.74～16.66 kN/m^3，湿容重 17.64 kN/m^3，

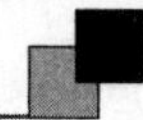

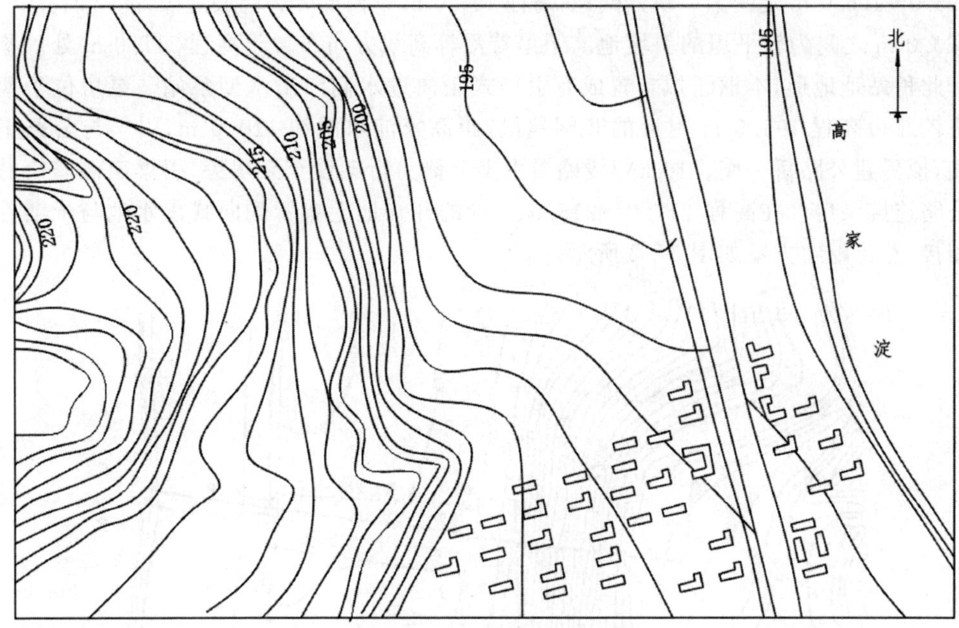

图 5－1　站址地形图

凝聚力 19.6 kN/m^2，土壤内摩擦角 25°，地基允许承载力［P］＝215.6 kN/m^2，回填土凝聚力不计，内摩擦角 20°。

灌溉季节最高气温 37 ℃，最高水温 25 ℃。冬季最低气温－8 ℃，冻土层厚度 0.3 m。

高家淀底高程 190.0 m，淀边有南北向公路经过，路旁有 10 kV 电源线。

场内自产石料、黄砂等建筑材料可供使用。

5.1.3　设计标准

本工程按三级建筑物设计。

5.1.4　设计时间与成果

（略）

5.2　泵站规划

在枢纽布置的基础上确定泵站设计流量与设计扬程。

5.2.1　枢纽布置

根据站址地形图提供的情况，淀边公路西侧的地形图等高线疏密不匀，其中高程

195.0～196.0 m 之间为一块开阔地，高程 197.0 m 以西部分为岗坡地段，高程 216.0～220.0 m 之间为较平坦的斜坡地。干渠首沿等高线方向布置于高程 217.0 m 处。鉴于此种站址地形，本枢纽拟布置成有引渠式正向进水侧向出水型泵站。泵房位于莘庄镇北边高程 196.0 m 附近的开阔地段，距高家淀水源约 110.0 m，引渠与公路正交，拟另建公路桥一座。10 kV 线路沿引渠北侧另行架设至泵房旁，引渠南侧修简易公路连接泵房。在高程 217.0～218.0 m 处的开阔地上布置侧向式出水池与干渠首相接，总体枢纽方案如图 5-2 所示。

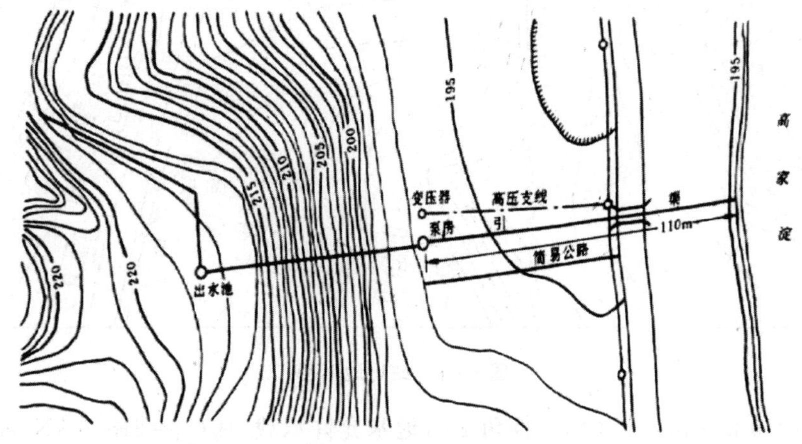

图 5-2　灌溉泵站总体枢纽布置示意图(单位:m)

5.2.2 设计流量确定

$$Q=Aq$$

式中：A——灌区灌溉面积，万亩，本设计为 1.9 万亩；

q——灌溉用水率，m^3/[(s·万亩)]，本设计为 0.83 [m^3/(s·万亩)]。

则 $Q=1.9\times0.83=1.615\ m^3/s$。

5.2.3 设计扬程确定

按进出水池设计水位差应考虑管路水头损失后加以确定。

1. 进水池水位推求

(1) 引渠断面设计

如果按明渠均匀水流方法计算，取边坡系数 $m=1.5$，糙率 $n=0.025$，底坡 $i=1/6\ 000$，用试算法确定水深 h 与底宽 b。

设 $h=1.1$ m，$b=2.1$ m，计算通过流量 Q。

过水断面积 $W=(b+mh)h=(2.1+1.5\times1.1)\times1.1=4.125\ m^2$

湿周 $\chi=b+2h\sqrt{1+m^2}=2.1+2\times1.1\sqrt{1+1.5^2}=6.07$ m。

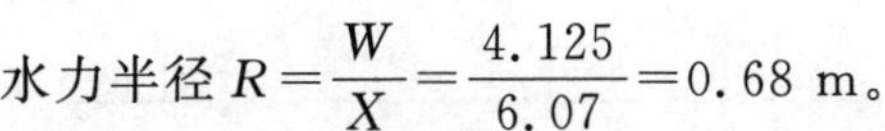

水力半径 $R=\frac{W}{X}=\frac{4.125}{6.07}=0.68$ m。

谢才系数 $C=\frac{1}{n}R^{\frac{1}{6}}=\frac{1}{0.025}\times 0.68^{\frac{1}{6}}=37.5\ m^{\frac{1}{2}}/\mathrm{s}$

流量 $Q=WC\sqrt{Ri}=4.125\times 37.5\times\sqrt{0.68\times\frac{1}{6\ 000}}=1.65\ \mathrm{m^3/s}>1.615\ \mathrm{m^3/s}$，符合要求。

(2) 冲淤校核

计算实际流速 $v_{实}$、不冲流速 $v_{不冲}$ 和不淤流速 $v_{不淤}$，须满足 $v_{不冲}>v_{实}>v_{不淤}$ 即可。

① 实际流速。$v_{实}=\frac{Q}{W}=\frac{1.65}{4.125}=0.4$ m/s。

② 不冲流速。用下式计算

$$v_{不冲}=KQ^{0.1}$$

式中：K——不冲流速系数，粘壤土取 0.62；

Q——引渠设计流量，为 1.65 $\mathrm{m^3/s}$。

则 $v_{不冲}=0.62\times 1.65^{0.1}=0.65\ \mathrm{m/s}>0.4\ \mathrm{m/s}$，符合要求。

③ 不淤流速。为控制渠床杂草生长，不淤流速应在 0.3～0.4 m/s 之间。

设计数值全部满足要求，引渠设计横断面如图 5-3 所示。

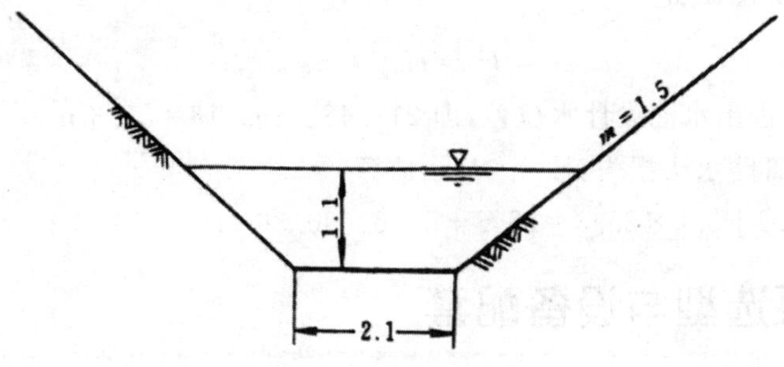

图 5-3　引渠横断面示意图(单位:m)

(3) 引渠底高程

以高家淀最低水位时能引进泵站设计流量，尽量减少土方开挖量为原则。渠首进口水面降落估算为 5 cm，则渠首底高程为 191.7－1.1－0.05＝190.55 m，渠末底高程为 $190.55-110\times\frac{1}{6\ 000}=190.53$ m，引渠底纵断面如图 5-4 所示。

(4) 进水池水位

拟在前池首端设置拦污栅，过栅水头损失估算为 5 cm，则进水池水位如表 5-1 所列。

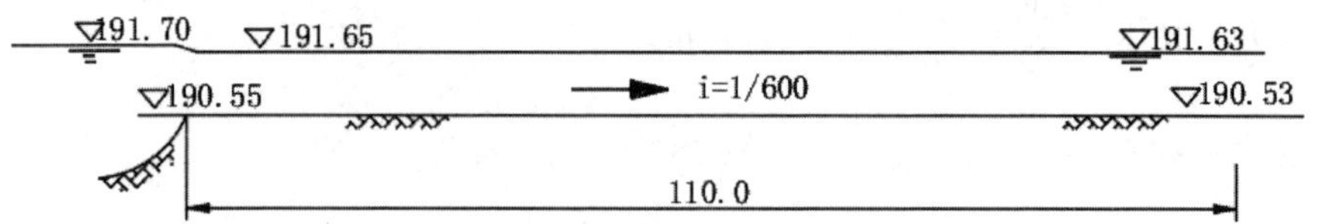

图 5-4　引渠底纵断面示意图(单位:m)

表 5-1　进水池水位推求表

<table>
<tr><th>特征水位</th><th>高家淀水位/m</th><th>渠首水面降落/m</th><th>引渠水面坡降/m</th><th>拦污栅水头损失/m</th><th>进水池水位/m</th></tr>
<tr><td>最高</td><td>192.70</td><td rowspan="3">0.05</td><td rowspan="3">$110\times\frac{1}{6\ 000}=0.02$</td><td rowspan="3">0.05</td><td>192.58</td></tr>
<tr><td>设计</td><td>192.30</td><td>192.18</td></tr>
<tr><td>最低</td><td>191.70</td><td>191.58</td></tr>
</table>

2. 出水池水位推求

出水池与灌溉干渠用过渡段连接,过渡段水头损失估算为 0.1 m,则出水池水位为

控制水位:217.38+0.1=217.48 m;

最低水位:217.08+0.1=217.18 m。

3. 设计扬程确定

$$H=H_{净}+h_{损}$$

式中:$H_{净}$——进出水池设计水位差,即 217.48−192.18=25.3 m;

$h_{损}$——管路水头损失,按 $0.2H_{净}$ 估算。

则 $H=25.3+0.2\times25.3=25.3+5.06=30.36$ m

5.3　水泵选型与设备配套

5.3.1　水泵选型

根据水泵选型原则按下列顺序进行。

1. 确定泵型方案

依据泵站设计扬程 30.36 m,查水泵资料中的水泵性能表得 14Sh-19 与 20Sh-13A 两种泵型均符合要求,作为方案进行比较,它们的性能如表 5-2 所列。

2. 确定各方案台数

用关系式 $i=Q_{站}/Q_{泵}$ 确定两种泵型所需台数。

表 5-2　泵型方案性能

型　号	流量 $Q/(L/s)$	扬程 H/m	转速 $n(r/min)$	轴功率 $N_{轴}/kW$	效率 $\eta/\%$	允许吸上真空高度 $[H_s]/m$	重量/kg
14Sh-19	270 350 400	32 26 22	1 450	99.7 102 105	85 88 82	3.5	898
20Sh-13A	417 520 621	34.4 31 25.8	970	164 186 197	82 85 79	4.0	2 330

14Sh-19 型泵 $i=\dfrac{1.615}{0.35}=4.61$ 台，取 5 台。

20Sh-13A 型泵 $i=\dfrac{1.65}{0.52}=3.1$ 台，取 3 台。

两种方案机组台数相近，从基建角度，14Sh-19 型泵 5 台方案投资可能大些，安装高程也较小，对泵房的通风散热有不利影响，但它的机组重量轻，便于维护和检修，流量的变化适应性也较强，两相比较，各有利弊。本设计决定选用 5 台 14Sh-19 型泵这一方案。

5.3.2　配套动力机

配套动力机参数包括动力类型选择与机型等。

1. 动力类型选定

利用站址附近 10 kV 电力线路，本设计用电力拖动。

2. 配套功率 $N_{配}$ 计算

$$N_{配}=K\frac{N_{轴}}{\eta_{传}}$$

式中：K——动力备用系数，查有关资料取 1.05；

$N_{轴}$——水泵工作范围内的最大轴功率，105 kW；

$\eta_{传}$——热传动效率，水泵转速为 1 450 r/in，可用同步转速 1 500 r/min 的异步电机直接传动，取 0.995。

则 $N_{配}=1.05\times\dfrac{105}{0.995}=110.8$ kW。

3. 确定机型

根据水泵额定转速为 1 450 r/min 和配套功率 110.8 kW，查电机资料得：JS-

114－4 型防护式双鼠笼型异步电动机 5 台，其技术性能如表 5－3 所列。

表 5－3　引渠横断面示意图

（单位：m）

额定功率/kW	额定电压/V	额定时				启动电流/额定电流	启动转矩/额定转矩	最大转矩/额定转矩	重量/kg
		转速/(r/min)	电流效率/A	效率/%	功率因数 cos ϕ				
115	380	1 470	213	92.6	0.88	5.3	1.2	2.0	910

5.3.3　配套管路

配套管路参数包括吸水管路设计、安装高程计算与出水管路附件选配等内容。

1. 吸水管路设计

管材：铸铁耐久性好，又有一定强度，拟选用法兰式铸铁管。

管径：用控制流速确定。

按下面公式先计算，后查资料取标准值。

$$D=\sqrt{\frac{4Q}{\pi v}}$$

式中：Q——管路中通过的流量，本设计采用水泵铭牌流量 0.35 m^3/s；

v——管内控制流速，凭经验，进口处取 1.0 m/s，管道内取 1.5 m/s。

则进口喇叭管直径 $D_{进}=\sqrt{\frac{4\times0.35}{3.14\times1.0}}=0.67$ m；管道直径 $D=\sqrt{\frac{4\times0.35}{3.14\times1.5}}=0.54$ m。查资料取标准值进口直径 630 mm，管路直径 500 mm。

管长：凭经验暂拟 11.0 m。

附件：查资料得：喇叭管的大头直径 630 mm，小头直径 500 mm，长度 310 mm；考虑用直立式池壁的进水池，选用 $R=700$ mm 内径 500 mm 的双法兰 90°弯头，中心线长度 1 183 mm；选用长度 890 mm，小头直径 350 mm，大头直径 500 mm 的偏心异径接头，真空表一只。

2. 水泵安装高程确定

吸水管路水头损失计算按沿程损失和局部损失分别计算后相加而得。

沿程水头损失用下式计算

$$h_{沿}=10.3n^2\frac{L}{D^{5.33}}Q^2$$

式中：n——管道内壁糙率，查资料铸铁为 0.013；

L——管道长度 11.0 m；

D——管道直径 500 mm；

Q——管道设计流量 0.35 m³/s。

则 $h_{沿}=10.3\times0.013^2\times\frac{11}{0.5^{5.33}}\times0.35^2=0.094$ m

局部水头损失用下式计算

$$h_{局}=0.083\sum\frac{\xi}{D^4}Q^2$$

式中：ξ——管路局部阻力系数，查资料得：$\xi_{进}=0.2, \xi_{90°}=0.64, \xi_{缩}=0.2$；

D——局部阻力处管径，查资料得：$D_{进}=0.63$ m，$D_{缩}=0.35$ m；

其余符号同上。

则 $h_{局}=0.083\times\left(\frac{0.2}{0.63^4}+\frac{0.64}{0.5^4}+\frac{0.2}{0.35^4}\right)\times0.35^2=0.25$ m。

$h_{吸}=h_{沿}+h_{局}=0.094+0.25=0.34$ m。

水泵安装高度用下式计算

$$H_{吸}=[H_S]'-h_{吸}-\frac{v_s^2}{2g}$$

式中：$[H_S]'$——修正后的允许吸上真空高度，本设计工作水温与水面大气压均超过标准值。用公式 $[H_S]'=[H_S]-(10.33-H_{大气})-\left(\frac{\rho_{汽}}{\gamma}-0.24\right)$ 修正；

$[H_S]$——水泵允许吸上真空高度 3.5 m；

$H_{大气}$——水泵安装处水面大气压，本设计海拔 200 m，查资料得 10.1 m；

$\frac{\rho_{汽}}{\gamma}$——工作水温 25 ℃时的饱和蒸汽压，查资料得 0.335 m；

v_s——水泵进口处流速，$v_s=\frac{4\times Q}{\pi D^2}=\frac{4\times0.35}{3.14\times0.35^2}=3.64$ m/s。

则 $[H_S]'=3.5-(10.33-10.1)-(0.335-0.24)=3.175$ m，取 3.18 m。

$H_{吸}=3.18-0.34-\frac{3.64^2}{19.62}=3.18-0.34-0.68-2.16$ m。

水泵安装高程 $\nabla H_{安}$ 确定用下式计算

$$\nabla H_{安}=\nabla H_{min}+H_{吸}-K$$

式中：∇H_{min}——进水池最低水位 191.58 m；

K——安全值，取 0.2 m。

则 $\nabla H_{安}=191.58+2.16-0.2=193.54$ m，取 193.5 m。水泵安装高程状况如图 5-5 所示。

3. 出水管路附件选配

包括管径与管路附件确定。

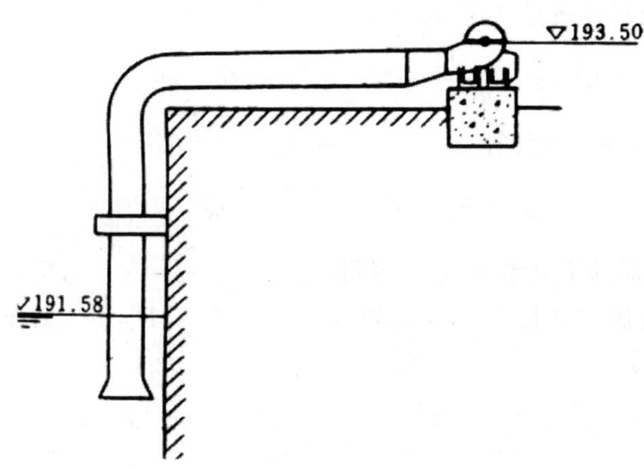

图 5-5　水泵安装高程示意图(单位:m)

出水管路直径用两种方法分别计算后比较选取。

用经验公式计算

$$D=\sqrt[7]{\frac{KQ^3}{H}}$$

式中：Q——出水管路中最大流量，取水泵工作范围内最大值 0.4 m^3/s；

K——计算系数，本设计取 10；

H——出水管路静水头，本设计为 217.48－193.19＝24.29 m。

则 $D=\sqrt[7]{\frac{10\times0.4^3}{24.29}}=0.595$ m

用控制流速公式计算

$$D=\sqrt{\frac{4Q}{\pi v}}$$

式中：Q——出水管路通过流量，取水泵铭牌流量 0.35 m^3/s；

v——管内控制流速，凭经验取 2.0 m/s。

则 $D=\sqrt{\frac{4\times0.35}{3.14\times2.0}}=0.472$ m

本设计出水管路直径取 0.5 m。

管路附件包括水泵出水口渐扩管、闸阀、管路出口渐扩管和拍门等。

渐扩接管：水泵吐出口直径 0.3 m，出水管路直径 0.5 m，查资料选用长度为 690 mm、大头直径 500 mm、小头直径 300 mm 的标准正心铸铁渐扩管；闸阀：为确保正常起动、停机和调节功率，选用内径为 500 mm 长度为 700 mm 公称压力为 100 N/cm^2 的 Z48T－10 型闸阀拍门：为节约扬程，出水管路出口为淹没式出流，停机池水倒流用拍门止逆。查资料选用内径为 550 mm 的拍门；管路出口渐扩管：在拍门与管路间设置正心渐扩管，以减低出口流速，回收动能，扩散段锥角按经验取 12°，

管段长度用关系式 $L_{扩}=\dfrac{D_{大}-D_{小}}{2\mathrm{tg}\,\alpha/2}=\dfrac{550-500}{2\times\mathrm{tg}\,12°/2}238\ \mathrm{mm}$，取 0.24 m。该渐扩管无标准现货供应，需要定制。

5.3.4　起重设备选配

本设计较大的单件设备是电机 910 kg，其次是水泵 898 kg。安装检修拟选用手动单轨小车进行。查资料选用 SG－2 型单轨小车为宜，其技术性能如表 5－4 所列。另选用 14.7 kN 的手动葫芦与之配套，葫芦技术性能如表 5－5 所列。

表 5－4　SG－2 型单轨小车技术性能

起重量/kN	提升高度/m	运行速度/(m/min)	手拉力/kN	工字钢型号	总重量/kg
19.6	3～10	4.5	0.147	30a	58

表 5－5　手动葫芦技术性能

起重量/kN	起重高度/m	起重链直径/mm	起重拉力/kN	毛重/kg	尺寸/mm
14.7	2.5	7.5	0.4	36	43×33×24

5.4　泵房初步设计

本节包括确定泵房型式、内部设备布置与尺寸拟定等内容。

5.4.1　泵房结构型式确定

卧式离心泵泵房型式取决于水泵有效吸程、水源水位变幅和地下水埋深等因素。

1. 水泵有效吸程 $H_{效吸}$ 值计算

用下式计算

$$H_{效吸}=\nabla H_{安}-Z-h-\nabla H_{\min}$$

式中：$\nabla H_{安}$——水泵安装高程 193.5 m；

Z——水泵安装基准面至底座间距离，查资料得 0.56 m；

h——水泵基础高出机坑地面高度 0.1 m；

$\nabla H_{\min}$——进水池最低水位 191.58 m。

则 $H_{效吸}=193.5-0.56-0.1-191.8=1.26\ \mathrm{m}$。

2. 水源水位变幅 ΔH

高家淀最高水位 192.7 m，最低水位 191.7 m，水位变幅 $\Delta H=192.7-191.7=1.0\mathrm{m}<H_{效吸}=1.26\ \mathrm{m}$。

3. 泵房结构型式确定

经简单计算水泵有效吸程大于水源水位变幅，地下水位又属较低，决定选用非落井式分基型泵房。

5.4.2 内部设备布置

包括主机组、管路和配电设备等辅助设施布置。

1. 主机组布置

为减小泵房长度与进水池工程量，5 台套机组采用双行交错排列布置。查资料得机组平面尺寸如下：轴向长度 2.555 m，水泵进出口间尺寸 1.1 m，水泵轴向 长度 1.271 m，管路中心线稍偏一侧 0.58 m，如图 5-6 所示。查资料得：设备顶端至墙面净距 0.7 m，设备顶端间净距 0.8 m，设备间净距 1.0 m，平行设备间净距 1.0 m，本设计纵横净间净一律取 1 m。主机组布置如图 6-7 所示。主机组间总长 17.5 m。进、出水管路平行布置。

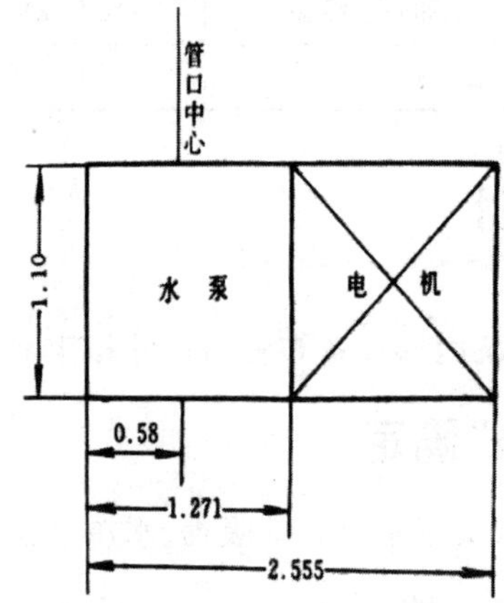

图 5-6 主机组外形平面尺寸示意图(单位;m)

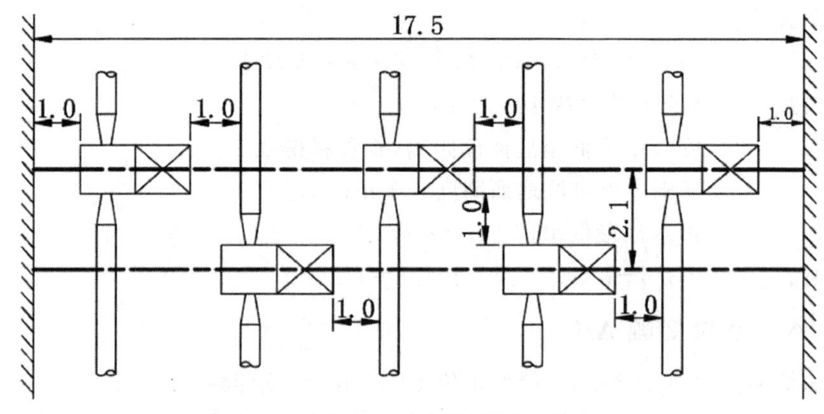

图 5-7 主机组平面布置示意图(单位:m)

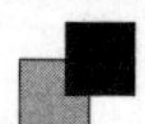

2. 辅助设施布置

包括配电间、检修间、电缆沟、排水槽、充水设备、通道、起重等设施。

(1) 配电间

本设计拟配备 7 块(其中主机组 5 块、照明与真空泵机组 1 块、总盘 1 块)BSL-1 型低压成套不靠墙配电柜。标准为柜宽 0.8 m、柜厚 0.6 m、柜高 2.0 m,外形如图 5-8 所示。为不增加泵房跨度,不影响主机间通风采光,配电间布置于泵房进线一端沿泵房跨度方向一排布置。柜后留 0.8 m 检修空间,柜前留 1.5 m 运行操作空间,两侧各留 0.8 m 通道,则配电间所需跨度 $B=7\times0.8+2\times0.8=7.2$ m。所需开间 $L_{电}=0.8+0.6+1.5=2.9$ m。配电间平面尺寸如图 5-9 所示。

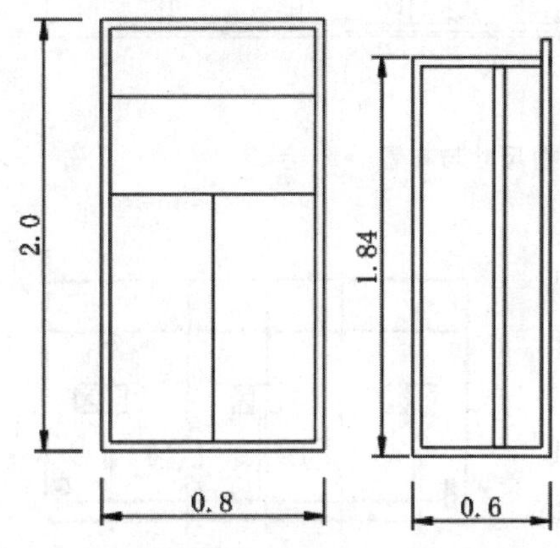

图 5-8　BSL-1 型配电柜外形尺寸(单位:m)

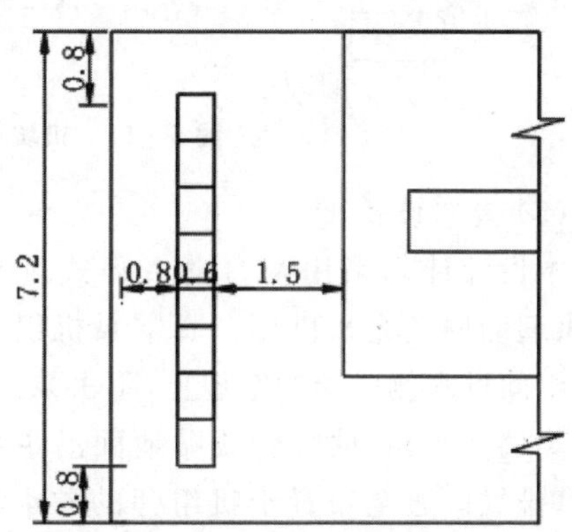

图 5-9　配电间平面尺寸示意图(单位:m)空挡

(2) 检修间

检修场地布置在泵房内相对于配电间的另一端,其面积能放下并拆卸一台电动机为原则。电动机拆装所需轴向长度为$(2.555-1.271)\times2=2.57$ m,在四周留 0.7 m,便于活动,其实际所需面积为$(2.57+2\times0.7)^2=15.76\ m^2$。

(3) 电缆沟

室内动力用线路均暗敷于地面加盖沟槽中,以不占用泵房面积为原则。本设计电缆沟布置在泵房出水侧的主通道下,沟槽至电机间的线路用埋地钢管敷设。沟槽截面按 15 根电缆数设计,其尺寸如图 5-10 所示。

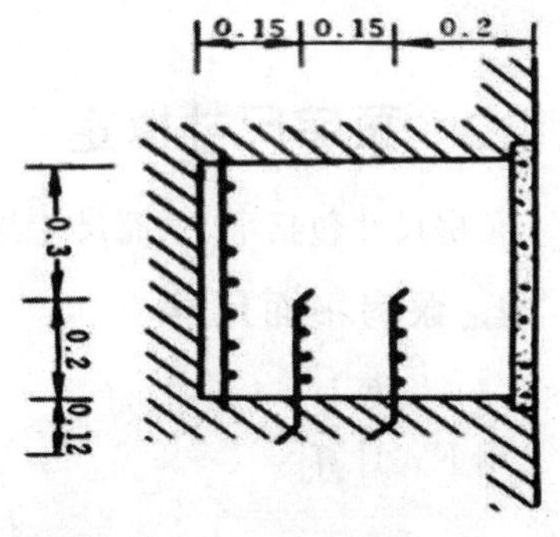

图 5-10　电缆沟槽截面尺寸示意图(单位:m)

(4) 排水槽

为保持泵房机坑地面干燥,需及时排除由主

泵运行时填料函滴水和闸阀漏水,拟设置地面明沟排水系统。其中断面稍大的明沟沿泵房纵向布置于进水侧墙边,底坡约3%坡向泵房一端;断面稍小的明沟沿各主泵管线绕主机组基础布置,以1%的底坡坡向大沟布置形式与沟槽断面尺寸如图5-11所示。

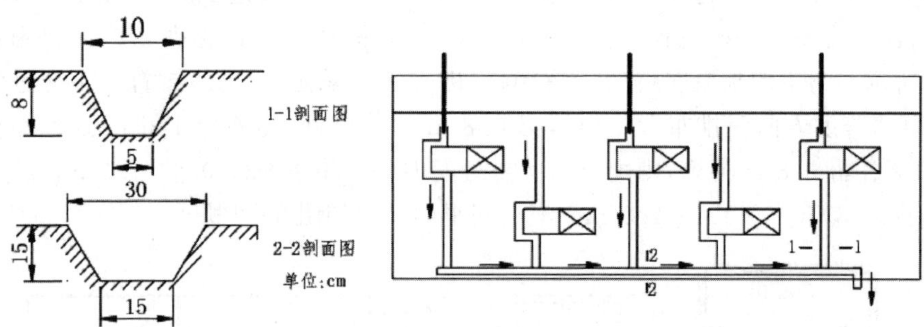

图5-11 机坑排水沟槽尺寸与布置

(5) 充水设备

本设计计划采用两台套水环式真空泵装置,供起动抽气充水供用。真空泵机组布置于主机组间进水侧两端的空地上,不占泵房面积。基础离墙0.5 m,抽气管线贴地面沿主泵管线布置,排气口通至布置于机组旁的贮水箱。布置形式如图5-12所示。

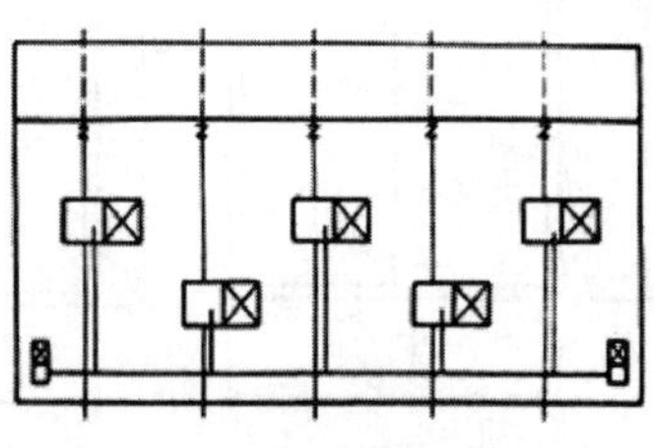

图5-12 真空泵装置充水设备布置示意

(6) 通 道

泵房内主通道宽1.8 m,布置于泵房的出水侧,与泵房两端的配电间、检修间接通,工作通道宽0.7 m,布置于泵房的进水侧,与配电间、检修间用踏步梯连接。

(7) 起重设备

选配的SG-2型单轨小车沿泵房纵向平行布置于两列主机组轴线上方,设两套起重设备。

5.4.3 泵房尺寸拟定

泵房尺寸包括平、立面尺寸与主要构件细部尺寸。

1. 泵房平面尺寸

(1) 长度L

用下式计算

$$L = L_{主} + L_{电} + L_{检}$$

式中:$L_{主}$——主机间长度,经布置为17.5 m;

$L_{电}$——配电间开间,经布置为2.9 m;

$L_{检}$——检修间开间，经布置为 3.97 m。

则 $L = 17.5 + 2.9 + 3.97 = 24.37$ m。

以进出水管路不穿墙柱为原则，取每一开间 3.6 m，共 7 间房。泵房总长度调整为 7×3.6＝25.2 m。除配电间和主机间尺寸 2.9＋17.5＝20.4 m 不作变动外，检修间实际长度为 25.2－20.4＝4.8 m。

(2) 跨度 B

跨度可用下式计算

$$B = b_0 + b_1 + b_2 + b_3 + b_4 + b_5 + b_6 + b_7$$

式中：b_0——一列主泵进口至另一列主泵出口距离，经布置为 1.1＋1.0＋1.1＝3.2 m；

b_1——进水侧一列主泵的偏心渐缩接管长 0.89 m；

b_2——工作通道宽 0.7 m；

b_3——排水沟槽宽 0.3 m；

b_4——出水侧一列主泵的正心渐扩接管长 0.69 m；

b_5——渐扩接管与闸阀间短管长 0.5 m；

b_6——闸阀长度 0.7 m；

b_7——主通道宽 1.8 m。

则 $B = 3.2 + 0.89 + 0.7 + 0.3 + 0.69 + 0.5 + 0.7 + 1.8 = 8.78$ m，取 9.0 m。主通道宽度调整为 2.02 m，其余尺寸不变。泵房跨度尺寸如图 5－13 所示。泵房平面尺寸如图 5－14 所示。

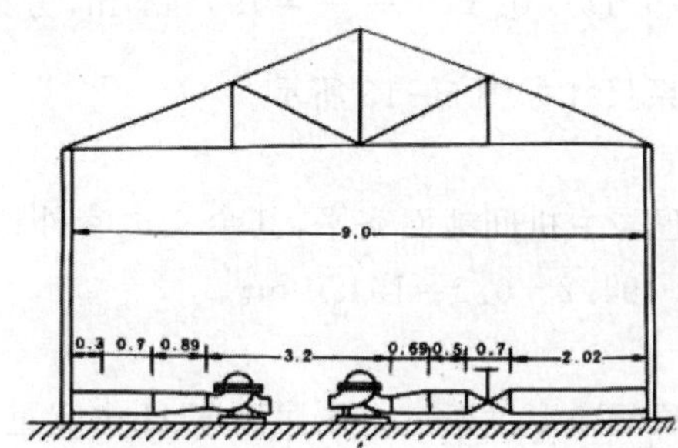

图 5－13 泵房跨度尺寸示意图(单位：m)

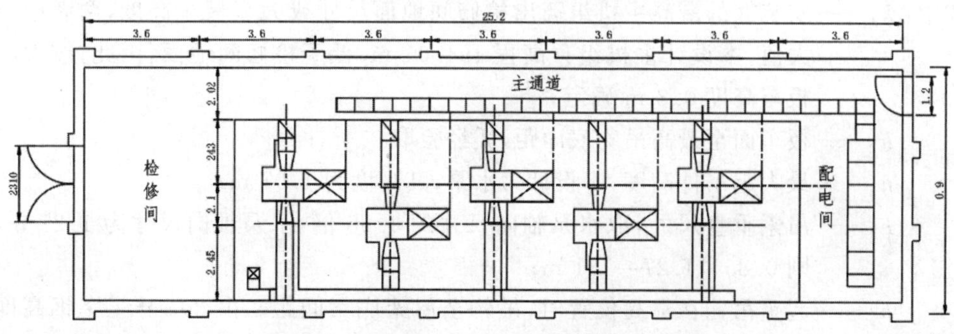

图 5－14 泵房平面尺寸示意图(单位：m)

2. 泵房立面尺寸

泵房立面尺寸包括主机间地面、主通道地面与房顶等控制高程。

(1) 主机间地面高程$\nabla H_{主}$

主机间地面高程用下式计算

$$\nabla H_{主}=\nabla H_{安}-Z-h$$

式中：$\nabla H_{安}$——水泵轴线安装高程 193.5 m；

Z——水泵轴线至底座间距 0.56 m；

h——水泵基础高出主机间地面高度 0.1 m。

(2) 主通道地面高程$\nabla H_{道}$

主通道地面高程与配电间、检修间地面齐平。由出水管路与电缆沟立交控制，用下式计算

$$\nabla H_{道}=\nabla H_{管}+h_1+h_2+\frac{D}{2}$$

式中：$\nabla H_{管}$——水泵出水口中心高程，查资料为 193.19 m；

h_1——电缆沟与出水管立交净间距，取 0.15 m；

h_2——电缆沟高度，考虑壁厚 5 cm，取 0.55 m；

D——出水管路直径 0.5 m。

则$\nabla H_{道}=193.19+0.15+0.55+\frac{0.5}{2}=194.14$ m，考虑水管壁厚等因素，取 194.20 m。水管立交关系尺寸如图 5－15 所示。

(3) 泵房外地面高程

出水侧室外地面高程与主机间地面齐平，其余三边室外地面高程整修成低于室内主通道地面 0.2 m，即 194.2－0.2＝194.0 m。

(4) 泵房顶高程

由检修间地面至房顶间净高度确定。泵房高度 H 由起重设备控制，用下式计算

$$H=h_1+h_2+h_3+h_4+h_5$$

式中：h_1——安装好的最高主机组高出检修间地面尺寸或大型板车高度，两者中取大值，本设计主机组顶高程 194.01 m，低于检修间地面，因此，按大型板车高度 0.8 m 确定；

h_2——板车面至最高吊物底净距，凭经验取 0.4m；

h_3——最大起吊件高度，本设计为水泵，其高度为 1.07 m；

h_4——吊索垂直尺寸，取水泵轴向尺寸的 0.85 倍，水泵轴向尺寸为 1.27 m，则 0.85×1.27＝1.1 m；

h_5——起重吊钩在最高位置时，吊钩至屋架底梁间距。由 30a 号工字钢高度 30 cm 和 SG－2 型单轨小车高度(含吊钩)63 cm 确定为 0.93 m。

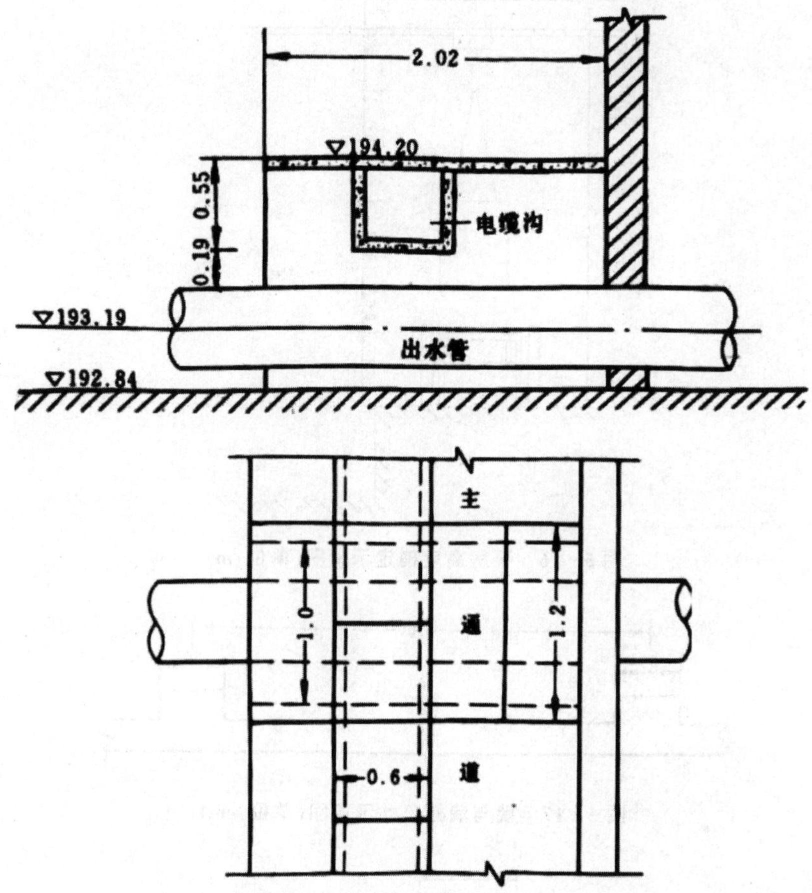

图 5-15　主通道与电缆沟立交尺寸示意图(单位:m)

则 H＝0.8＋0.4＋1.07＋1.10＋0.93＝4.3 m,取 4.5 m。板车面至吊物底净空为 0.6,如图 5-16 所示。

3. 主要构件细部尺寸

泵房主要构件细部尺寸包括墙体、门窗和屋盖等泵房围护结构。

(1) 墙　体

泵房采用砖砌墙体,厚为一砖 0.25 m,墙柱尺寸为二砖见方 0.5 m×0.5 m,墙垛突出在室外,具体尺寸如图 5-17 所示。

(2) 墙　基

采用砖砌大放脚基础,顶部设钢筋混凝土底梁,墙体砌筑其上,基础尺如图 5-18 所示。

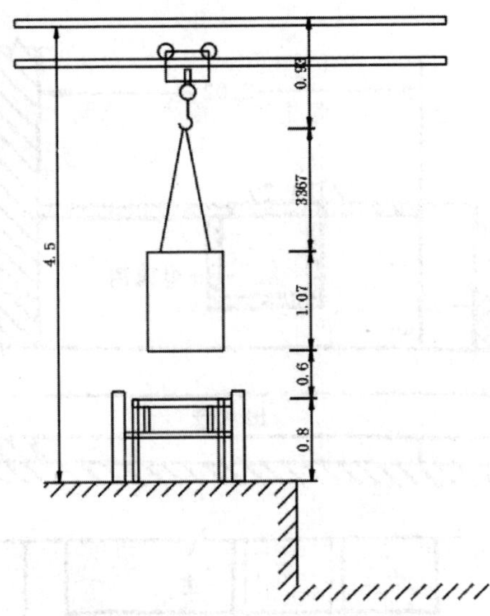

图 5-16　泵房高度确定示意图(单位:m)

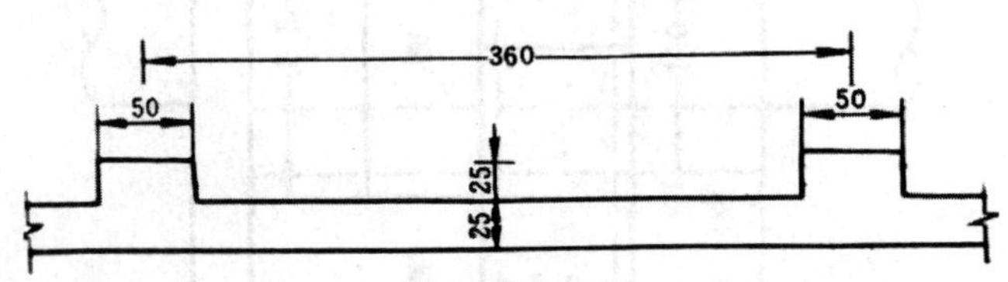

图 5-17　墙与墙柱尺寸示意图(单位:cm)

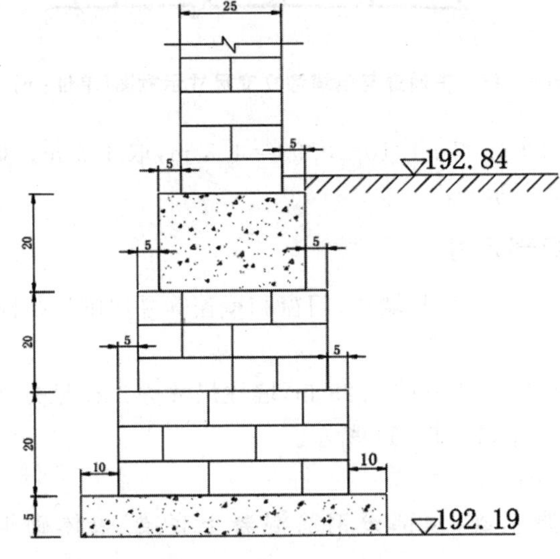

图 5-18　墙体基础尺寸示意图(单位:cm)

(3) 过梁与圈梁

在门窗洞上方设置钢筋混凝土过梁，宽与墙体厚相等，梁高为 0.2 m 长度超过门或窗宽 0.8 m。在檐口处设置钢筋混凝土圈梁。宽度与过梁相同，梁高取 0.3 m。

(4) 门

泵房设大小门各一扇，其中大门为 3.0 m 宽、3.0 m 高的木质双扇外开门，布置于检修间一端的山墙上；小门为 1.2 m 宽、2.5 m 高的单扇木质内开门，布置于配电间端的山墙上，与主通道成一直线。

(5) 窗

为满足采光、通风和散热等要求，在泵房进出水两侧墙体上，每间房各设上下两层式窗户，上层为对流窗户，2.0 m 宽、0.7 m 高；下层为采光窗户，2 m 宽 1.4 m 高窗户底离检修间地面 1.0 m，窗户位置尺寸如图 5-19 所示。

$$\frac{窗户面积}{泵房面积}=\frac{2.0.\times 2.1\times 14}{25.2\times 9}=\frac{58.8}{226.8}=$$

0.259 3=25.93%>20%，符合要求。

(6) 屋　盖

本设计采用双坡面斜屋盖，屋面坡度角取 25°，屋架为架结构，其高度为 tg 25°×9.5/2=2.2 m。屋面构造如图 5-20 所示。泵房立面尺寸如图 5-21 所示。

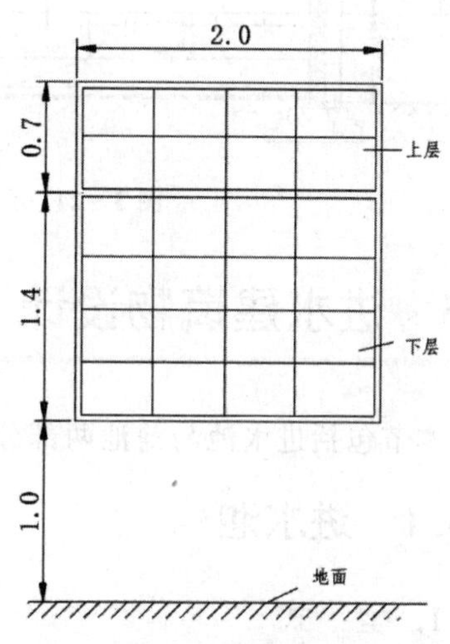

图 5-19　窗户位置与尺寸示意图(单位:m)

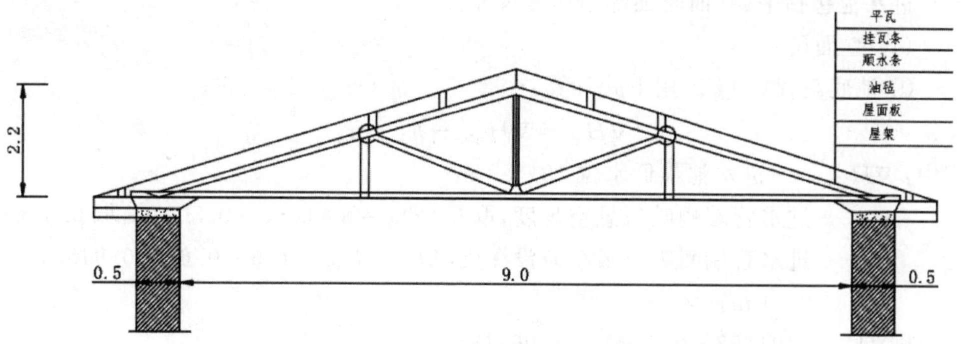

图 5-20　双坡面斜屋盖构造尺寸图(单位:m)

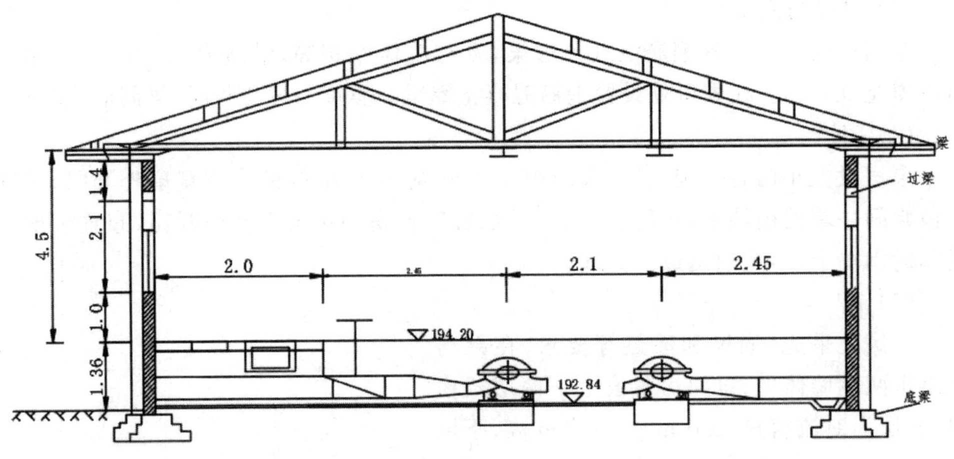

图 5-21 泵房立面尺寸示意图 (单位:m)

5.5 进水建筑物设计

本节包括进水池与前池两部分。

5.5.1 进水池

1. 型 式

采用半开敞式直立池壁进水池。

2. 尺寸确定

进水池包括平、立面与细部结构等尺寸。

(1) 立面尺寸

① 池底高程$\nabla H_{底}$。用下式计算：

$$\nabla H_{底} = \nabla H_{min} - h_1 - h_2$$

式中：∇H_{min}——进水池最低水位 191.58 m；

h_1——进水管端喇叭口悬空高度，取 $0.8D_{进} = 8\times 0.63 = 0.504$ m，取 0.5 m；

h_2——进水管端喇叭口最小淹没深度，取 $1.5D_{进} = 1.5\times 0.63 = 0.945$ m，取 0. 9 m。

则$\nabla H_{底} = 191.58 - 0.5 - 0.9 = 190.18$ m。

② 池顶高程$\nabla H_{顶}$。取泵房外地面高程。

本设计为 194.0 m，进水池立面尺寸如图 5-22 所示。

(2) 平面尺寸

① 池宽 B。用下式计算

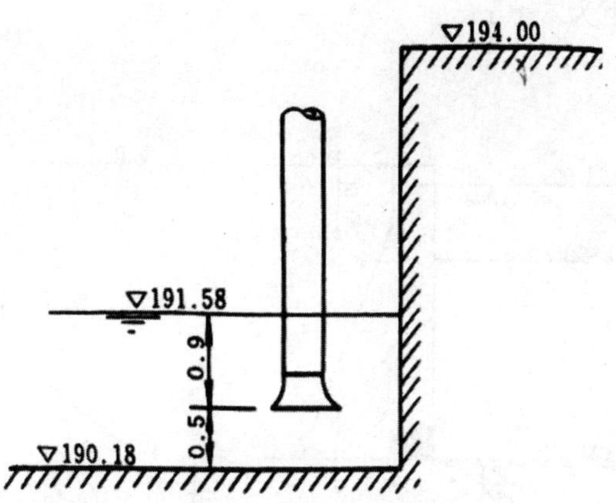

图 5-22　进水池立面尺寸示意图(单位:m)

$$B=(n-1)L_0+2L_1$$

式中：n——进水管路根数，本设计方案为 5 根；

L_0——相邻两进水管中心间距，本设计为 3.24 m；

L_1——边管中心至池侧壁距离。取水管中心线至隔墩距离，隔墩厚为 0.5 m，则边管中心至池壁距离为(3.24－0.5)/2＝1.37 m。

则 $B=(5-1)\times3.24+2\times1.37=15.7$ m。

② 池长 L。用经验公式计算

$$L=4.5D_{进}+T$$

式中：T——进水管与后池壁净距，取 $0.5D_{进}$；

其余符号同前。

则 $L=4.5D_{进}\times0.63+0.5\times0.63=3.15$ m，取 3.2 m。进水池平面尺寸如图 5-23 所示。

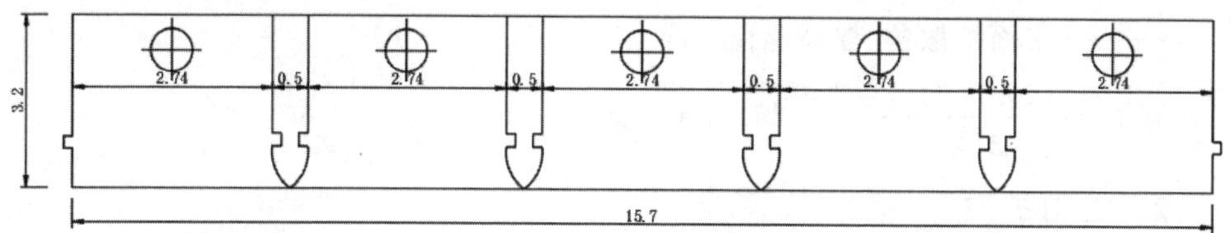

图 5-23　进水池平面尺寸示意图 (单位:m)

(3) 细部构件尺寸

水池三边挡土一边临水，挡土面为浆砌块石重力式墙，其断面尺寸如图 5-24 所示。护底用 50 号砂浆砌石，厚 0.4 m，喇叭口附近一块增厚至 0.6 m，并在其顶面现浇混凝土，防止块石因吸水而松动。池后壁至泵房外墙间距离，考虑施工时泵房大放脚要建在原状土上的原则，假定开挖线坡度为 1∶1，并留有必要的余地，确定挡土后墙与泵房外墙间净距为 5.0 m。

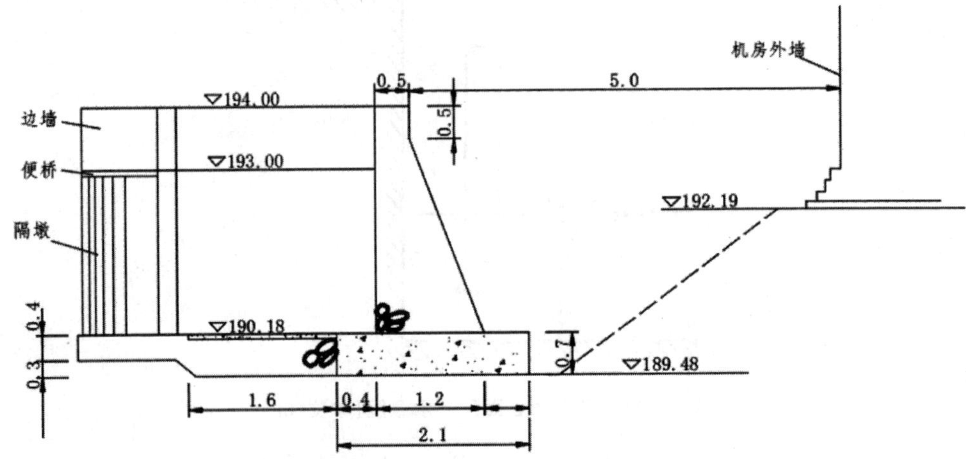

图 5-24　进水池细部构造尺寸示意图(单位:m)

5.5.2　前　池

是引渠与进水池连接的过渡段,其设计要考虑平、立平顺扩散。

1. 平面扩散

平面扩散取决于扩散锥角 α 值和底坡 i 值的大小。本设计采用倾斜池壁,池长用下式计算

$$L=\frac{B-b}{2}\bigg/\frac{\operatorname{tg}\alpha}{2}$$

式中:B——进水池宽度 15.7 m;

b——引渠底宽 2.1 m;

α——平面扩散角,取经验值 30°

则 $L=\dfrac{(15.7-2.1)/2}{\operatorname{tg}(30°/2)}=25.37$ m,取 25.0 m。

2. 立面扩散

取决于引渠和进水池的底高程与前池长度。要求前池靠近进水池一段的底坡有 0.2～0.3 的数值,以稳定流态。

引渠末端底高程 19.053 m,进水池底高程 190.18 m,高差 $\Delta H=190.53-190.18=0.35$ m。前池长度为 25.0 m,则 $i=\Delta H/L=0.35/25=0.014<0.2$。不符合规定要求。

在不改变平面扩散锥角的前提下,为满足前池对底坡的要求,拟在靠近进水池一段做成标准底坡为 0.25,其余池段与引渠底坡相同,则标准底坡段长度为

$$\Delta L=\frac{0.35}{0.25}=1.4\ \mathrm{m}$$

3. 细部构造尺寸

前池的坡面与进水池壁面间用八字形重力式翼墙连接，翼墙轴线与水流方向间夹角取45°。翼墙断面为渐变形。护底与护坡均采用50号砂浆砌石，厚度0.4 m，下设0.1 m厚砂石垫层。

进水建筑物形式与尺寸如图5-25所示。

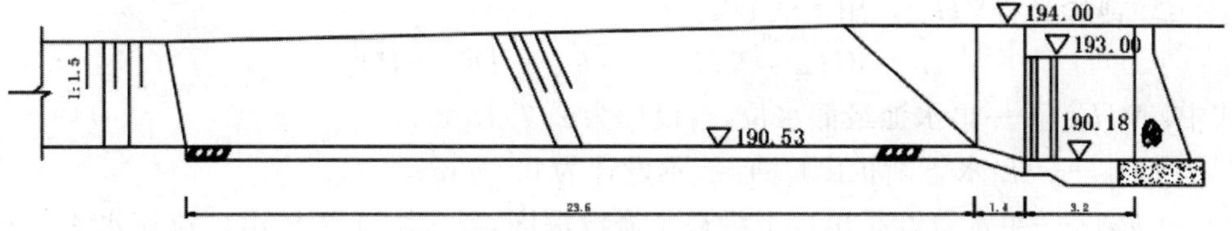

纵剖视图

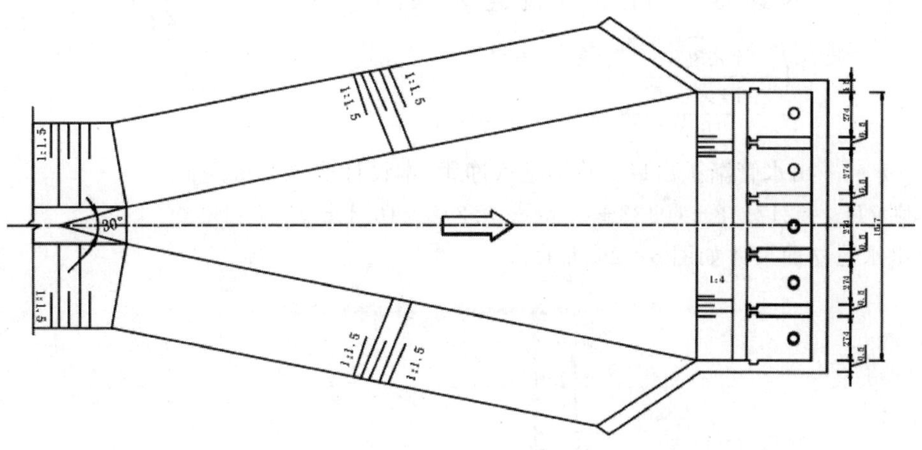

图5-25 进水建筑物形式与尺寸图(单位:m)

5.6 出水建筑物设计

本节包括出水池、输水渠及出水管路等内容。

5.6.1 出水池设计

1. 型 式

根据站址地形，本设计采用开敞侧向式出水池，用出口拍门阻止池水倒泄。

2. 尺寸确定

(1) 立面尺寸

① 池顶高程$\nabla H_{顶}$。用下式确定

$$\nabla H_{顶} = \nabla H_{max} + h_{超}$$

式中：∇H_{max}——出水池最高水位，本设计为 217.48 m；

$h_{超}$——安全超高，查资料取 0.5 m。

则$\nabla H_{顶}$ = 217.48+0.5=217.98 m，取 218.0 m。

② 池底高程$\nabla H_{底}$。用下式确定

$$\nabla H_{底} = \nabla H_{min} - (h_{淹} + D_{出} + P)$$

式中：∇H_{min}——出水池最低水位，本设计为 217.18 m；

$D_{出}$——出水管渐扩出口直径，本设计为 0.55 m；

$h_{淹}$——出水管渐扩出口上缘最小淹没深度，要求大于两倍出口流速水头。本设计取 3 倍出口流速水头，$h_{淹} = 3 \times \dfrac{\left(\dfrac{4\times Q}{\pi D_{出}^2}\right)^2}{2g} = 3 \times \dfrac{\left(\dfrac{4\times 3.15}{3.14\times 0.55^2}\right)^2}{16.92} = 0.33$ m；

P——出水管渐扩出口下缘至池底净距，本设计取 0.2 m。

则$\nabla H_{底}$ = 217.18−(0.33+0.55+.0.2)=216.1 m。

出水池立面尺寸如图 6－26 所示。

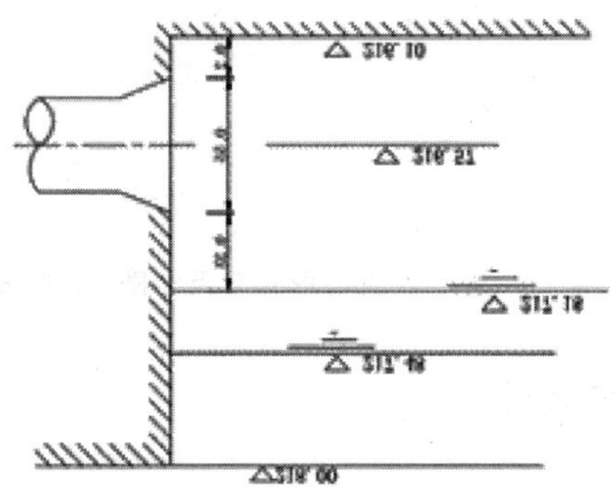

图 5－26 出水池立面尺寸示意图(单位:m)

(2) 平面尺寸

① 池长 L。用下式确定

$$L = nD_{出} + (n-1)S + L_2 + (5 \sim 6)D_{出}$$

式中：n——入池出水管路根数，本设计为 5 根；

S——出水管口净间距，即两倍管口直径，即 2×0.55=1.1 m；

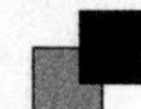

L_2——边管口至池侧壁间净距，取一个出水管口直径，即为 0.55 m；

其余符号同前。

则 $L=5\times0.55+(5-1)\times1.1+0.55+(5\sim6)\times0.55=10.45\sim11.0$ m，取 11.0 m。

② 池宽 B。用下式确定

$$B=B_1+(n-1)D_{出}$$

式中：B_1——边管出口处池宽，拟取 $4D_{出}=4\times0.55=2.2$ m；

其余符号同前。

则 $B=2.2+(5-1)\times0.55=4.4$ m。

出水池平面尺寸如图 5-27 所示。

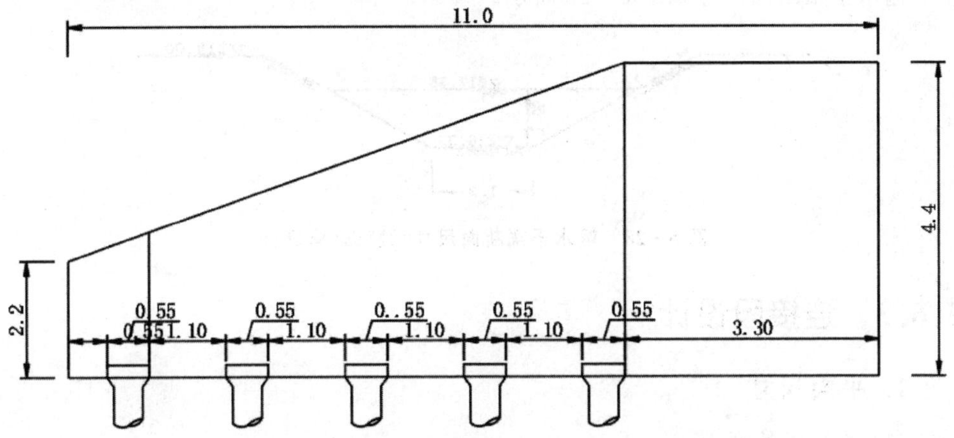

图 5-27　出水池平面尺寸示意图(单位:m)

5.6.2　输水干渠断面设计

按明渠均匀流法设计。粘土边坡系数 m 取 1.5；床率取 0.025；底坡取 1/3 500。

用试算法确定渠道设计水深 h 和渠底宽 b。

设 $h=1.05$ m，$b=1.8$ m，计算流量 Q。

$\omega=(b+mh)h=(1.8+1.5\times1.05)\times1.05=3.544$ m；

$X=b+2h\sqrt{1+m^2}=1.8+2\times1.05\times\sqrt{1+1.5^2}=5.58$ m；

$R=\dfrac{\omega}{X}=\dfrac{3.544}{5.58}=0.635$ m；

$C=\dfrac{1}{n}R^{\frac{1}{6}}=\dfrac{1}{0.025}\times0.635^{\frac{1}{6}}=37.08\ \mathrm{m}^{\frac{1}{2}}/\mathrm{s}$

则 $Q=\omega C\sqrt{Ri}=3.544\times37.08\times\sqrt{0.635\times\dfrac{1}{3\,500}}=1.77\ \mathrm{m^3/s}>1.615\ \mathrm{m^3/s}$，

符合要求。

① 设计流速 $v=\frac{Q}{\omega}=\frac{1.615}{3.544}=0.46\ \text{m/s}$

② 不冲流速 $v_{不冲}$用下式计算：

$$v_{不冲}=KQ^{0.1}$$

式中：K——冲刷系数，查资料粘土取 0.75。

则 $v_{不冲}=0.75\times1.615^{0.1}=0.78\ \text{m/s}>0.46\ \text{m/s}$，满足要求。

③ 不淤流速。查资料得 0.4 m/s<0.46 m/s，满足要求。

④ 渠底高程。217.38－1.05=216.33 m。

⑤ 堤顶高程。本设计与出水池顶齐平，取 218.0 m。

输水干渠断面尺寸如图 5－28 所示。

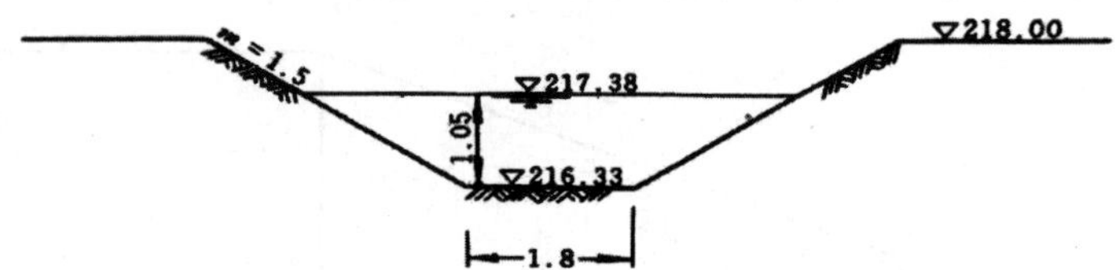

图 5－28 输水干渠断面尺寸示意图(单位:m)

5.6.3 连接段设计

1. 平面尺寸

(1) 收缩段长度 $L_{缩}$

用下式计算收缩长度

$$L_{缩}=\frac{(B-b)/2}{\text{tg}\ \alpha/2}$$

式中：B——出水池宽度 4.4 m；

b——输水干渠底宽 1.8 m；

α——平面收缩角，凭经验取 45°。

则 $L_{缩}=\frac{(4,4-1.8)/2}{\text{tg}\ 45°/2}=3.14\ \text{m}$，取 3.1 m。

(2) 干渠护砌段长度 $L_{护}$

根据经验本设计取 5 倍渠道设计水深，$L_{护}=5\times1.05=5.25\ \text{m}$。

2. 立面尺寸

池底高程为 216.1 m，渠首底高程为 216.33 m，高差 $\Delta H=216.33-216.1=0.23\ \text{m}$。拟在出水池尾部(即收缩段首部)设置 0.23 m 的垂直坎，作为立面连接设计。

出水连接段尺寸如图5-29所示。

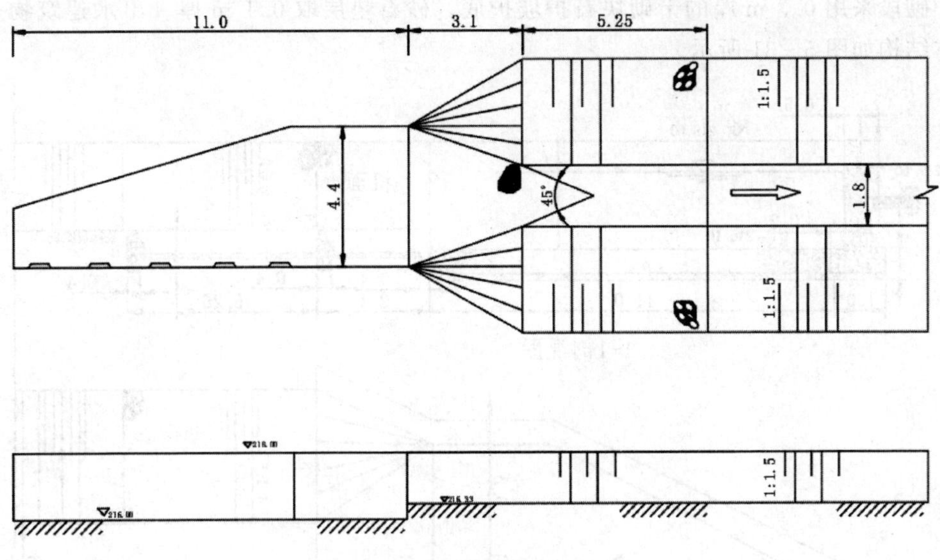

图5-29 出水链接尺图(单位:m)

5.6.4 细部构造设计

出水建筑物修建在半填半挖的岗地上,因土质较好,故出水池池壁采用150号混凝重力式结构。与出水管接触部位设置宽0.2 m的阻水环,防止渗水。每根水管上方留直径50 mm的通气孔,能使管中空气自由出入。池底用150号混凝浇筑,与挡水墙分离,界处设置止水片。挡水墙断面各部尺寸如图6-30所示。

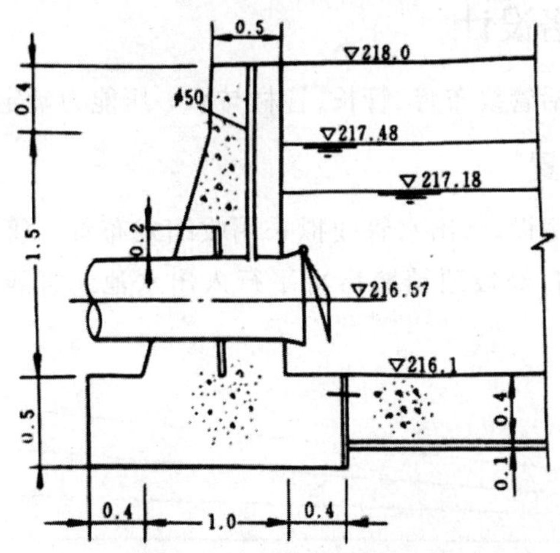

图5-30 出水池挡水墙断面尺寸示意图(单位:m)

收缩段边坡做成浆砌块石扭曲面结构。护底厚 0.4 m，底下砂石垫层厚 0.1 m 护砌段采用 0.3 m 厚的干砌块石护坡护底。砂石垫层取 0.1 m 厚。出水建筑物整体结构如图 5 - 31 所示。

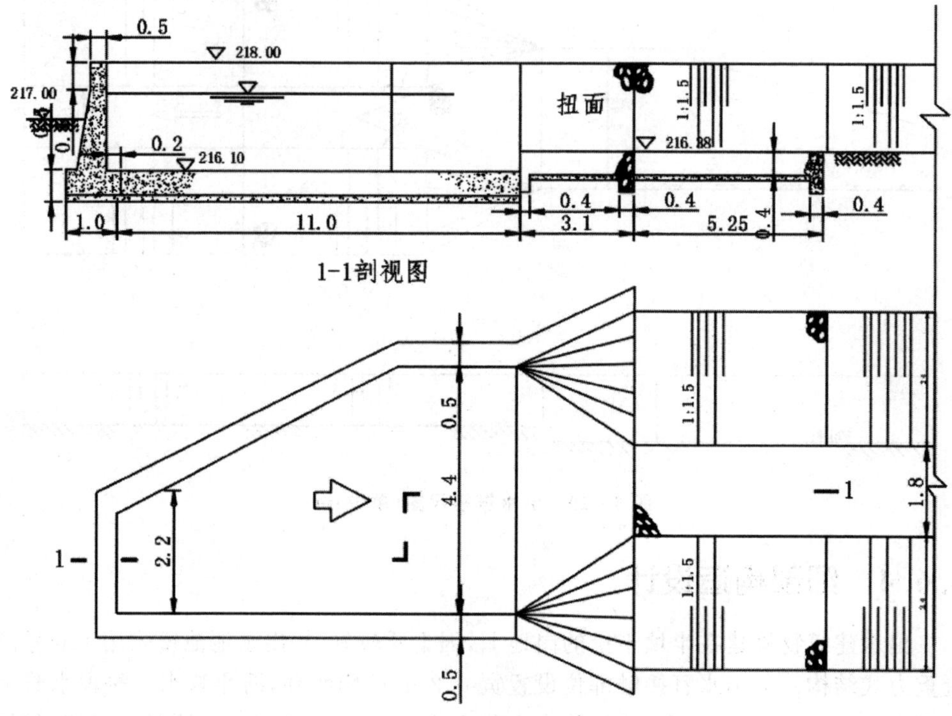

图 5 - 31　出水建筑物整体结构示意图

5.6.5　出水管路设计

出水管路设计包括管线布置、管长、管材与承　压能力确定和镇墩尺寸等内容。

1. 出水管线布置

根据出水池和泵房设计，出水管线拟采用收缩式布置。管线平行出泵房经起坡镇墩后，在坡面上收缩，经坡顶镇墩后再平行入出水池。管线平面布置如图 5 - 32 所示。

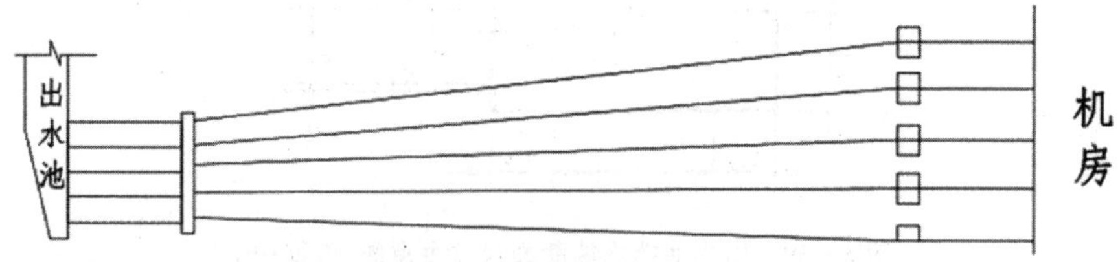

图 5 - 32　出水管线平面布置示意图

2. 出水管线长度

按实地布置确定。经计算出水管出口中心线标高为216.57 m,出水管进口中心线(即水泵吐出口中心线)标高为193.19 m。实地坡面坡度为1∶2.4。管坡拟修整为1∶2.5,则坡面管段长度为(216.57－193.19)×2.5＝5 845 m 过坡顶镇墩后的水平管段,考虑出水池挡水墙不宜太靠近坡口,故取10.0 m。坡脚处起坡镇墩前水平管段,考虑泵房室内外布置及施工场地等因素,取13.0 m。则出水管线总长度为58.45＋10.0＋13.0＝81.45 m。管线纵剖面布置如图5－33所示。

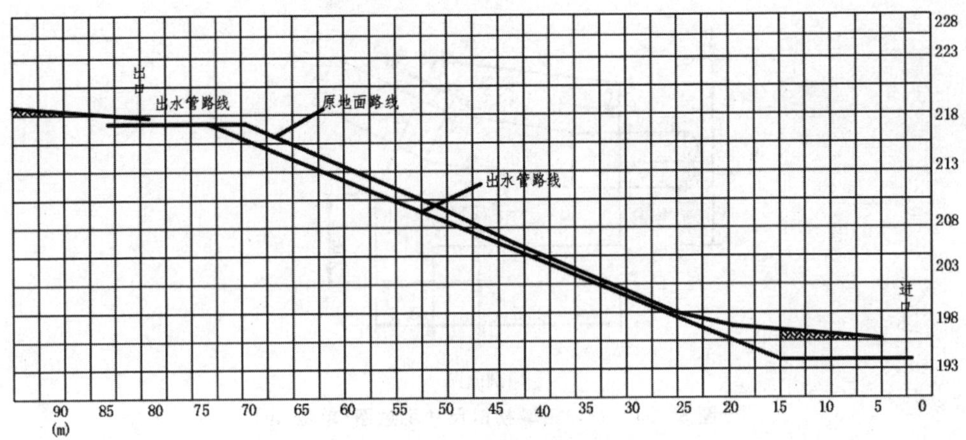

图5－33　出水管线纵剖面布置图(单位:m)

3. 管材与承压能力确定

管材根据管路实际承压状况选定。

(1) 水锤压力估算

出水管路上不设置逆止阀,水泵处管段承受的水锤压力可按正常工作压力的0.5倍估算。正常工作压力按静水头的1.15倍估算,则正常工作压力 $H=1.15\times(217.48-193.19)=27.22\ mH_2O$(272.2 kPa),水锤压力 $\Delta H=0.5H=0.5\times27.22=13.61\ mH_2O$(136.1 kPa)。

(2) 总工作压力

水泵处出水管段最大工作总压力为正常工作压力与事故停泵水锤压力之和,即 $H_{总}=H+\Delta H=27.22+13.61=40.83\ mH_2O$(408.3 kPa)。

(3) 管材与管路规格

本设计管路最大内压为400 kPa,查资料选用D500的低压铸铁管,其公称压力为441 kPa。起坡镇墩与坡顶镇墩间用承插式管子,其余处用法兰式管子。

4. 镇墩尺寸

根据管路流量、管径、内压状况及管坡等因素,可查得起坡镇墩尺寸,如图5－34所示,顶坡镇墩尺寸如图5－35所示。

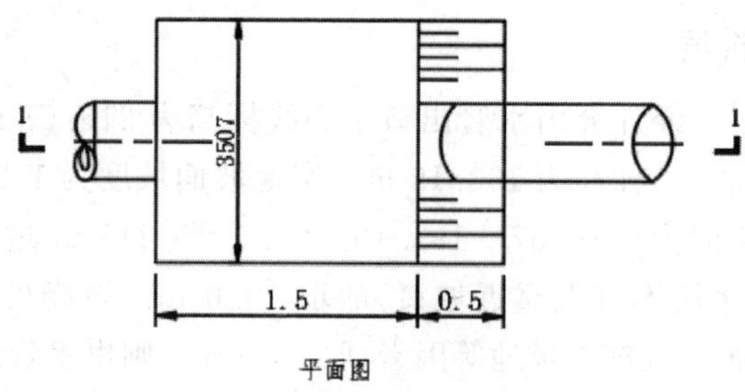

平面图

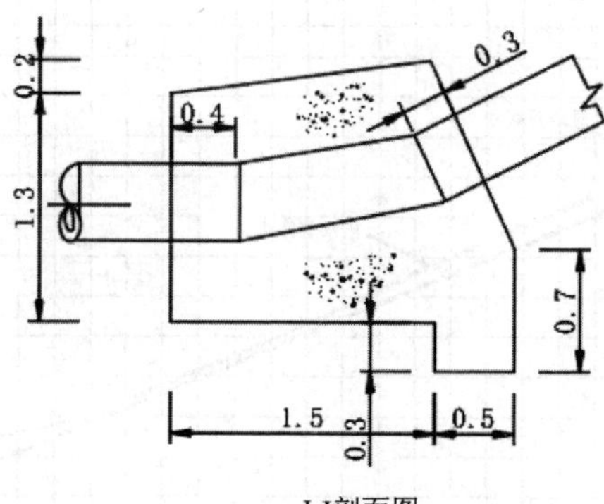

I-I剖面图

图 5－34　起坡镇墩初拟尺寸示意图(单位:m)

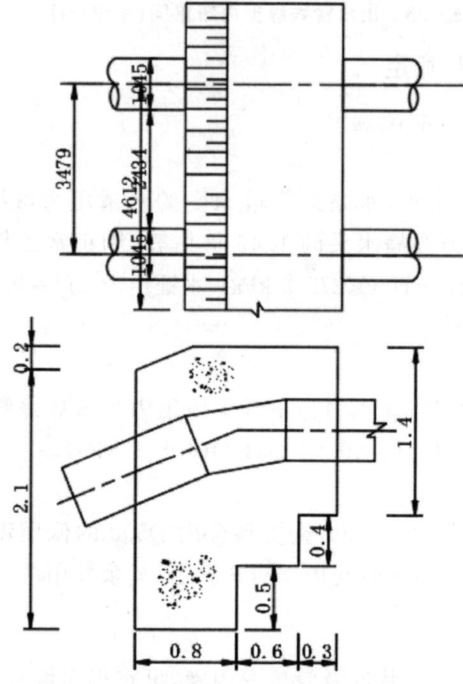

图 5－35　顶坡镇墩初拟尺寸示意图(单位,m)

5.7　水泵运行工况分析

本节包括用图解法推求水泵运行工作点、核校泵站总流量及估算泵站效率等内容。

5.7.1　水泵运行工作点推算

1. 装置性能参数($H_{需}$、Q)计算

用下式计算

$$H_{需}=H_{净}+SQ^2=H_{净}+(S_{沿}+S_{局})Q^2$$

式中：$H_{净}$——泵站净扬程，本设计为 25.3 m；

$S_{沿}$——管路沿程阻力参数，用下式计算

$$S_{沿}=10.3n^2\ \frac{L}{D^{5.33}}$$

$S_{局}$——管路局部阻力参数，用公式 $S_{局}=0.083\sum\xi/D_{局}^4$；

Q——通过管路的流量，m^3/s；

n——管路材料糙率，查资料得铸铁管为 0.013；

D——管路直径 0.5 m；

L——管线长度，经计算进水管路为 11.64 m，出水管路为 81.45 m；

ξ——管路局部阻力系数，查资料得：进水管路系统为 $\xi_{进口}=0.2$，$\xi_{90°}=0.64$，$\xi_{缩}=0.2$；出水管路系统为 $\xi_{扩}=0.2$，$\xi_{阀}=0.1$(全开)，$\xi_{22°}=0.26$，$\xi_{出}=0.2$，$\xi_{拍}=1.5$；

$D_{局}$——局部阻力系数相应流速处管径，其中渐缩接管为 0.35 m，渐扩接管为 0.3 m 进口喇叭管为 0.63 m，拍门处为 0.55 m；其余各处为 0.5 m。

则　$S_{沿}=10.3\times0.013^2\times\dfrac{11.64+81.45}{0.5^{5.33}}=6.4(s^2m^5)$，

$$S_{局}=0.083\times\left[\frac{0.2}{0.3^4}+\frac{0.2}{0.35^4}+\frac{0.2}{0.63^4}+\frac{1.5}{0.55^4}+\frac{0.64+0.1+2\times0.26+0.2}{0.5^4}\right]$$

$$=0.083\times[24.69+13.33+1.27+16.39+23.36]$$

$$=0.083\times79.04$$

$$=6.56\ s^2/m^5$$

装置性能参数按方程式 $H_{需}=25.3+(64+6.56)Q^2$ 列表计算如下。

表 5-6 装置性能参数计算表

$Q(m^3/s)$	0.1	0.15	0.2	0.25	0.3	0.35	0.4	0.45	0.5	0.55	0.6
Q^2	0.01	0.022 5	0.04	0.062 5	0.09	0.122 5	0.16	0.202 5	0.25	0.302 5	0.36
$S_{沿}+S_{局}(s^2m^5)$	6.4+6.56=12.96										
SQ^2/m	0.13	0.29	0.52	0.81	1.16	1.58	2.10	2.61	3.23	3.90	4.65
$H_{净}/m$	25.30										
$H_{需}/m$	25.43	25.59	25.82	26.11	26.46	26.88	27.40	27.91	28.53	29.20	29.95

2. 水泵性能参数

由水泵资料查取，14Sh-19 型泵工作范围参数值如表 5-7 所列。

表 5-7 14Sh-19 型泵性能参数表

流量 $Q/(L/s)$	扬程 H/m	转速 $n/(r/min)$	轴功率 $N_{轴}/kW$	效率 $\eta/\%$	容许吸上真空高$[H_s]/m$
270	32	1 450	99.7	85	3.5
350	26		102	88	
400	22		105	82	

3. 水泵工作点推算

用图解法将水泵性能参数与装置性能参数用同一比例尺绘制于一个直角坐标内，两曲线交点即为工作点，或者将水泵流量-扬程（Q-H）曲线先绘上再减去相应流量值下的 SQ^2 值得流量-净扬程（$Q-H_{净}$）曲线，即可直接查出工作点下的流量，再往上找出相应流量下的水泵扬程。这样，也可求出水泵工作点。本设计采用后者方法推求，如图 5-36 所示。

各水位组合下水泵装置运行工作点参数如表 5-8 所列。

表 5-8 14Sh-19 型泵装置运行工况表

出水池水位/m	217.48			217.18		
进水池水位/m	192.58	192.18	191.58	192.58	192.18	191.58
净扬程/m	24.9	25. 3	25.9	24.6	25.0	25.6
总扬程/m	26.5	26.9	27.4	27.35	26.65	27.15
流量/(L/s)	345	340	332.5	346.5	342.5	335
轴功率/kW	101.75	101.63	101.25	101.88	101.25	101.20
效率/%	88	87.5	87	88	87.5	87

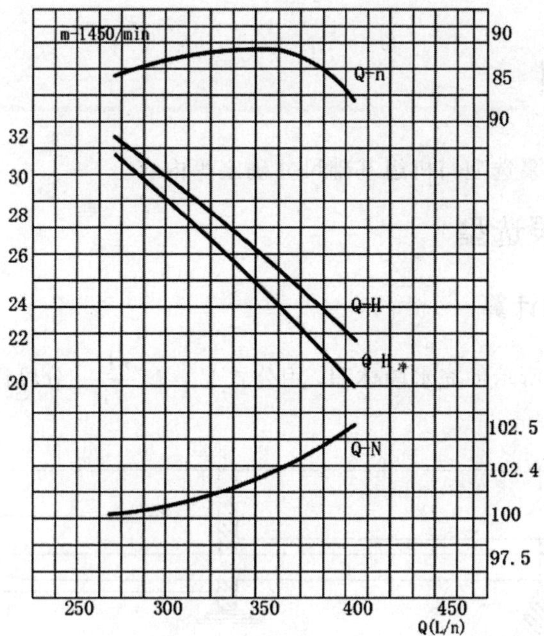

图 5-36　14Sh-19 型泵装置工作点推图

5.7.2　泵站总流量校核

从水泵运行工况表可知:最大净扬程 25.9 m 时流量值最小为 332.5(L/s),则泵站最小总流量为 5×332.5=1 662.5(L/s)=1.66 m^3/s>1.615 m^3/s,符合要求。

计算表明:在任何水位组合下,泵站总流量均能满足灌溉所需,水泵工作点始终在高效范围内运行,设计完全符合要求。

5.7.3　泵站工作效率估算

用下式计算

$$\eta_{站}=\eta_{泵}\ \eta_{机}\ \eta_{转}\ \eta_{管}\ \eta_{池}$$

式中:$\eta_{泵}$——水泵运行效率,这里取 87.5%;

$\eta_{机}$——电动机运行效率,查资料得电机负载运行效率为 92.6%,本设计电机负载率为 101.63/115.0=0.884>0.75,原效率可不折减;

$\eta_{转}$——机组间传动效率,本设计为弹性联轴器直接传动,查资料取 0.995;

$\eta_{管}$——管路运行效率,查表 5-8 得设计净扬程下为 25.3/26.9=0.94;

$\eta_{池}$——水池运行效率,干渠首与水源水位差为 217.38-192.3=25.08 m,泵站设计净扬程为 25.3 m,水池效率为 25.08/25.3=0.99。

则 $\eta_{站}$=0.875×0.926×0995×0.94×0.99=0.74×100%=74%>54.4%,符

合规定指标要求。

5.8 其　他

本节包括真空泵选型与机组基础尺寸确定等内容。

5.8.1 真空泵选型

1. 抽气体积计算

按如图 5-37 所示的充水段体积，用公式 $V=L\ \dfrac{\pi D^2}{4}$ 分段计算。

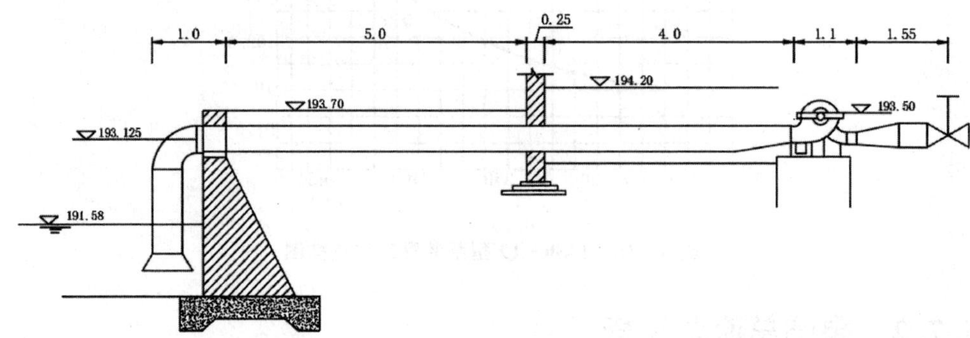

图 5-37　水泵装置抽气充水段长度示意(单位:m)

(1) 渐缩接管体积 V_1

D 取平均值 $\dfrac{0.5+0.35}{2}=0.425$ m，$L_{缩}=0.89$ m，则 $V_1=0.89\times\dfrac{3.14\times0.425^2}{4}=0.13\ m^3$。

(2) 渐扩接管体积 V_2

D 取平均值$\dfrac{0.5+0.3}{2}=0.4$ m，$L_{扩}=0.69$ m，则 $V_2=0.69\times\dfrac{3.14\times0.4^2}{4}=0.09\ m^3$。

(3) 管路段体积 V_3

D 为 0.5 m，L 值包括竖直段 1.1 m，水平段 9.5 m，90°弯头段 0.86 m 则 $V_3=\dfrac{3.14\times0.5^2}{4}\times(1.1+9.5+0.86)=2.25\ m^3$。

(4) 泵壳体积 $V_{泵}$

按管路段总体积的 20%估算。则 $V_{泵}=0.2\times2.47=0.49\ m^3$。

一台套机组抽气体积 $V=2.47+0.49=2.96\ m^3$。

五台套机组抽气体积 $\sum V=5\times 2.96=14.8\ m^3$。

2. 真空泵抽气量计算

一台套机组抽气量用下式计算

$$Q=2.3K\frac{V}{T}\log\frac{H_a}{H_a-H_s}$$

式中：Q——抽气量，m^3/min；

V——抽气体积 2.96 m^3；

T——充水时间，取 4 min；

K——备用系数，取 1.2；

H_a——水泵安装处大气压，海拔 200.0 m 查资料得 10.1 m H_2O(101 kPa)；

H_s——进水池最低水位至泵顶间垂直距离，查资料得 193.5－191.58＋0.511＝2.43 m。

则 $Q=2.3\times 1.2\times\frac{2.96}{4}\times\log\frac{10.1}{10.1-2.43}=0.247(m^3/min)$。

5 台套机组抽气量 $\sum Q=5\times 0.247=1.235\ m^3/min=74.1\ m^3/h$。

3. 平均真空度确定

平均真空度 $H_{s均}=\frac{H_s}{2}=\frac{2.43}{2}=1.215\ mH_2O=89.65\ mmHg=12.15\ kPa$

4. 真空泵选型

(1) 初定型号

根据 5 台套机组的抽气总量为 74.1 m^3/h 和平均真空度为 89.65 mmHg (12.15 kPa)，查资料选取 SZ－1 型和 SZB－8 型两种水环式真空泵。其性能如表 5－9 所列，性能曲线如图 5－38 所示。

表 5－9　水环式真空泵性能表

型　号	抽气量/(m^3/h)	真空度/mmHg	转数/(r/min)	配套电机/kW	重量/kg
SZ－1	90 72 38.4 24	0 304 455 610	1 450	4.5	140
SZB－8	48 0	0 650	1 450	2.8	42

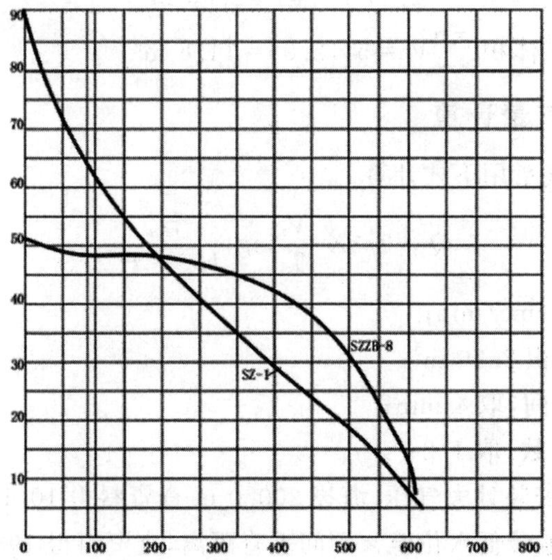

图 5-38　SZ-1SZB-8 型水环式真空泵性能曲线

(2) 真空泵台数确定

根据平均真空度 89.65 mmHg,查图 5-38 所示曲线得平均抽气量:SZ-1 型真空泵为 65 m^3/h、SZB-8 型真空泵为 47.5 m^3/h,则 SZ-1 型真空泵为 74.1/65=1.14 台,SZB-8 型真空泵为 74.1/47.5=1.56 台。

(3) 方案选取

经粗略比较,从配套电机等方面考虑,选取两台 SZB-8 型真空泵方案较合适。

5.8.2　机组基础尺寸

1. 平面尺寸

(1) 基础长度 L

用下式确定

$$L \geqslant l + C + T + 0.5\ \text{m}$$

式中:l——水泵轴向底脚螺孔中心距,查资料 14Sh-19 型泵为 0.48 m;

C—电机轴向底脚螺孔中心距,查资料 JS-115-4 型电机为 0.59 m;

T——机组轴向相邻两底脚螺孔中心距,查资料本设计为 0.917 m(含弹性联轴器轴向间隙 4 mm)。

则 $L=0.48+0.59+0.917+0.5=2.487$ m,取 2.5 m。

(2) 基础宽度 B

基础宽度用下式确定

$$B = E + 0.5\ \text{m}$$

式中：E——电机或水泵垂直轴向底脚螺孔中心距，取两值中较大者。查资料本设计取电机数值0.62 m。

则 $B=0.62+0.5=1.12$ m。基础平面尺寸如图5-39所示。

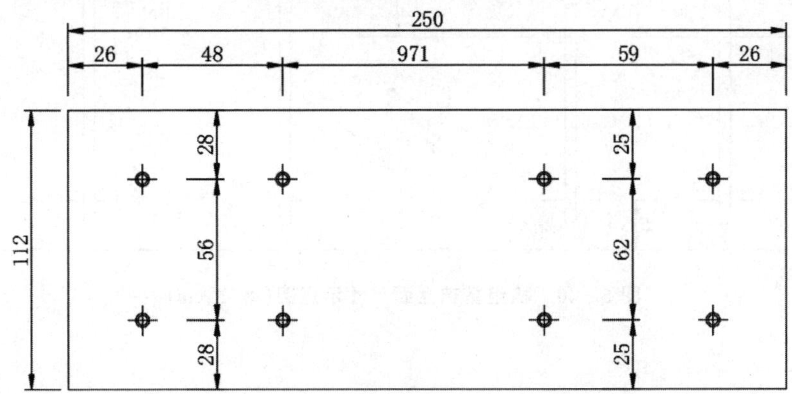

图5-39 机组基础平面尺寸示意图(单位:cm)

2. 立面尺寸

(1) 水泵基础高度 H

用下式确定

$$H=L_{栓}+t-0.08\ \text{m}$$

式中：$L_{栓}$——水泵底脚螺栓长度，本设计取20 d；

t——底脚螺栓下端至基础底面距离，本设计取0.15 m；

d——水泵底脚螺栓直径，比底脚螺孔直径小3 mm。查资料14Sh-19型泵底脚螺孔直径为34 mm，则 $d=34-3=31$ mm。

则 $H=20\times0.031+0.15-0.08=0.69$ m。

(2) 电机基础高度 H'

用下式确定

$$H'=H+h-h'$$

式中：H——水泵基础高度0.69 m；

h——水泵轴心线至底脚面距离，查资料得14Sh-19型泵为0.56 m；

h'——电机轴心线至底脚面距离，查资料得JS-115-4型电机为0.375 m。

则 $H'=0.69+0.56-0.375-0.875$。基础立面尺寸如图5-40所示。

图5-41所示为莘庄灌溉泵站工程图。

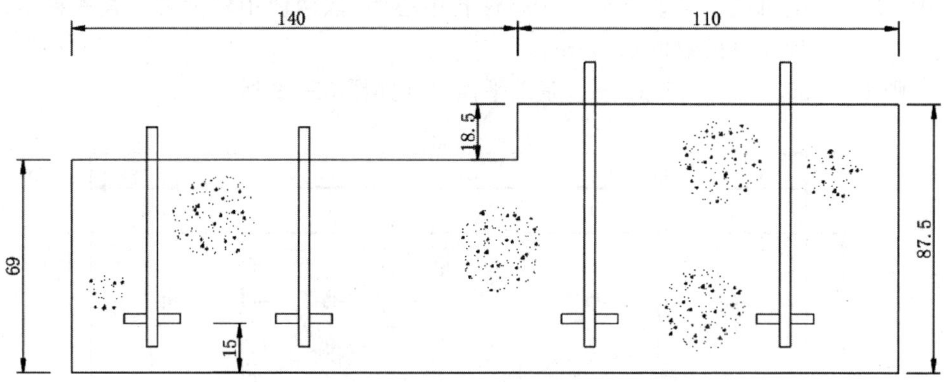

图 5-40　机组基础立面尺寸示意图(单位:cm)

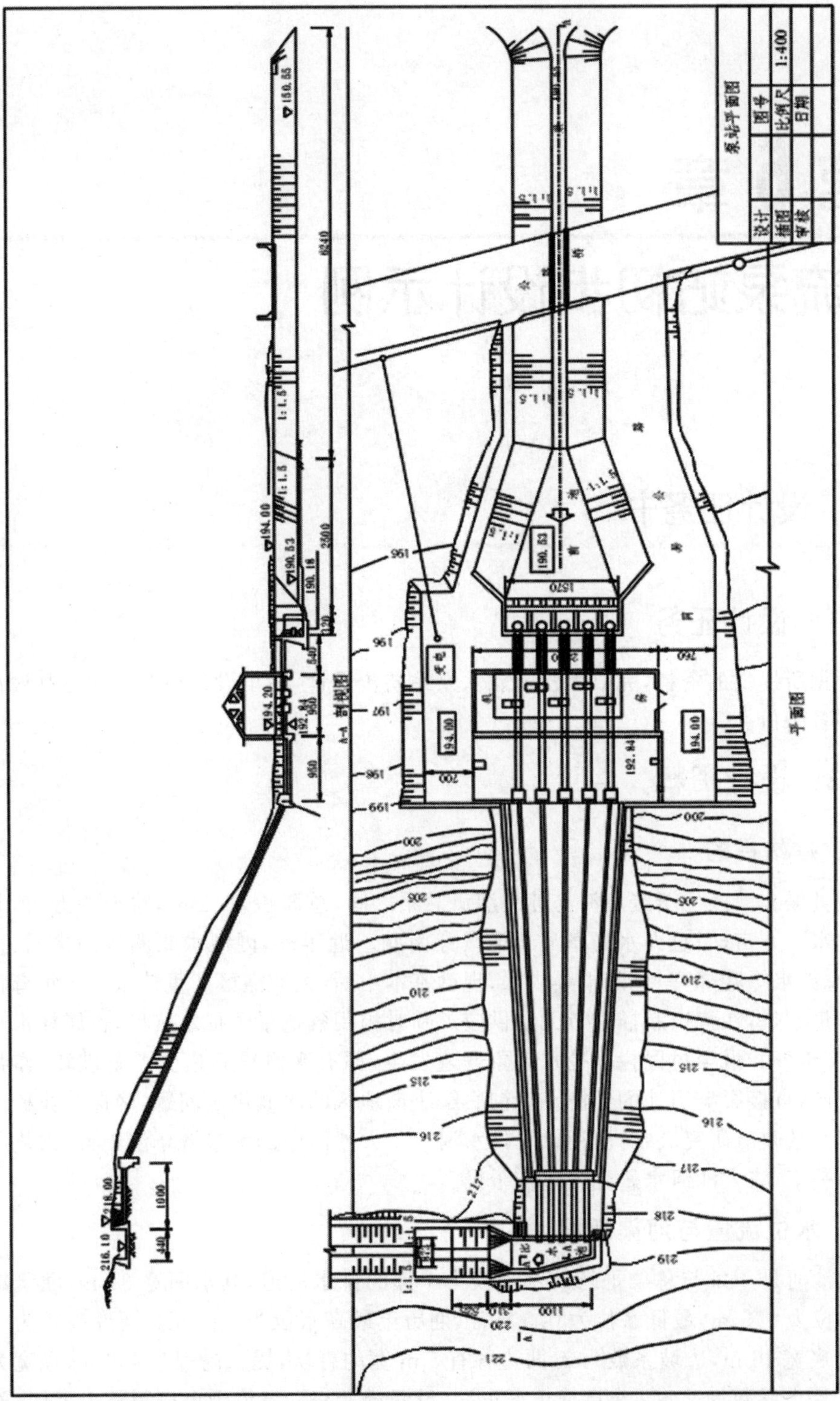

图5–41　莘庄示站工程图

第 6 章

轴流泵站初步设计示例

6.1 设计任务书

6.1.1 设计任务

根据所提供的资料，完成大沙河翻水泵站初步设计，写出设计说明书和绘制设计工程图各一份。

6.1.2 设计资料

1. 建站目的

某县渠北灌区位于废黄河与苏北灌溉总渠之间，总面积 71 km^2，耕地 6 万亩，其中旱改水 5 万亩，引总渠水的阜滨干渠贯穿南北。近年来，因淮水北调接济徐州、连云港，总渠水量陡降，向阜滨干渠供水，现已基本中断，致使灌区严重缺水。每年育秧季节水量不足，在泡田栽插季节无水供应。临时租用省抗旱队提水抗旱，也属杯水车薪，无济于事。沿渠村民拦坝抢水现象普遍发生，原有灌溉渠系遭受严重破坏，作物连年减产，直接影响当地的经济。为彻底解决该地区的灌溉供水问题，确保农业稳产高产。经县政府研究决定，启用渠北排水河——大沙河中的水接济阜滨干渠，兴建翻水泵站一座，将大沙河水量翻入阜滨干渠。

2. 水位流量与河渠断面

大沙河是一条与总渠平行的水量较为丰沛的排水河道，其水面宽 34 m，灌溉期平均水位为 1.5 m，最低水位为 0.5 m，汛期历年最高水位为 3.5 m。河底高程为－1.5 m，底宽 16 m，边坡系数为 2，两边各有 5 m 宽的青坎，堤顶高程为 4.0 m，顶宽为 4.0 m，堤坡系数为 2.5。与阜滨干渠正交，设涵洞立交。阜滨干渠控制整个灌区，站

址处渠中正常水位为 3.8 m，最低水位为 3.5 m，堤顶高程为 4.5 m，顶宽为 4.0 m，渠底高程为 1.2 m，底宽为 12.0 m，边坡系数为 2.5。抽水流量近期为 5 m^3/s，远期为 9 m^3/s。

3. 站址地形与土质状况

站址选在大沙河与阜滨干渠交汇处，该处有一个较大的村庄，地形平坦，地面高程为 3.0 m，站址地形如图 6-1 所示。通过钻孔土质均为砂质粘壤土，自然容重为 17.64 kN/m^3，内摩擦角 ϕ 为 20°，凝聚力 C 为 21.56 kN/m^2，地下水常年稳定在 0.7 m 左右。气候偏寒，冻土层厚度为 0.25 m。施工中回填土物理力学指标如下：干容重 $\gamma_{干}$ 为 14.7 kN/m^3，自然容重 $\gamma_{自}$ 为 17.64 kN/m^3，浮容重 $\gamma_{浮}$ 为 8.82 kN/m^3，内摩擦角 ϕ 为 18°，凝聚力不计。

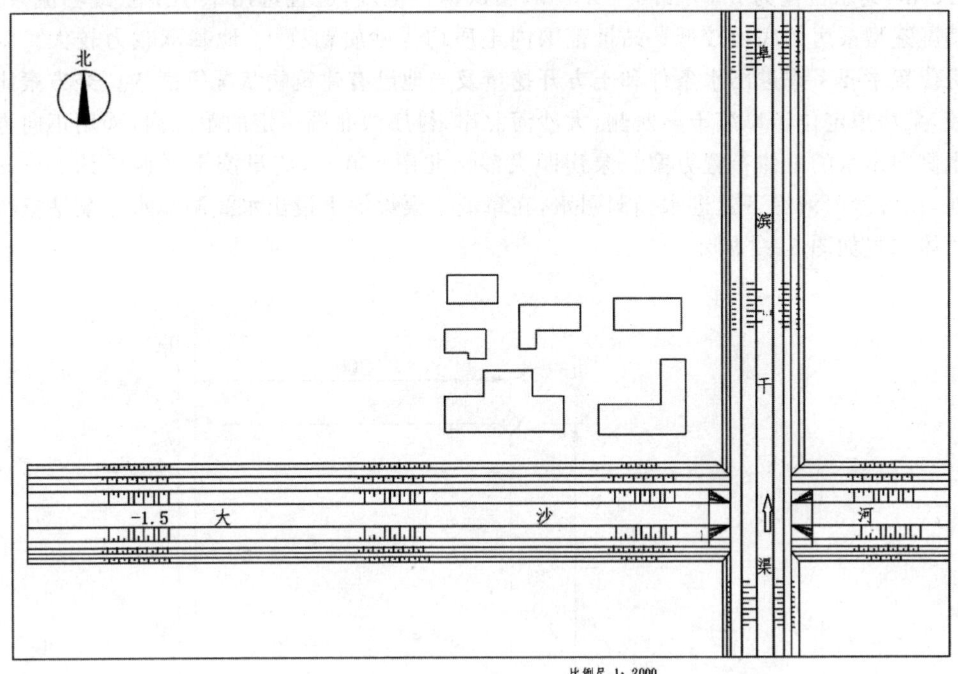

图 6-1　大沙河翻水泵站站址地形图

4. 其　他

总渠可通行 500 t 级船队，淮盐公路在总渠南堤通过。阜滨干渠堤上可通行大型拖拉机，水陆交通方便。在阜滨干渠东侧，有 35 kV 高压线经过。当地生产红砖，可供使用。

6.1.3　设计标准

本工程可按四级建筑物设计。

6.1.4 设计时间与成果

（略）

6.2 泵站规划

本节包括泵站枢纽布置设计流量与设计扬程确定等内容。

6.2.1 泵站枢纽布置

从提供的资料中可知:灌溉期大沙河正常水位为 1.5 m,阜滨干渠的控制水位为 3.8 m,其水位差为 3.8－1.5＝2.3 m,属低扬程范围,适宜选用中小型立式轴流泵,其湿室型泵房的底板较低。站址范围内土质均为砂质粘壤土,地基承载力较大。泵房位置主要考虑进出水条件和土方开挖量及当地已有建筑物状况等因素。经方案比较,泵房拟定位于阜滨干渠西侧,大沙河北岸,村庄西北端一定的距离内,采用正向进水侧向出水的总体布置方案。泵房距大沙河北岸 150 m,离阜滨干渠西堤约 200 m 处,在大沙河河堤下建进水涵洞引水,在阜滨干渠渠堤下设出水涵洞输水。泵站枢纽总体布置如图 6－2 所示。

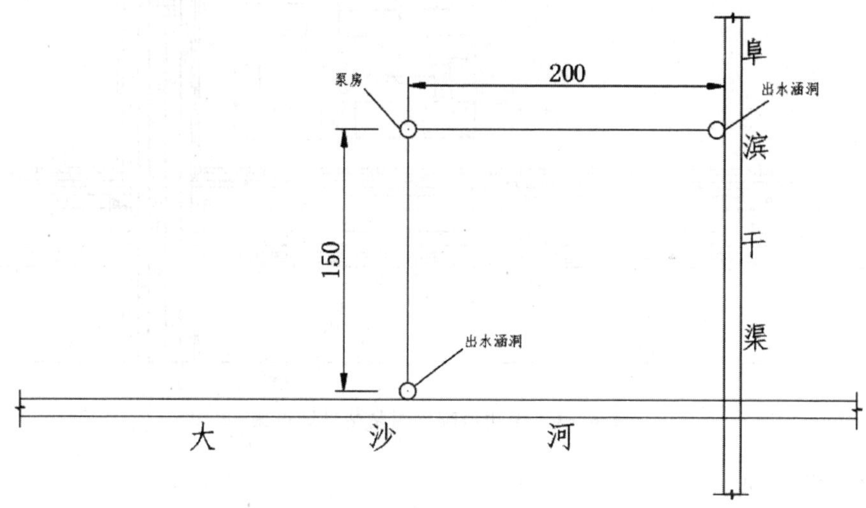

图 6－2　大沙河翻水泵站枢纽布置图(单位:m)

6.2.2 泵站设计流量

本工程按近期规划要求设计,设计流量为 5 m^3/s。

6.2.3 泵站设计扬程

按进、出水池设计水位差考虑管路水头损失后确定。

1. 进水池水位推求

大沙河水量经进水涵洞、引水渠引至泵房。

(1) 引水渠断面设计

引水渠拟采用开挖明渠,断面按明渠均匀流法设计。根据土质边坡系数 m 取 1.5,渠床糙率 n 取 0.025,渠底纵坡 i 取 1/6 000。用试算法确定引渠设计水深 h 和渠底宽 b。

设渠底宽 b 为 4.2 m,设计水深 h 为 1.5 m,计算泵站设计流量。

过水断面积 $w=(b+mh)h=(4.2+1.5\times1.5)\times1.5=9.675\ \mathrm{m^2}$。

湿周 $X=b+2h\sqrt{1+m^2}=4.2+2\times1.5\times\sqrt{1+1.5^2}=9.608\ \mathrm{m}$。

水力半径 $R=\dfrac{w}{X}=\dfrac{9.675}{9.608}=1.007\ \mathrm{m}$。

谢才系数 $C=\dfrac{1}{n}R^{\frac{1}{6}}=\dfrac{1}{0.025}\times1.007^{\frac{1}{6}}=40.046\ \mathrm{m^{\frac{1}{2}}/s}$。

流量 $Q=wC\sqrt{Ri}=9.675\times40.046\times\sqrt{1.007\times\dfrac{1}{6\ 000}}=5.019\ \mathrm{m^3/s}>5\ \mathrm{m^3/s}$,符合要求。

冲淤校核。计算实际流速、不冲流速和不淤流速,须满足 $v_{不冲}>v_{实}>v_{不淤}$ 即可。

实际流速 $v_{实}=\dfrac{Q}{W}=\dfrac{5.0}{9.675}=0.52\ \mathrm{m/s}$。

不冲流速 $v_{不冲}$ 用下式计算

$$v_{不冲}=KQ^{0.1}$$

式中:K——不冲流速系数,查资料得砂质粘壤土为 0.63。

Q——渠道通过流量,本设计为 5 $\mathrm{m^3/s}$。

则 $v_{不冲}=0.63\times5^{0.1}=0.74\ \mathrm{m/s}>0.52\ \mathrm{m/s}$,符合要求。

为控制渠中杂草生长,不淤流速应在 0.3～0.4 m/s 之间,实际流速满足要求。引水渠过水断面如图 6－3 所示。

(2) 引水渠断面设计

为确保大沙河最低水位时能引进泵站设计流量,引水渠底高程用大沙河 0.5 m 水位控制。考虑涵洞水头损失 0.2 m。则渠底高程为 0.5－0.2－1.5＝－1.2 m。渠堤顶高程与大沙河堤顶齐平。引渠横断面为半填半挖式渠道,在高程 3.0 m 以上部分为填筑渠堤,为确保边坡稳定,在填方坡脚处设 2.0 m 宽青坎,使渠道成为复式断面,如图 6－4 所示。

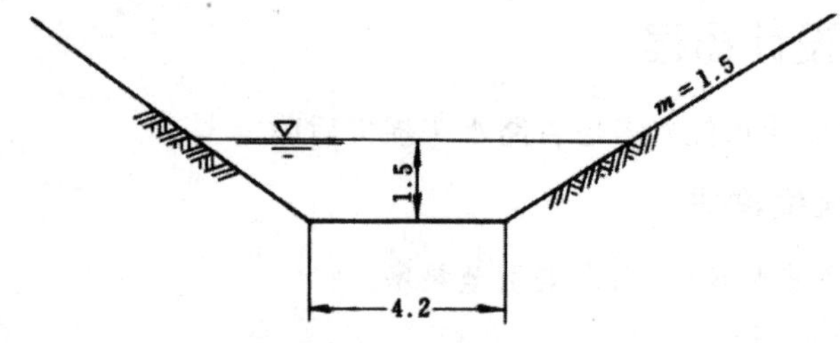

图 6-3　引水渠过水断面示意图(单位:m)

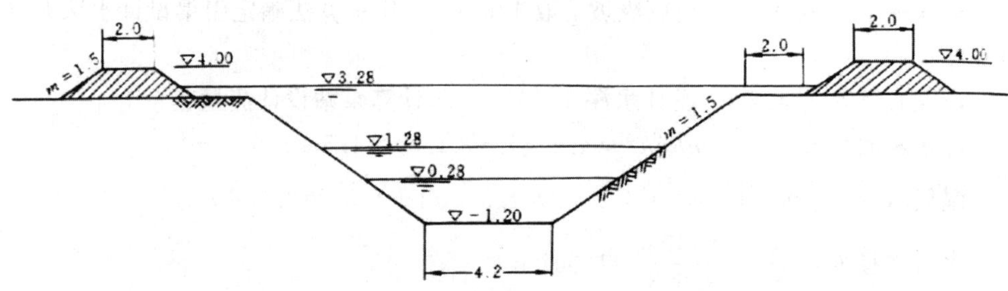

图 6-4　引水渠横断面设计示意图(单位:m)

(3) 进水池水位推求

渠中水流为明渠均匀流,水面坡降与渠底一致。在引渠末端的前池中,拟设置一道固定的拦污栅,以清除水中漂浮物,过栅水头损失估算为 5 cm。引渠纵断面如图 6-5 所示。进水池水位推求如表 6-1 所列。

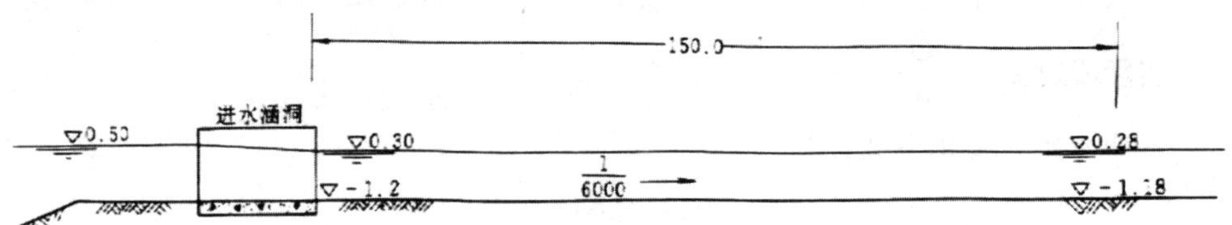

图 6-5　引渠纵断面示意图(单位:m)

表 6-1　进水池水位推求表

特征水位	大沙河水位/m	进水涵洞水头损失/m	引渠水面坡降/m	拦污栅水头损失/m	进水池水位/m
最高	3.5	0.2	$150\times\frac{1}{6\ 000}=0.025$	0.05	3.225
设计	1.5				1.225
最低	0.5				0.225

2. 出水池水位推求

泵站设计流量从出水池经输水渠、输水涵洞流入阜滨干渠。

(1) 输水渠断面设计

按明渠均匀流方法设计。根据土质渠道边坡系数 m 取 1.5；渠床糙率 n 取 0.025；渠底纵坡 i 取 1/5 000。用试算法确定渠道设计水深 h 和渠底宽 b。

设渠道设计水深 h 为 1.63 m，渠底宽 b 为 3.0 m，计算设计流量 Q。

过水断面积 $w=(b+mh)h=(3.0+1.5\times1.63)\times1.63=8.875\ \text{m}^2$。

湿周 $X=b+2h\sqrt{1+m^2}=3.0+2\times1.63\times\sqrt{1+1.5^2}=8.877\ \text{m}$。

水力半径 $R=\dfrac{w}{X}=\dfrac{8.875}{8.877}=1.0\ \text{m}$。

谢才系数 $C=\dfrac{1}{n}R^{\frac{1}{6}}=\dfrac{1}{0.025}\times1.0^{\frac{1}{6}}=40\ \text{m}^{\frac{1}{2}}/\text{s}$。

渠道设计流量 $Q=wC\sqrt{Ri}=8.875\times40\times\sqrt{1.0\times\dfrac{1}{5\ 000}}=5.02\ \text{m}^3/\text{s}>5.0\ \text{m}^3/\text{s}$，符合要求。

冲淤校核计算实际流速 $v_{实}$、不冲流速 $v_{不冲}$ 和不淤流速 $v_{不淤}$，须满足 $v_{不冲}>v_{实}>v_{不淤}$ 即可。

实际流速 $v_{实}=\dfrac{Q}{W}=\dfrac{5.0}{8.875}=0.57\ \text{m/s}$。

不冲流速 $v_{不冲}$ 用下式计算。

$$v_{不冲}=KQ^{0.1}$$

式中：K——不冲流速系数，查资料得砂质粘壤土取 0.63；

Q——渠道的过流量，本设计为 5.0 m^3/s。

则 $v_{不冲}=0.63\times5.0^{0.1}=0.74\ \text{m/s}>0.57\ \text{m/s}$，符合要求。

为控制杂草生长，不淤流速应在 0.3～0.4 m/s 之间，即小于渠道实际流速，渠道断面设计符合要求。输水渠过水断面如图 6－6 所示。

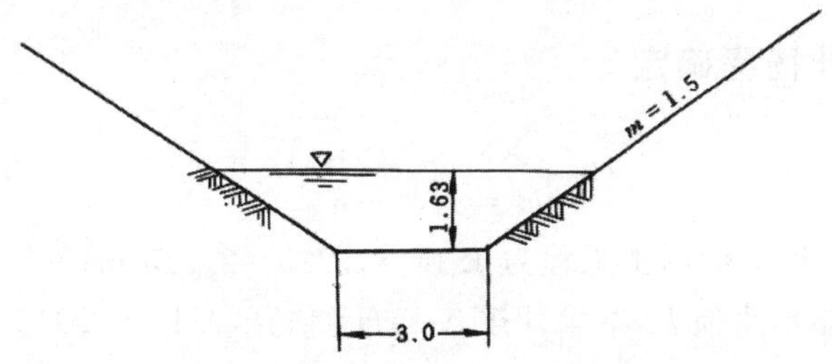

图 6－6　输水渠过水断面

(2) 输水渠断面设计

根据设计要求，输水渠末端水位(即输水涵洞洞前水位)与阜滨干渠 3.8 m 水位相接。考虑过洞水头损失为 0.2 m，则洞前设计水位为 3.8＋0.2＝4.0 m，洞前渠底高程为 4.0－1.63＝2.37 m。考虑渠堤超高 0.5 m，则堤顶高为 4.0＋0.5＝4.5 m，顶宽取 3.0 m,渠道为半挖半填形式。在高程 3.0 m 以下部分为挖方,填方所缺土方由引渠开挖处运来。输渠横断面尺寸如图 6-7 所示。纵剖面如图 6-8 所示。

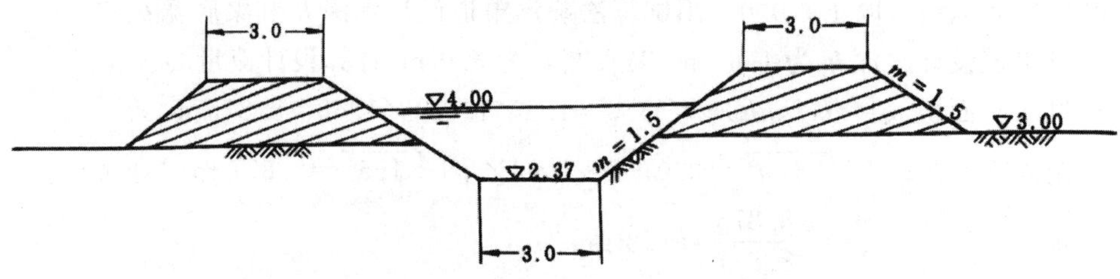

图 6-7 输水渠横断面尺寸示意图(单位:m)

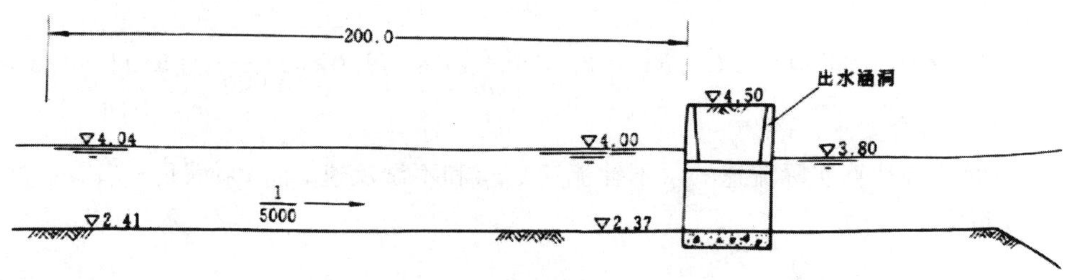

图 6-8 输水渠纵剖面示意图(单位:m)

(3) 出水池水位确定

输水渠首与出水池连接,考虑有 0.1 m 水位壅高,出水池水位如表 6-2 所列。

表 6-2 出水池水位推求表

特征水位	阜滨干渠水位/m	过涵水头损失/m	渠道水面坡降/m	壅高值/m	出水池水位/m
设计	3.8	0.2	$200\times\frac{1}{5\ 000}=0.04$	0.1	4.14
最低	3.5				3.84

4. 泵站设计扬程确定

按下式计算

$$H=H_{净}+h_{损}$$

式中:$H_{净}$——设计净扬程,本工程为 4.14-1.225=2.915 m;

$h_{损}$——管路水头损失,本设计按 $0.15H_{净}$ 估算,0.15×2.915=0.44 m。

则 $H=2.915+0.44=3.35$ m。

6.3 水泵选型与设备配套

本节包括水泵型号与台数确定和动力机配套等内容。

6.3.1　水泵选型

根据选泵原则按下列顺序进行。

1. 确定泵型方案

根据泵站设计扬程 3.35 m，查资料中水泵性能表得：14ZLB－70 型泵，转速为 980 r/min，叶角为 0°；20ZLB－70 型泵，转速为 730 r/min，叶角为＋4°；28ZLB－70 型泵，转速为 580 r/min，叶角为 0°；32ZLB－100A 型泵，转速为 580 r/min，叶角为＋4°等 4 个泵型方案。它们的扬程均符合要求，可作为进一步比较的依据。它们的性能指标如表 6－3 所列。

表 6－3　立式轴流泵性能规格表

型　号	叶角/(°)	流量/(L/s)	扬程/m	转速/(r/min)	轴功率/kW	效率/%	汽蚀余量/m	叶轮直径/mm	泵体重量/kg	
									泵壳	转子
14ZLB－70	0	143	3.94	980	8.02	68.9	3.6	300	450	100
		180	2.84		6.48	77.2				
		204	1.64		4.56	72				
20ZLB－70	＋4	454	4.44	730	26	75.4		450	540	180
		545	3.52		22.2	82				
		582	2.82		19.2	81.5				
28ZLB－70	0	976	5.5	580	65.6	80.3		650	1 170	330
		1 064	4.6		58.3	82.4				
		1 235	2.86		44.2	78.4				
32ZLB－100A	＋4	1 027	4.83	580	66.5	73.2		750	1 400	350
		1 305	3.0		47.8	80.2				
		1 471	1.80		35.1	73.5				

2. 确定各泵型台数

用关系式 $i=Q_{站}/Q_{泵}$ 确定上述各泵型所需台数。

14ZLB－70 型泵 $i=\dfrac{5.0}{0.18}=27.8$ 台，取 28 台；

20ZLB－70 型泵 $i=\dfrac{5.0}{0.545}=9.17$ 台，取 9 台；

28ZLB－70 型泵 $i=\dfrac{5.0}{1.064}=4.69$ 台，取 5 台；

32ZLB－100A 型泵 $i=\dfrac{5.0}{1.305}=3.83$ 台，取 4 台；

3. 最优方案选定

上述四种方案水泵台数悬殊较大，从基建角度看，28ZLB－70 型泵 5 台与 32ZLB－100A 型泵 4 台两个方案投资较少，口径大效率也高。很显然，14ZLB－70 型泵 28 台与 20ZLB－70 型泵 9 台两个方案应该放弃。再从未来的运行工况分析，32ZLB－100A 型泵 4 台方案的水泵铭牌扬程与泵站设计扬程靠得较近，工况应变范围可能略胜一筹。因此，本设计选定 32ZLB－100A 型泵 4 台方案作为最优方案。

6.3.2 动力机选配

动力机选配包括动力类型选择、配套功率和确定机型等内容。

1. 动力类型选择

阜滨干渠东侧有 35 kV 线路通过，本设计可选用电力拖动水泵。

2. 配套功率 $N_{配}$ 计算

用下式计算

$$N_{配}=K\frac{N_{轴}}{\eta_{传}}$$

式中：K——动力备用系数，查资料取 1.07；

$N_{轴}$——水泵工作范围内最大轴功率，本泵型为 66.5 kW；

$\eta_{传}$——传动效率，本设计水泵额定转速为 580 r/min，计划用同步转速为 600 r/min 的立式异步电机拖动，采用弹性联轴器直接传动，查资料取 0.995。

则 $N_{配}=1.07\times66.5/0.995=71.51$ kW。

3. 确定电机型号

根据水泵额定转速 580 r/min 和配套功率 71.51 kW，查资料选用 JSL－125－10 型电动机四台。其技术性能指标如表 6－4 所列。

表 6－4　JSL－125－10 型电动机技术性能表

额定功率/kW	额定电压/V	额定时				起动电流 额定电流	起动转矩 额定转矩	最大转矩 额定转矩	重量/kg
		转速/(r/min)	电流/A	效率/%	功率因数/(cos ϕ)				
80	380	585	161	91.2	0.82	4.8	1.2	2.1	1 390

6.4 泵房尺寸拟定

本节包括确定泵房结构型式、内部设备布置与尺寸拟定等内容。

6.4.1　选定泵房结构型式

本设计选用 32 in 立式轴流泵，属中小型范围，采用湿室型结构。另考虑施工、进水流态等因素，决定选用湿室中的墩墙式结构。

6.4.2　泵房附属设施选取

泵房附属设施包括起重、配电、启动供水和检修等设施。

1. 起重设备

泵房内最重的设备是水泵，其重量为 1 750 kg。查资料选用 SG－2 型手动单轨小车，其外形如图 6－9 所示，技术规格如表 6－5 所列。

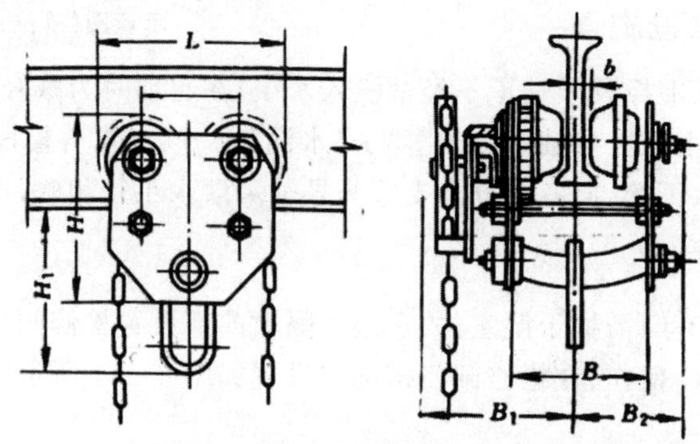

图 6－9　SG－2 型单轨小车外形图

表 6－5　SG－2 型手动单轨小车技术规格

起重量/kg	升起高度/m	运行速度/(m/min)	手拉力/kN	主要尺寸/mm								工字钢型号	总重量/kg
				B_2	K	B	b	H	B_1	H_1	L		
2 000	3～10	4.5	0.147	158	200	210	21	290	220	200	362	36a	58

36a 号工字钢规格如表 6－6 所列。

表 6－6　36a 号工字钢规格重量表

尺寸/mm			截面面积/mm^2	理论重量/(kg/m)
高	腿长	腹厚		
360	136	10	9 630	59.9

2. 配电柜

选用 BSL－1 型双面维修通用配电柜，其规格为：高 2.14 m、宽 0.90 m、厚 0.60 m。本设计选用 6 块，其中主机组用 4 块，进线总柜 1 块，站内照明等其他用电 1 块。

3. 电缆沟

每台主机组有 3 根电缆，共 12 根，拟布置配电柜于泵房一侧，电缆向两端分送，每端沟内安放 6 根电缆。考虑照明等其他用电占用 2 根电缆位置。电缆沟尺寸按放置 8 根电缆拟定。查资料确定沟宽 50 cm、沟深 35 cm、壁厚 8 cm 的钢筋混凝土矩形槽。沟口设 5 cm 厚钢筋混凝土盖板，盖板与泵房地面齐平，其结构如图 6－10 所示。

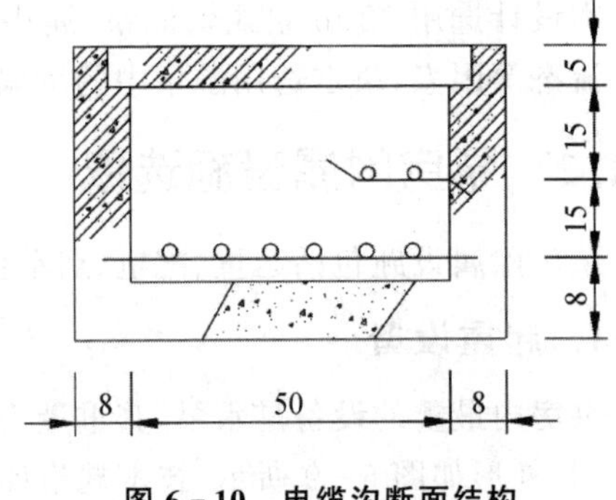

图 6－10　电缆沟断面结构示意图(单位:cm)

4. 起动供水设施

因立式轴流泵上橡胶导轴承不经常没入水中，在起动时为减轻泵轴的干摩擦，降低电机起动负荷，上橡胶导轴承必须事先充水润滑。拟在泵房楼面层出水侧墙脚处纵向布置一根供水干管，向各泵分出支管与导轴承灌水小管相联，用开关控制。

5. 检修工作桥

水泵修理时，有时需抽干湿室，故在湿室隔墩前部设置检修闸门槽。待检修时放下闸门挡水，为方便操作，在检修闸门槽部位设置如图 6－11 所示的检修工作桥。

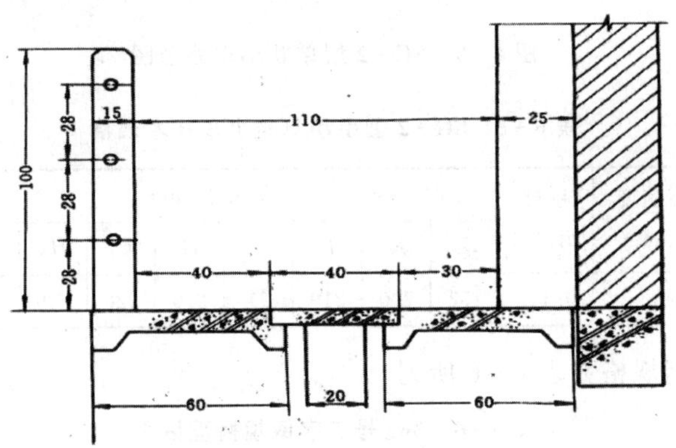

图 6－11　检修工作桥结构示意图(单位:cm)

6.4.3　泵房平、立面轮廓及构件细部尺寸拟定

包括泵房平、立面轮廓及构件细部等尺寸拟定。

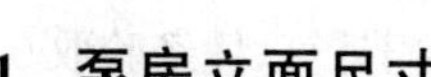

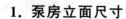

1. 泵房立面尺寸

(1) 水泵安装高程$\nabla H_{安}$

32ZLB-100A 型泵未提供$[\nabla H]$值,只规定其安装基准面应没入最低进水池水位 1.0 m。本设计进水池最低水位为 0.225 m,泵的安装高程为$\nabla H_{安}=0.225-1.0=-0.775$ m。

(2) 湿室底板高程$\nabla H_{底}$

湿室底板高程用下式确定

$$\nabla H_{底}=\nabla H_{安}-a-h_{悬}$$

式中:a——水泵安装基准面至进水喇叭口距离,查水泵资料得 0.447 m;

$h_{悬}$——水泵进水喇叭口悬空高度,取 $0.7D_{进}$;

$D_{进}$——进水喇叭口直径,查水泵资料得 0.99 m。

则∇H 底$=-0.775-0.447-07\times0.99=-1.915$ m,取-1.90 m。实际悬空高度为 0.68 m。

(3) 水泵梁顶高程$\nabla H_{泵梁}$

水泵梁顶高程用下式确定

$$\nabla H_{泵梁}=\nabla H_{底}+h_{悬}+b$$

式中:b——水泵进水喇叭口至底座间距离,查水泵资料得 1.236 m。

(4) 电机梁顶高程$\nabla H_{电梁}$

电机梁顶高程用下式计算后校核修正确定

$$\nabla H_{电梁}=\nabla H_{max}+\delta$$

式中:∇H_{max}——进水池停机时最高水位,即大沙河最高水位 3.5 m;

δ——安全超高,在 0.5~1.0 m 范围内选取,本设计取 0.7 m。

则$\nabla H_{电梁}=3.5+0.7=4.20$ m 用机组传动轴定长修正;查水泵资料得该泵传动轴长度 $l=L-960$ mm$=(4.2-0.016)-0.96=3.224$ m,此值不符合定长 3.2 m 或 3.3 m 的规格。本设计取机组传动轴定长为 3.2 m,则$\nabla H_{电梁}=0.96+3.2=4.16$ m$>$4.0 m(即引渠堤顶高程),符合要求。最后确定电机梁顶高程(即电机层地面高程)为 4.16 m。

(5) 电机层高度 H

它受起重设备 SG-2 型单轨小车的操作制约、用下式计算

$$H=h_1+h_2+h_3+h_4+h_5$$

式中:h_1——运输车辆高度,取胶轮车高度 0.8 m;

h_2——起吊物安全操作空间,取 0.4 m;

h_3——最高吊件高度,查资料得:立式电机高 1.51 m,水泵轴长 1.8 m,传动轴长 3.2 m,结果取最大值 3.2 m;

h_4——吊索垂直高度，考虑最长件是传动轴，h_4 值不需专门计算，凭经验取 0.3 m；

h_5——吊钩至房顶最小净间距。由关系式 $h_5=a+b+c$ 计算，其中 a 为工字钢高度 0.36 m；b 为工字钢下缘至单轨小车底面间距 0.2 m；c 为手动葫芦最小工作高度 0.43 m，则 $h_5=0.36+0.2+0.43=0.99$ m。

故 $H=0.8+0.4+3.2+0.3+0.99=5.69$ m，取 5.7 m。

泵房立面轮廓尺寸如图 6－12 所示。

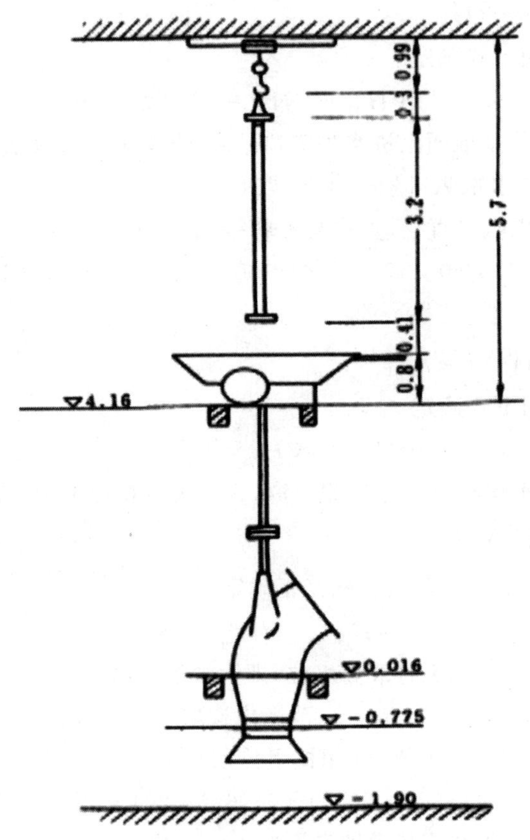

图 6－12 泵房立面轮廓尺寸示意图(单位:m)

2. 泵房平面尺寸

(1) 泵房长度 L

主机组按一列式布置，用下式计算

$$L=nb+(n-1)F$$

式中：n——主机组台套数，本设计为 4 台套；

b——湿室单独进水池宽度，取 $2.5D_{进}=2.5\times0.99=2.475$ m，取 2.5 m；

F——湿室中隔墩厚度，计划用 100 号砂浆砌石建造，考虑扣除检修门槽深及自身强度等因素，取 0.6 m。

则 $L=4\times2.5+(4-1)\times0.6=11.8$ m。

(2) 泵房宽度 B

按湿室进水流态与动力机层设备布置两种情况分别拟定，择大者选取，并作适当调整。

按湿室进水流态确定 B。泵房宽度 B 即为湿室进水池长度。该长度凭经验取 $5D_{进}=5\times0.99=4.95$ m，取 5.0 m。

按动力机层设备布置确定 B。配电柜布置于泵房进水一侧，用下式计算拟定

$$B=b_0+b_1+b_2+b_3+b_4+b_5+b_6$$

式中：b_0——立式电动外径，查资料得：JSL－125－10 型电机外径为 0.95 m；

b_1——泵房出水侧工作通道，取 0.7 m；

b_2——泵房进水侧主通道，取 2.0 m；

b_3——配电柜厚度，本设计为 0.6 m；

b_4——配电柜背后检修空挡，取 0.8 m；

b_5——动力机层进水侧墙厚，取 0.25 m；

b_6——检修工作桥宽度，本设计为 1.5 m。

则 $B=0.95+0.7+2.0+0.6+0.8+0.25+1.5=6.8$ m。

上述计算结果经比较协调，决定取 6.8 m。泵房平面轮廓尺寸如图 6－13 所示。

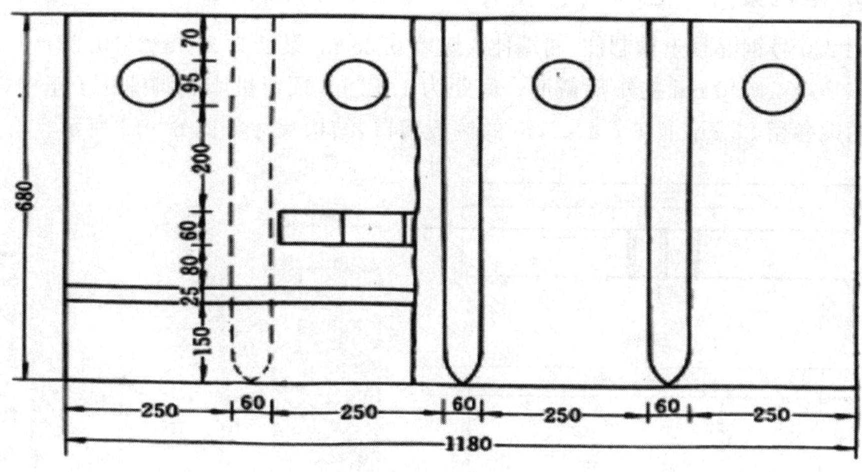

图 6－13　泵房平面轮廓尺寸示意图(单位：cm)

6.4.4　泵房主要构件材料与尺寸拟定

1. 湿室边墩

墩与电机梁顶等高，边墩底与底板面一致，挡土高为 4.16－(－1.9)＝6.06 m，采用 100 号砂浆砌石重力式结构，顶端宽 0.6 m，底面宽 1.6 m，检修闸门槽深

0.15 m、宽 0.2 m。边墩断面如图 6-14 所示。

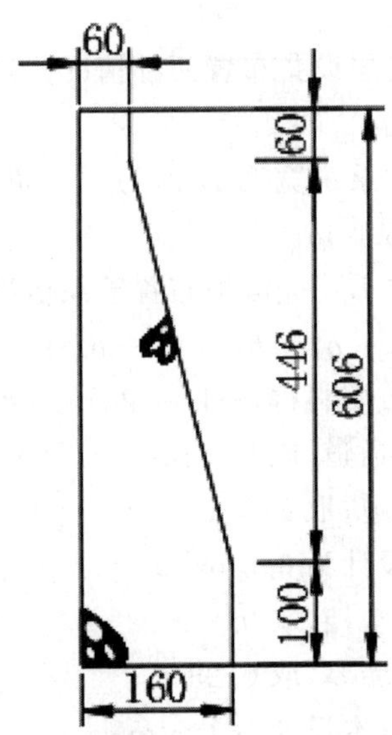

图 6-14 湿室边墩断面尺寸示意图(单位:cm)

2. 电机梁

用 200 号钢混凝土预制件,两端伸入墩墙 0.25 m,梁长为 2.5+2×0.25=3.0 m。断面取 25 cm×40 cm 的矩形截面。间距为 1.12 m,预留机座底脚螺孔于正中,梁顶内侧两端各留 85 cm 长 6 cm×7cm 的搁板槽口,结构尺寸如图 6-15 所示。

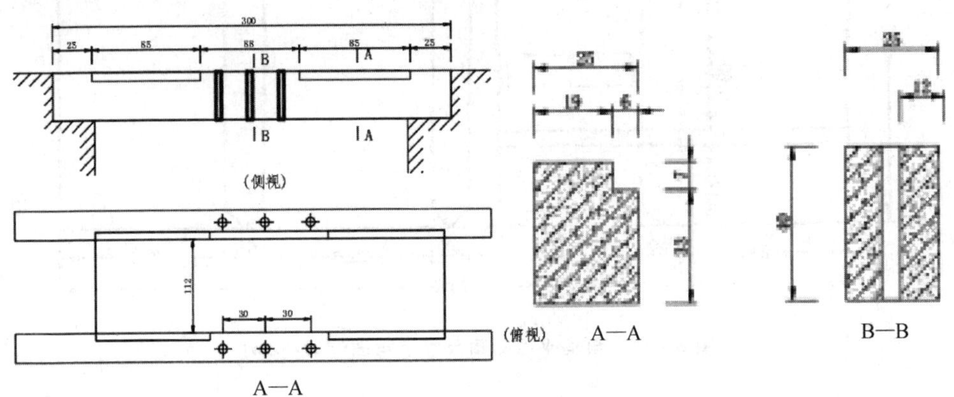

图 6-15 电机梁结构尺寸示意图(单位:cm)

3. 水泵梁

采用 200 号钢筋混凝土预制构件,截面与梁长同电机梁。间距为 1.02 m,预留底座螺孔于一侧。为增加其整体性,中间设置连系梁,其截面为 20 cm×25 cm,长度为 1.02 m。水泵梁结构尺寸如图 6-16 所示。

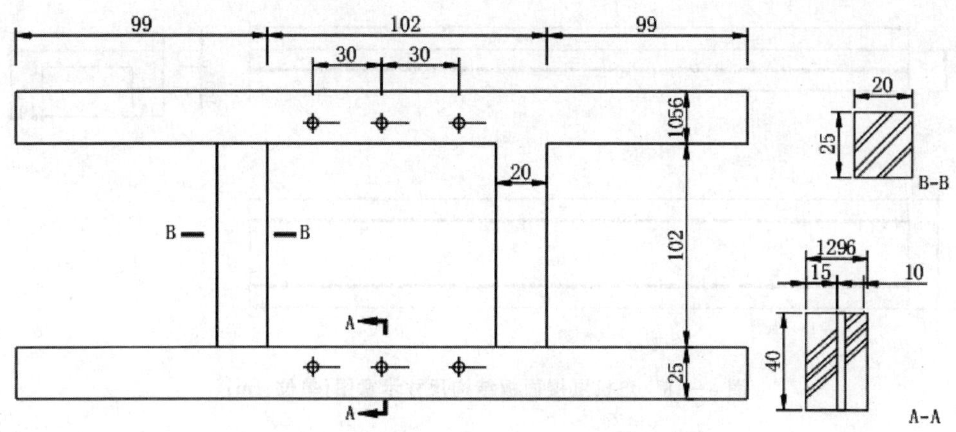

图 6-16　水泵梁结构尺寸图(单位:cm)(俯视)

4. 湿室后墙

它是进水池的后壁,顶部是电机层出水侧墙壁基础。其尺寸既要满足水泵进水口至后池壁的间距要求,又要符合动力机层工作通道宽度的要求。拟采用 100 号砂浆砌石的重力式结构,顶宽 0.6 m,底宽 1.2 m,截面尺寸如图 6-17 所示。

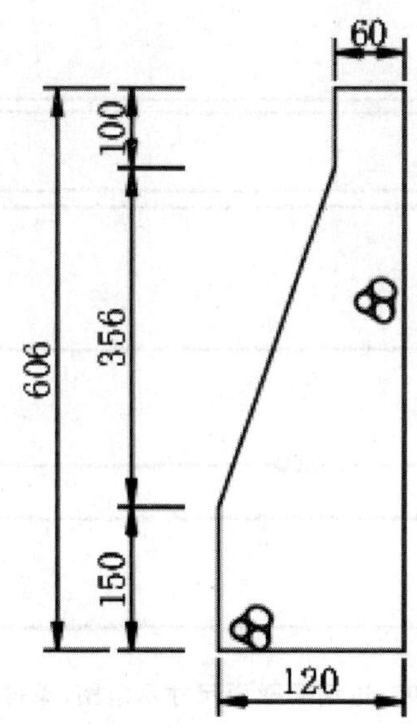

图 6-17　湿室后墙截面尺寸图(单位:cm)

5. 电机层楼面板

采用 150 号钢筋混凝土预制件,选用槽形截面,每块板宽 0.7 m,板长同电机梁。

截面尺寸如图 6－18 所示。

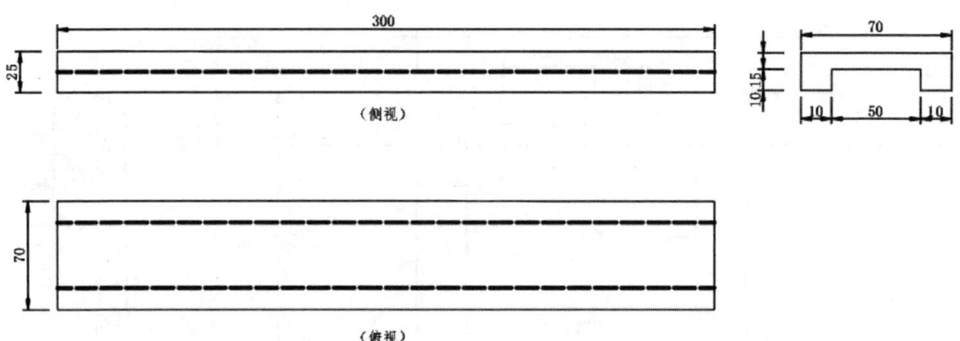

图 6－18　电机层楼面板结构尺寸示意图(单位:cm)

6. 过墙梁

采用 150 号钢筋混凝土矩形梁预制件，截面为 25 cm×40 cm，与楼面板等长，截面尺寸如图 6－19 所示。

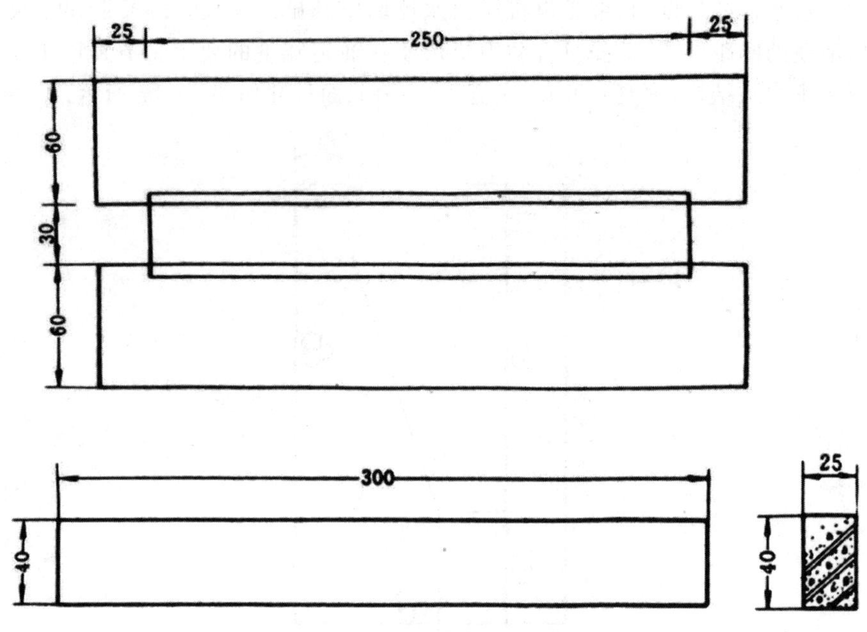

图 6－19　过墙梁截面尺寸示意图(单位:cm)

7. 检修工作面板

采用 150 号钢筋混凝土槽形截面预制件。每块板宽 0.6 m，板长与过墙梁同，间距 0.3 m，中间各留 5 cm×6 cm 的盖板搁置槽口，截面尺寸如图 6－20 所示。

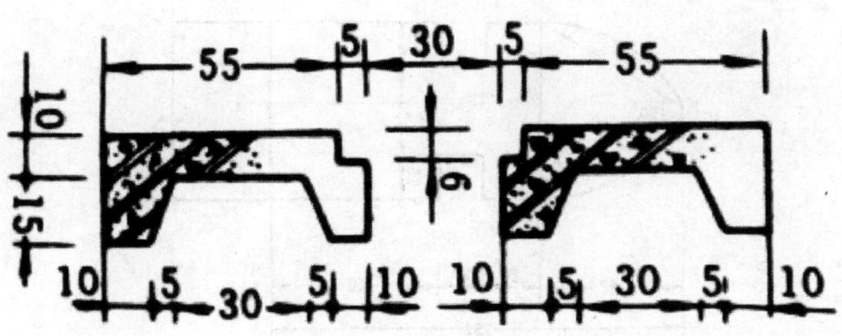

图 6－20　检修工作桥面板截面尺寸图(单位:cm)

8. 湿室底板

采用 150 号钢筋混凝土实心现浇板，其尺寸根据泵房平面尺寸确定，长边为 11.8＋2×16＝15.0 m，宽边为 7.6 m，厚度为 0.7 m，四周设置齿坎，截面尺寸如图 6－21 所示。

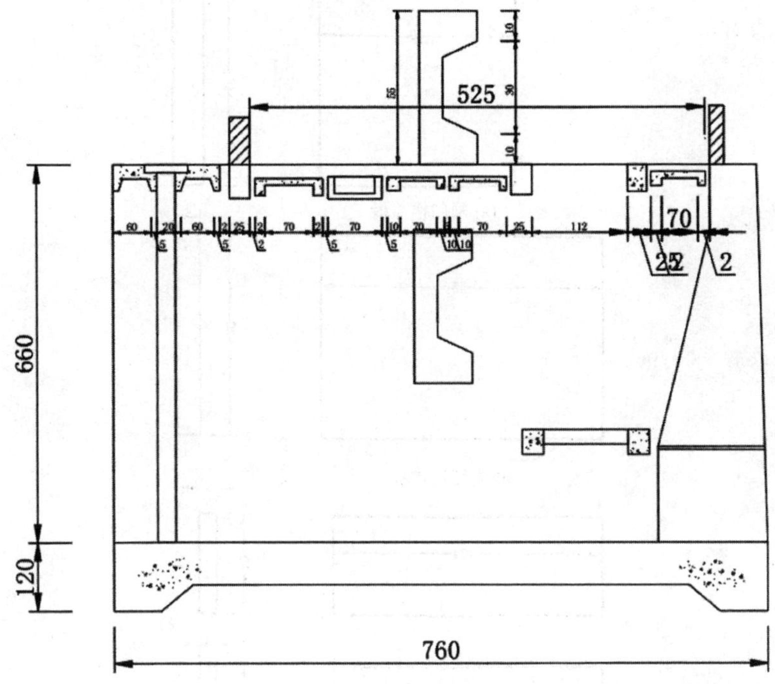

图 6－21　湿室底板截面尺寸图(单位:cm)

9. 隔　墩

采用 100 号砂浆砌石建造，墩厚 0.6 m。墩长与底板宽相等，其中进水端的流线型头部和检修门槽部位段为 1.52 m，用 150 号钢筋混凝土现浇，门槽段截面尺寸如图 6－22 所示。

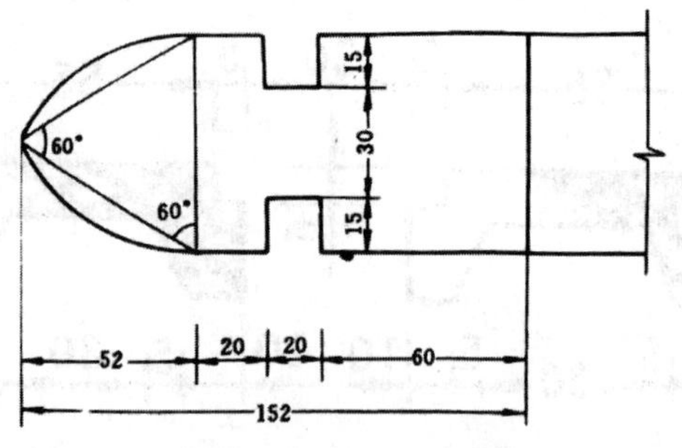

图 6-22　隔墩门槽段尺寸示意图(单位:cm)

10. 盖　板

盖板包括检修工作桥面门槽盖板、电缆沟盖板和电机梁空挡盖板。三种盖板均采用 150 号钢筋混凝土预制实心板,截面尺寸与块数如图 6-23 所示。

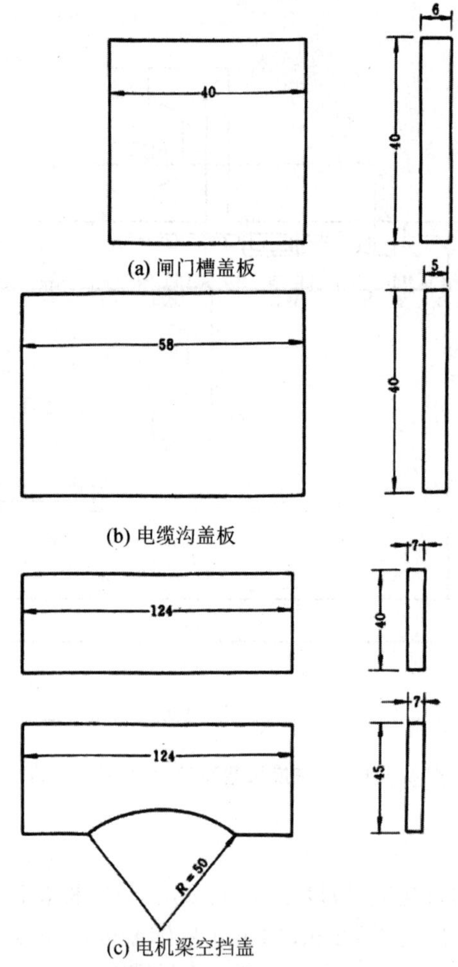

图 6-23　泵房内盖板截面尺寸图(单位:cm)

11. 电机层围护结构

电机层围护结构包括墙体、墙柱、门、窗、圈梁、过梁等构件，材料与尺寸分述如下。

12. 墙体与墙柱

采用 50 号砂浆砌红砖，墙体厚 25 cm(一砖 24 cm 外加粉面 1 cm)。墙柱截面为 50 cm×37cm，位于隔墩上，截面尺寸如图 6－24 所示。

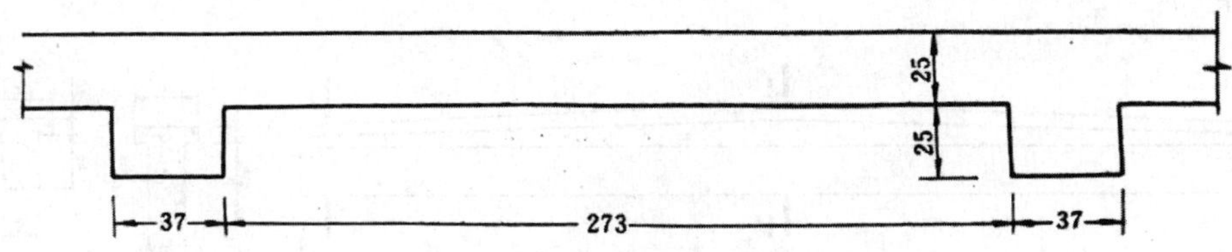

图 6－24　墙体与墙柱截面尺寸图(单位:cm)

13. 门与窗

沿主通道方向在泵房两端设置大小门各一扇。大门置于东边，门洞为 1.8 m×2.7 m。小门位于西边，门洞为 1.0 m×2.2 m。均为木质门。窗户在每台机组的进出水方向各布置一扇。为满足通风散热与采光等要求，每扇窗户设置上下窗洞。上窗洞尺寸为 1.8 m×0.6 m，下窗洞尺寸为 1.8 m×1.5 m。上下窗洞净间距为 1.0 m，下窗洞离地面 1.0 m，采用预制钢质窗。门窗尺寸如图 6－25 所示。

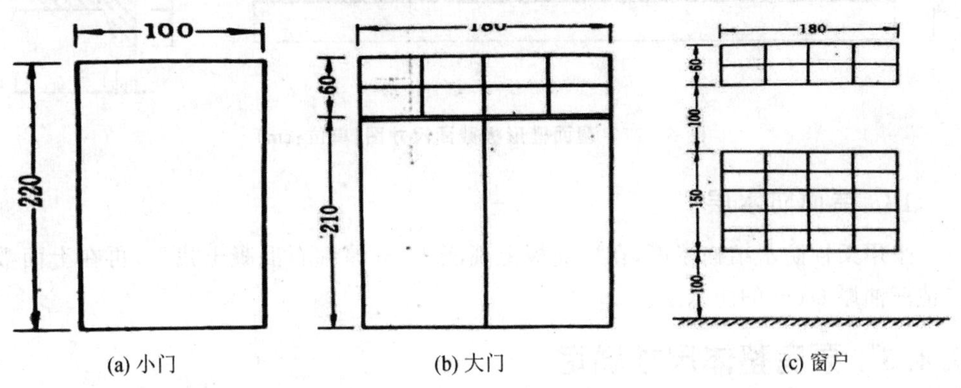

图 6－25　门窗尺寸示意图(单位:cm)

14. 圈梁与过梁

采用 100 号钢筋混凝土现浇矩形梁。其中圈梁的截面为 24 cm×20 cm，位于墙体顶部；过梁截面为 24 cm×30 cm，位于门洞和窗洞顶部。过梁长度分别为：小门顶 2.0 m；大门顶 2.6 m；窗户顶 2.6 m。

15. 检修工作桥栏杆

采用150号钢筋混凝土柱子预制件，穿 $\phi 50$ 的钢管三根组成。柱子为15 cm×15 cm的正方形截面，柱高1.0m，柱间距3.1m，钢管孔距为0.28m，如图6－11所示。

16. 屋面大梁

采用200号钢筋混凝土T形变截面预制梁，梁跨为5.7 m，截面尺寸如图6－26所示。

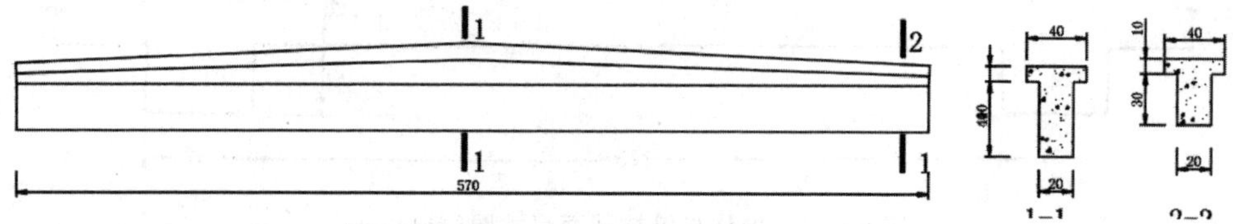

图6－26 屋面大梁截面尺寸示意图(单位:cm)

17. 屋面板

用150号钢混凝土槽形截面预制件。板宽0.7 m，板长3.0 m，截面尺寸如图6－27所示。

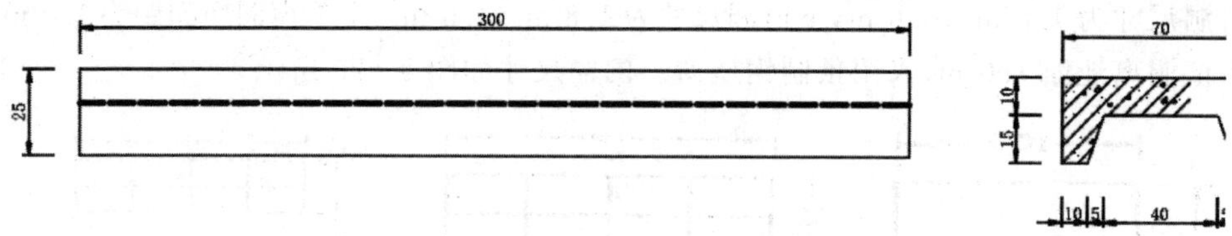

图6－27 屋面槽形板截面尺寸图(单位:cm)

18. 屋面防水层

采用柔性防水结构屋面，在屋面板上现浇4 cm厚细石混凝土找平，再在上面敷二毡三油厚6 cm的防水层。

6.4.5 泵房整体尺寸确定

经泵房构件尺寸拟定，泵房平面尺寸调整为5.22 m×11.8 m(电机层)和7.6 m×15.0 m(湿室底板)。立面尺寸调整为5.7 m(电机层)和6.06 m(水泵层)。整体结构尺寸如图6－28和图6－29所示。

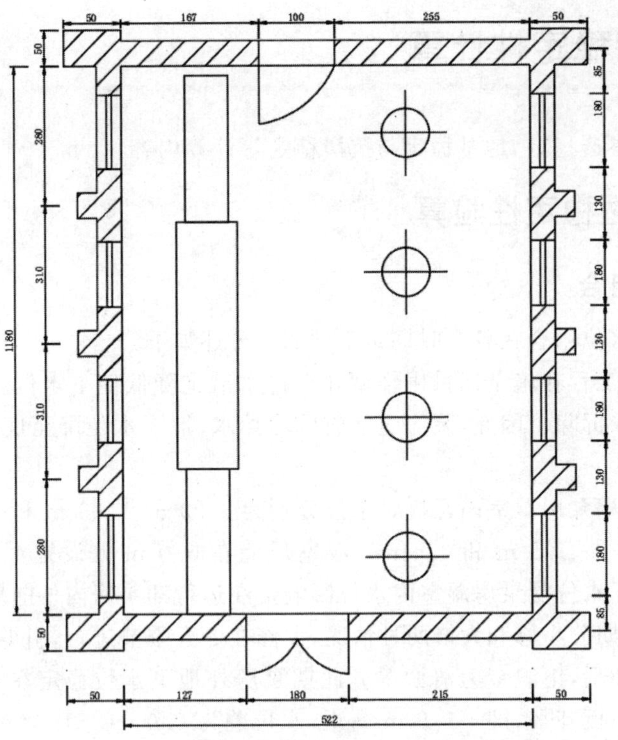

图 6-28　泵房电机层平剖视尺寸图(单位:cm)

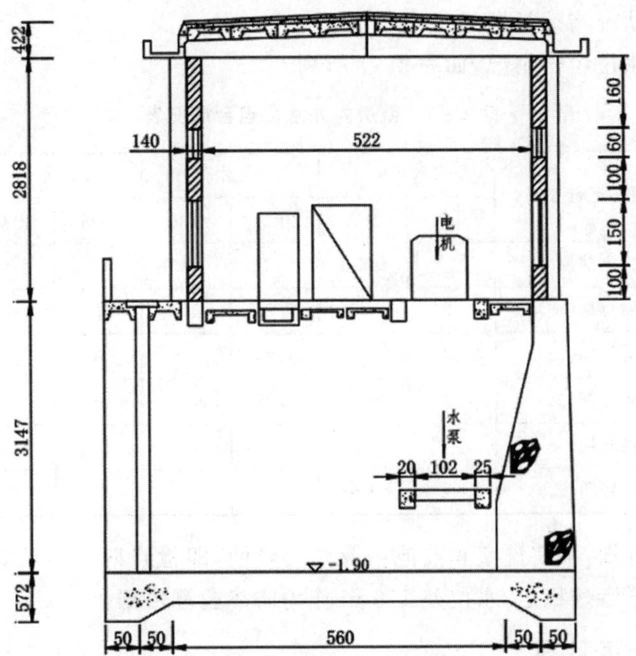

图 6-29　泵房纵剖视尺寸图(单位:cm)

6.5 泵房稳定性计算

本节包括渗透稳定、地基稳定与抗滑稳定等计算内容。

6.5.1 渗透稳定性验算

1. 水位组合

泵房前后水位组合在各个时期是不同的。分述如下：

完建期：本工程在施工期采用轻型井点排水措施降低地下水位。计算时假定完建期排水设施未拆除。因此，泵房内外前后均无水，地下水位降至底板齿坎下－3.1 m 高程处。

运行期：本期泵房湿室内开机时水位分别为 3.23 m、1.23 m 和 0.23 m，停机时水位分别为 3.5 m、1.5 m 和 0.5 m。湿室后墙在 0.0 m 处设排水孔(墙后做反滤层)，故墙后地下水位受泵房湿室内水位影响。在运行期泵房内外前后均无水位差。

检修期：本期分小修和大修两种情况，大修在冬春季节进行，引渠末端填土筑坝，前池和进水池抽干，组织劳力清淤等。此期泵房外地下水位稳定在 0.0 m 高程处，泵房内水位与底板齐平，即－1.9 m 高程，水位差为 0.0－(－1.9)＝1.9 m；小修是在运行期发生意外事故时进行，利用湿室检修闸门关闭后逐孔抽干突击检修。此时，泵房内外水位状况与运行期相同。

泵房内外水位组合情况，如表 6－7 所列。

表 6－7　泵房内外水位组合情况表

泵房运行工况	泵房内水位/m		泵房外水位/m		水位差/m	
	开机	停机	开机	停机	开机	停机
完建期		－3.1		－3.1		0
运行期(一)	3.23	3.5	3.23	3.5	0	0
运行期(二)	1.23	1.5	1.23	1.5	0	0
运行期(三)	0.23	0.5	0.23	0.5	0	0
检修期(一)		－1.9		0.0		1.9
检修期(二)		0.5		0.5		0

从上表中可知：泵房湿室和前池在清淤大修期，即检修期(一)承受最大水位差，为确保泵房地下渗透稳定，水位差 1.9 m 作为防渗验算依据。

2. 渗径长度计算。

渗径长度用下式计算

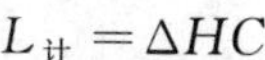

$$L_{计}=\Delta HC$$

式中：$L_{计}$——计算所需渗径长度，m；

ΔH——渗透水头，即水位差 1.9 m；

C——渗径系数，查资料得：砂质粘壤土无反滤层系数（考虑反滤失效）为 7。

则 $L_{计}=1.9\times7=13.3$ m。

3. 实际渗径长度计算

拟定的泵房地下轮廓尺寸按图 6－30 所示量取，并列于表 6－8 中。

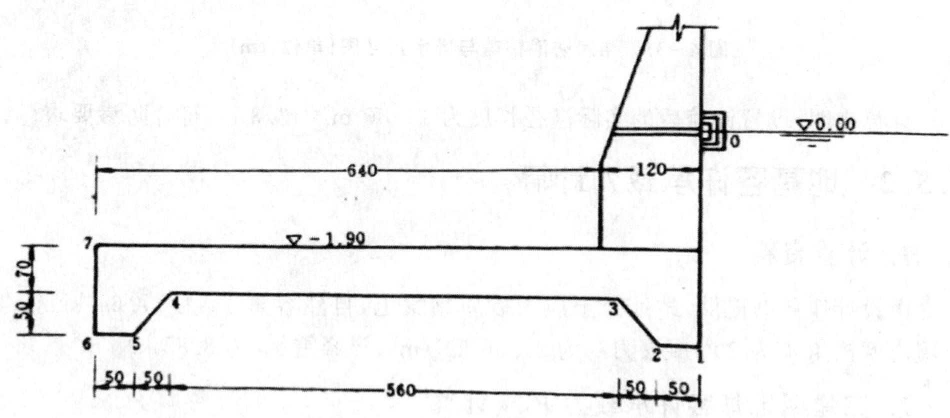

图 6－30　泵房地下轮廓尺寸示意图（单位：cm）

表 6－8　泵房实际渗径长度计算表

地下渗径点号	0～1	1～2	2～3	3～4	4～5	5～6	6～7	0～7
点号间距/m	3.10	0.50	0.71	5.60	0.71	0.50	1.20	12.32

计算表明：泵房实际渗径长度小于计算所需渗径长度，在检修期（一）有可能发生流土、管涌等渗透不稳定现象，故需进行防渗设计。

4. 防渗设计

本工程拟在前池部位设置防渗铺盖，以增加渗径长度。决定在靠近湿室底板处设 3.0 m 宽混凝土铺盖，与底板分缝处设水平止水，铺盖末端设反滤排水。防渗铺盖尺寸如图 6－31 所示。设置防渗铺盖后的渗径长度如表 6－9 所列。

表 6－9　设置铺盖后实际渗径长度计算表

地下渗径点号	0～1	1～2	2～3	3～4	4～5	5～6	6～7	7～8	8～9	9～10	10～11	11～12	0～12
点号间距/m	3.1	0.5	0.71	5.6	0.71	0.5	0.5	0.3	0.42	1.8	0.42	0.3	14.86

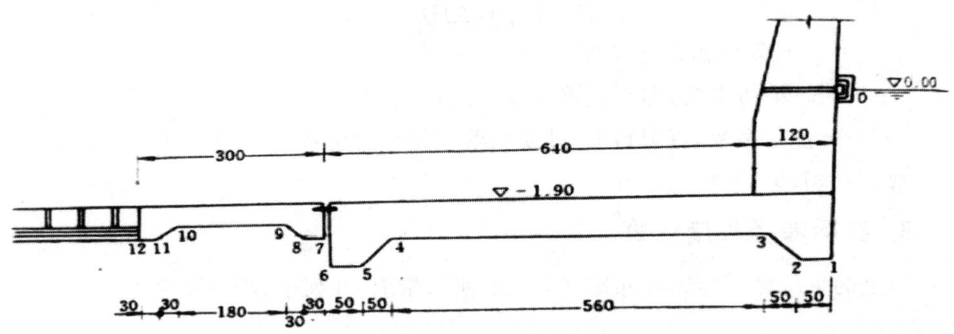

图 6-31 泵房防渗铺盖与排水尺寸图(单位:cm)

计算表明:设置铺盖后的实际渗径长度为 14.86 m>13.3 m,符合防渗要求。

6.5.2 地基容许承载力计算

1. 计算资料

由设计任务书提供,站址处土质为砂质粘壤土,自然容重 $\gamma_{自}$ 为 17.64 kN/m^3,土壤内摩擦角 ϕ 为 20°,凝聚力 c 为 21.56 kN/m^2,浮容重 $\gamma_{浮}$ 为 8.82 kN/m^3。

2. 完建期地基容许承载力 $P_{完建}$ 计算

施工排水尚未拆除,回填土已完成,地基上除垂直荷载作用外,还有水平荷载,因此,用汉森公式计算

$$P_{完建}=\left[\frac{1}{2}\gamma_{B}BN_{r}S_{r}i_{r}+qN_{q}S_{q}i_{g}+CN_{c}S_{c}d_{c}i_{c}\right]\Big/(2\sim 3)$$

式中:γ_B——基础底面以下土容重,因地下水位降至基础底面,基土仍浸在水中为浮容重;

B——基础宽度为 7.6 m;

q——基底以上两侧荷载,本设计用防渗铺盖等代土厚计算,

$$\left[\frac{22.54\times 0.4}{17.64}+0.7\right]\times 17.64=21.36\ \text{kN/m}^2;$$

C——基土凝聚力,浸水后按降低 50%计算,21.56×0.5=10.78 kN/m^2;

N_r、N_q、N_c——汉森公式承载力因素,查资料得,当 $\phi=20°$时,$N_r=3.54$、$N_q=6.4$、$N_c=14.83$;

S_r、S_q、S_c——基础形状系数,其中 $S_q=S_c=1+0.2\left(\frac{7.6}{15.0}\right)=1.101\ 33$,$S_r=1-0.4\times\left(\frac{7.6}{15.0}\right)=0.797\ 33$;

d_q、d_c——基础深度系数,$d_g=d_c=1+0.35\left(\frac{1.2}{7.6}\right)=1.055\ 26$;

i_r、i_q、i_c——荷载倾斜系数，当基础中心受压时，$i_r=i_q=i_c=1$，本设计为基础中心受压，故取1。

则 $P_{完建}=\left[\frac{1}{2}\times 8.82\times 7.6\times 3.54\times 0.797\ 33\times 1+21.36\times 6.4\times 1.101\ 33\times 1.055\ 26\times 1+14.83\times 10.78\times 1.101\ 33\times 1.055\ 26\times 1\right]/(2\sim 3)=[94.6+158.87+185.79]/(2\sim 3)=439.26/(2\sim 3)=219.63\sim 146.42\ \text{kN/m}^2$。

3. 运行、检修期地基容许承载力 $P_{运}$ 计算

整个运行期和检修期地基上的荷载，除垂直向以外，还有水平方向，因此，也用汉森公式计算

$$P_{运}=\left[\frac{1}{2}\gamma_B BN_B S_r i_r+qN_q S_q i_q+cN_c S_c d_c i_c\right]/(2\sim 3)$$

式中：q——基底以上两侧荷载，因铺盖侧全部浸水，故等代土厚按浮容重计算。

即 $\left[\frac{22.54\times 0.4}{17.64}+0.7\right]\times 8.82=10.68\ \text{kN/m}^2$；

其余符号与数值同完建期。

则 $P_{运}=\left[\frac{1}{2}\times 8.82\times 7.6\times 3.54\times 0.79733\times 1+10.68\times 6.4\times 1.101\ 33\times 1.055\ 26\times 4+10.78\times 14.83\times 1.101\ 33\times 1.055\ 26\times 1\right]/(2\sim 3)=[94.6+79.44+185.79]/(2\sim 3)=179.92\sim 126.61\ \text{kN/m}^2$。

6.5.3 泵房基底压应力计算

1. 完建期

(1) 计算资料

结构容重：钢筋混凝土 23.52 kN/m³；纯混凝土 21.56 kN/m³；浆砌块石 22.54 kN/m³；砖墙 16.66 kN/m³；检修工作桥栏杆 0.49 kN/m；钢窗 0.392 kN/m²；钢门 0.441 kN/m²；木门 0.147 kN/m²。设备重量：水泵 17.15 kN/台(1 750 kg)；电机 13.622 kN/台(1410 kg)；单轨小车 0.568 4 kN/台(58 kg)；工字钢 0.587 kN/m(59.9 kg)；配电柜 2.45 kN/块(250 kg)。回填土物理力学指标：干容重 14.7 kN/m³；自然容重 17.64 kN/m³；浮容重 8.82 kN/m³；内摩擦角 18°；凝聚力不计。基底压应力容许不均匀系数[η]取 1.5，土压力系数 $k_a=\text{tg}^2\left(45°-\frac{\phi}{2}\right)=\text{tg}^2\left(45°-\frac{18°}{2}\right)=0.528$，地基容许承载力 $P_{完建}$ 为 146.42 kN/m²。

(2) 基底压应力

基底压应力用下面两式计算

$$P_{\min}^{\max}=\frac{\sum G}{BL}\left(1\pm\frac{6e}{B}\right)$$

$$e=\frac{B}{2}-\frac{\sum M}{\sum G}$$

式中：$\sum G$ ——基础(即底板)上垂直向荷载总和见表 6－7；

B——基础(底板)宽度 7.6 m；

L——基础(底板)长度 15.0 m；

$\sum M$ ——基础上各分力对前趾 A 点力矩代数和，如图 6－32 所示，见表 6－10。

则合力偏心距 $e=\frac{7.6}{2}-\frac{37\ 676.84}{10\ 055.83}=3.8-3.75=0.05$ m。基底压应力 $P_{\min}^{\max}=\frac{10055.83}{7.6\times15.0}\times\left(1\pm\frac{6\times0.05}{7.6}\right)=88.21(1\pm0.04)=\frac{91.74}{84.68}$ kN/m^2<146.42 kN/m^2。不均匀系数 $\eta=\frac{P_{\max}}{P_{\min}}=\frac{91.74}{84.68}=1.083<1.5$，满足要求。

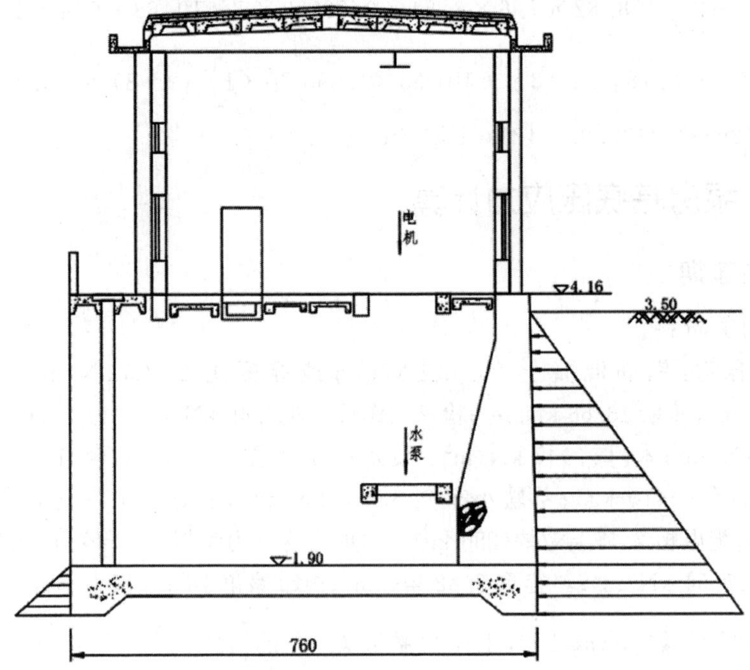

图 6－32　泵房完建期稳定计算简图(单位:cm)

表 6-10 泵房完建期稳定计算表

项次	名称	计算式	对A点求力矩							备注
			垂直力/kN		水平力/kN		力臂/m	力矩/(kN·m)		
			+↓	−↑	+→	−←		+↘	−↙	
1	底板	1.2×7.6×15.0×23.52	3 217.54				3.8	12 226.64		
	扣底板	[(5.6+6.6)×0.5]÷2×13.5×23.52		986.44			3.8		3 680.06	
2	边墩	1.6×6.06×7.6×2×22.54	3 321.93				3.8	12 623.32		
	扣边墩	[(0.6+5.06)×1]÷2×7.6×2×22.54		969.58			3.8		3 684.41	
	扣门槽	0.15×0.2×6.06×2×22.54		8.2			0.76		6.23	
3	隔墩	0.6×6.06×7.6×3×22.54	1 868.58				3.8	7 100.62		不同材料统算浆砌石
	扣门槽	0.15×0.2×6.06×6×22.54		54.59			0.76		18.69	
	扣头部	0.6×0.3×6.06×3×22.54		73.76			0.3		22.13	
4	后墙	1.2×6.06×2.5×4×22.54	1 639.11				7.0	11 473.76		
	扣后墙	0.6×1.0×2.5×4×22.54		135.24			6.7		906.11	
	扣后墙	3.56×0.6÷2×2.5×4×22.54		240.73			6.6		1 588.8	
5	水泵梁	0.25×0.4×2.5×8×23.52	47.04				5.45	256.37		
	横梁	0.2×0.25×1.02×8×23.52	9.6				5.45	52.34		
6	水泵	17.15×4	68.6				5.45	373.87		
7	电机	13.622×4	54.49				5.45	296.96		
8	电机梁	0.25×0.4×2.5×8×23.52	47.04				5.45	256.37		

续表 6-10

项次	名称	计算式	对A点求力矩							备注
			垂直力/kN		水平力/kN		力臂/m	力矩/(kN·m)		
			+↓	−↑	+→	−←		+↘	−↙	
9	电机梁盖板	0.07×0.85×1.24×8×23.52	13.88				5.45	75.65		
10	工字钢	0.587×12.3	7.22				5.45	39.35		
11	单轨小车	0.568	0.568				5.45	3.10		
12	槽型面板	0.7×0.3×2.5×4×23.52	49.39				6.63	327.46		含抹面层
	扣空挡	0.5×0.15×2.5×4×23.52		17.64			6.63		116.95	
	槽型面板	0.7×0.3×2.5×8×23.52	98.78				3.91	386.24		
	扣空挡	0.5×0.15×2.5×8×23.52		35.28			3.91		137.94	
	槽型面板	0.7×0.3×2.5×4×23.52	49.39				2.15	106.19		
	扣空挡	0.5×0.15×2.5×4×23.52		17.64			2.15		37.93	
13	过墙梁	0.25×0.4×2.5×4×23.52	23.52				1.66	38.93		
14	电缆沟	0.66×0.43×2.5×4×23.52	66.75				2.85	190.24		
	扣空挡	0.5×0.3×3.1×4×23.52		43.75			2.85		124.68	
15	桥面板	0.6×0.25×2.5×8×23.52	70.56				0.76	53.63		
	扣空挡	0.35×0.15×2.5×8×23.52		24.7			0.76		18.77	
	桥面盖板	0.06×0.3×2.3×4×23.52	4.23				0.76	3.22		
	桥栏杆	0.49×12.8	6.27				0.08	0.5		
16	配电柜	2.45×6	14.7				8.85	41.90		

续表 6 - 10

项次	名称	计算式	对 A 点求力矩							备注
			垂直力/kN		水平力/kN		力臂/m	力矩/(kN·m)		
			+↓	−↑	+→	−←		+↘	−↙	
17	墙柱	0.25×0.37×5.7×10×16.66	87.84				4.39	385.62		
	墙体	0.25×5.7×35.04×16.66	831.86				4.39	3 651.9		
	扣窗洞	1.8×2.1×0.25×8×16.66		125.95			4.39		552.92	
	扣大门洞	1.8×2.7×0.25×16.66		20.24			3.95		79.96	
	扣小门洞	2.2×1×0.25×16.66		9.16			3.95		36.19	
18	大门	1.8×2.7×0.441	2.14				3.95	8.46		
	小门	1.0×2.2×0.147	0.32				3.95	1.28		
19	窗	1.8×2.1×8×0.392	11.85				4.39	52.04		
20	屋盖梁	0.4×0.45×5.7×5×23.52	120.66				4.39	529.69		
	扣空挡	0.2×0.35×5.7×5×23.52		46.92			4.39		205.99	
21	屋面板	0.7×0.25×3×40×23.52	439.92				4.39	2 168.31		
	扣空挡	(0.4+0.5)÷2×0.15×3×40×23.52		190.51			4.39		836.35	
22	防水保护层	0.05×5.7×12.3×21.56	75.58				4.39	331.79		
23	边墩外土重	(0.6+5.06)×1÷2×7.6×2×17.64	758.8				3.8	2 883.45		
24	后墙土压力	$\frac{1}{2}\times0.528\times17.64\times6.6^2\times14$				2 840.0	2.2		6 248.0	
25	进水侧土压力	$\frac{1}{2}\times0.528\times17.64\times1.2^2\times15$			100.59		0.4	40.24		
	合计		13 008.16	2 952.33	100.59	2 840.0		55 978.95	18 302.11	
			10 055.83			2 739.41		37 676.84		

2. 运行期(一)

(1) 计算资料

水位组合:停机时出现进水池最高水位 3.5 m,湿室后墙外地下水位受湿室水位影响,无水位差。地基容许承载力:经计算为 126.61 kN/m^2。土压力系数 K_a:与完建期同为 0.528。其余资料与完建期相同。

(2) 基底压应力

基底压应力用基底压应力公式计算。

式中:$\sum G$ ——基础(即底板)上全部垂直荷载值,见表 6-11;

$\sum M$ ——基础上各分力对前趾 A 点的力矩代数和,如图 6-33 所示。见表 6-11;

其余与完建期相同。

则合力偏心距 $e=\frac{7.6}{2}-\frac{26\ 166.5}{6\ 688.18}=3.8-3.91=-0.11$ m;基底压应力 $P_{\min}^{\max}=\frac{6\ 688.18}{7.6\times15.0}\times\left(1\pm\frac{6\times0.11}{7.6}\right)=^{63.77}_{53.57}$ kN/m^2<126.61 kN/m^2;不均匀系数 $\eta=\frac{P_{\max}}{P_{\min}}=\frac{63.77}{53.57}=1.19<1.5$,符合要求。

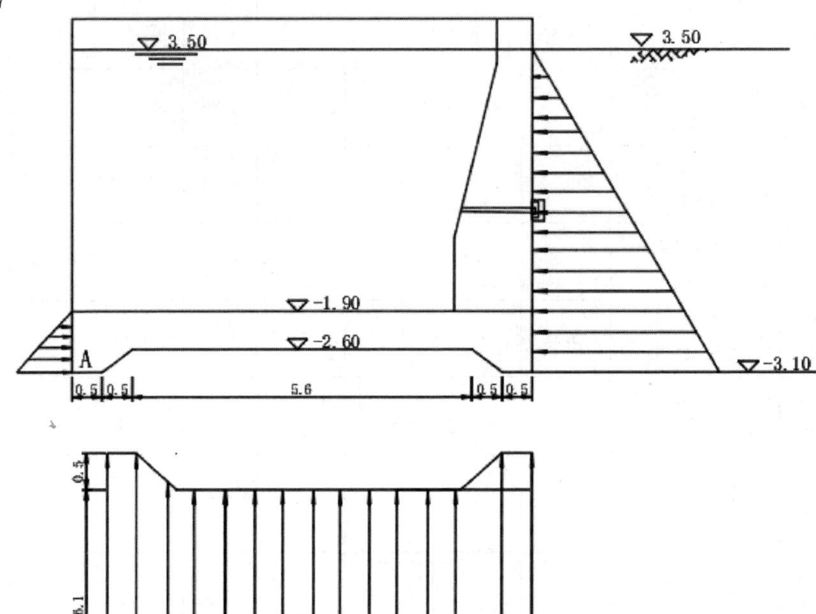

图 6-33 运行期(一)泵房稳定计算图(单位:m)

表 6-11 泵房运行期(一)稳定计算表

项次	名称	计算式	对 A 点求力矩							备注
			垂直力/kN		水平力/kN		力臂/m	力矩/(kN·m)		
			+↓	−↑	+→	−←		+↘	−↙	
1		完建期计算成果	13 008.16	2 952.33				55 938.71	12 054.11	
2	墙后土压力	$\frac{1}{2}\times0.528\times8.82\times6.6^2\times14.5$				1 470.71	2.2		3 235.57	
	进水侧土压力	$\frac{1}{2}\times0.528\times8.82\times1.2^2\times15.0$			50.30		0.4	20.12		
3	水重	7.0×10×0.5×9.8	343.0				3.8	1 303.4		
	水重	4.9×10×6.4×9.8	3 073.28				3.2	9 834.5		
	水重	0.6×3.2÷2×10×9.8	99.96				6.6	659.74		
	门槽水重	0.15×0.20×5.4×8×9.8	12.70				0.76	9.65		
	墩头水重	0.6×0.3×5.4×3×9.8	28.58				0.2	5.71		
4	浮托力	6.6×7.6×15.0×9.8		7 373.52			3.8		28 019.38	
	扣浮托力	(5.6+6.6)×0.5÷2×15×9.8	448.35				3.8	1 703.73		
	合计		17 014.03	10 325.85	50.30	1 470.71		69 475.56	43 309.06	
			6 688.18			1 420.41		26 166.50		

3. 运行期(二)

(1) 计算资料

水位组合:停机时进水池水位为 1.5 m,湿室后墙外地下水位受湿室内水位影响,泵房内外无水位差。其余资料与运行期(一)相同。

(2) 基底压应力

用基底压应力公式计算。

式中:$\sum G$ ——基础上全部垂直向荷载,参考表 6-12;

$\sum M$ ——基础上各分力对前趾 A 点的力矩代数和,如图 6-34 所示,参考表 6-12;

其余符号与完建期相同。

则合力偏心距 $e=\frac{7.6}{2}-\frac{27\ 818.9}{7\ 551.46}=3.8-3.68=0.12$ m；基底压应力 $P_{\min}^{\max}=\frac{7551.46}{7.6\times15.0}\times\left(1\pm\frac{6\times0.12}{7.6}\right)=66.24\left(1\pm\frac{0.72}{7.6}\right)=^{72.52}_{59.95}$ kN/m² <126.61 kN/m²；不均匀系数 $\eta=\frac{P_{\max}}{P_{\min}}=\frac{72.52}{59.95}=1.21<1.5$，符合要求。

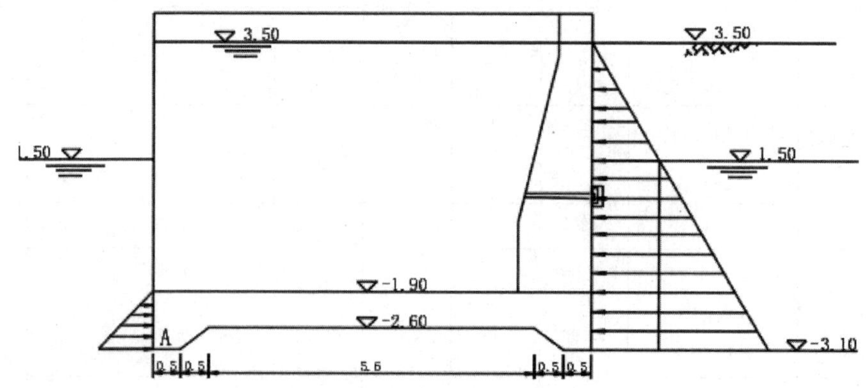

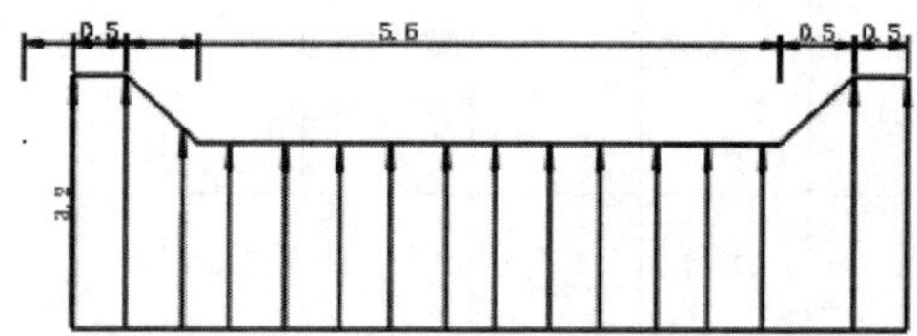

图 6-34　泵房运行期(二)稳定计算图(单位:m)

表 6-12　泵房运行期(二)稳定计算表

项次	名称	计算式	对A点求力矩							备注
			垂直力/kN		水平力/kN		力臂/m	力矩/(kN·m)		
			+↓	-↑	+→	-←		+↘	-↙	
1		完建期计算成果	13 008.16	2 952.33				55 938.71	12 054.11	
2	墙后土压力	$\frac{1}{2}\times0.528\times2^2\times17.64\times13.5$				251.48	5.27		1 325.28	
	墙后土压力	$0.528\times2\times4.6\times17.64\times14.5$				1 242.48	2.30		2 857.70	
	墙后土压力	$\frac{1}{2}\times0.528\times8.82\times4.6^2\times14.5$				714.42	1.53		1 093.07	
	进水侧土压力	$\frac{1}{2}\times0.528\times8.82\times1.2^2\times15.0$			50.30		0.40	20.12		

续表 6-12

项次	名称	计算式	对 A 点求力矩							备注
			垂直力/kN		水平力/kN		力臂/m	力矩/(kN·m)		
			+↓	−↑	+→	−←		+↘	−↙	
3	水重	3.4×6.4×10×9.8	2 132.48				3.2	6 823.94		
3	水重	$\frac{1}{2}$×1.9×0.3×10×9.8	27.93				6.5	181.54		
3	门槽水重	0.15×0.2×3.4×8×9.8	8.0				0.76	6.08		
3	墩头水重	0.6×0.3×3.4×3×9.8	17.99				0.20	3.60		
4	浮托力	4.6×7.6×15.0×9.8		5 139.12			3.8		19 528.66	
4	扣浮托力	(5.6+6.6)÷2×0.5×15×9.8	448.35				3.8	1 703.73		
	合计		15 642.91	8091.45	50.30	2 208.38		64 677.72	36 858.82	
			7 551.46			2 158.08		27 818.90		

4. 运行期(三)

(1) 计算资料

水位组合：开机时进水池水位为 0.22 m(即最低)，湿室后墙外地下水位受湿室内水位影响，泵房内外无水位差。其余资料与运行期(一)相同。

(2) 基底压应力

用基底压应力公式计算。

式中：$\sum G$ ——基础上全部垂直向荷载，参考表 6-10；

$\sum M$ ——基础上各分力对前趾 A 点力矩的代数和，如图 6-35 所示。参考表 6-13；

其余符号与完建期同。

则合力偏心距 $e=\frac{7.6}{2}-\frac{29\ 937.62}{8\ 140.95}=3.8-3.68=0.12$ m；基底压应力 $P_{\min}^{\max}=\frac{8\ 140.95}{7.6\times15.0}\times\left(1\pm\frac{6\times0.12}{7.6}\right)=71.41(1\pm0.095)={}_{64.63}^{78.19}$ kN/m^2<126.61 kN/m^2；不均匀系数 $\eta=\frac{P_{\max}}{P_{\min}}=\frac{78.19}{66.63}=1.21<1.5$，符合要求。

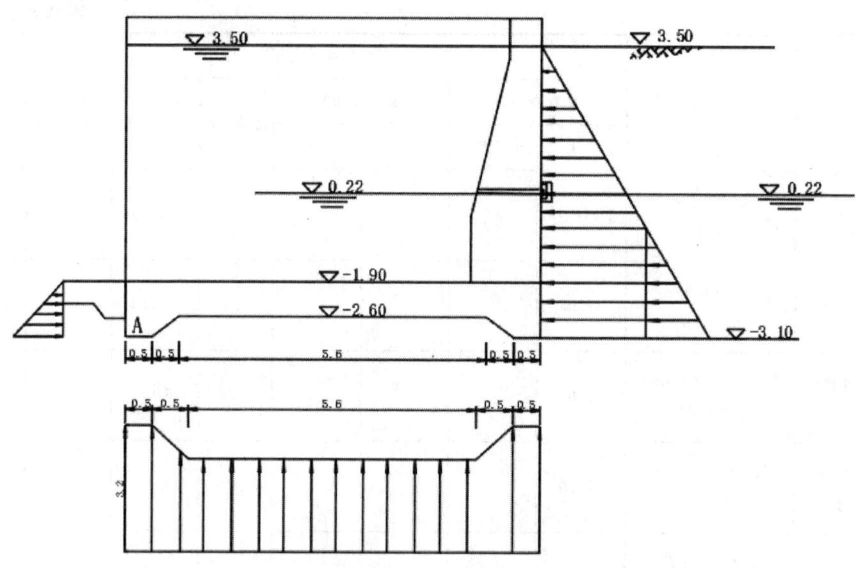

图 6-35　泵房运行期(三)稳定计算图(单位:m)

表 6-13　泵房运行期(三)稳定计算表

项次	名称	计算式	对A点求力矩							备注
			垂直力/kN		水平力/kN		力臂/m	力矩/(kN·m)		
			+↓	−↑	+→	−←		+↘	−↙	
1		完建期计算成果	13 008.16	2 952.33				55 938.71	12 054.11	
2	墙后土压力	$\frac{1}{2}\times0.528\times17.64\times3.28^2\times13.5$				676.37	4.41		2982.79	
	墙后土压力	$0.528\times3.28\times17.64\times3.32\times14.5$				1 470.66	1.66		2441.30	
	墙后土压力	$\frac{1}{2}\times0.528\times8.82\times3.32^2\times14.5$				372.15	1.11		413.09	
	进水侧土压力	$\frac{1}{2}\times0.528\times8.82\times1.2^2\times15.0$			50.30		0.40	20.12		
3	水重	$2.12\times6.4\times10\times9.8$	1 329.66				3.20	4 254.92		
	门槽水重	$0.15\times0.2\times2.12\times8\times9.8$	4.99				0.76	3.79		
	墩头水重	$0.6\times0.3\times2.12\times3\times9.8$	11.22				0.20	2.24		

续表 6－13

项次	名称	计算式	对 A 点求力矩							备注
			垂直力/kN		水平力/kN		力臂/m	力矩/(kN·m)		
			+↓	−↑	+→	−←		+↘	−↙	
4	浮托力	3.32×7.6×15.0×9.8					3.80		14 094.60	
	扣浮托力	(5.6+6.6)÷2×0.5×15×9.8	448.35				3.80	1 703.73		
	合计		14 802.38		50.30	2 519.18		61 923.51	31 985.89	
			8 140.95			2 468.88		29 937.62		

5. 检修期(一)

(1) 计算资料

水位组合：在冬春季节设备建筑物大检修，前池与湿室抽干清淤。室内水位与底板面平，湿室外地下水位保持排水孔位置 0.0 m 高程处，泵房内外水位差为 1.9 m。渗透压力：如图 6－36 所示，用渗径系数法中的卜莱法计算点 1 压强为 $x_1=\frac{1.9}{14.86}\times 11.76\times 9.8=14.7\ \text{kN/m}^2$，点 6 压强为 $x_6=\frac{1.9}{14.86}\times 3.7\times 9.8=4.606\ \text{kN/m}^2$。其余资料与运行期相同。

(2) 基底压应力

基底压应力用基底压应力公式计算。

式中：$\sum G$ ——基础上全部垂直向荷载，参考表 6－11；

$\sum M$ ——基础上各分力对前趾 A 点力矩的代数和，如图 6－36 所示，参考表 6－14 计算。

其余符号与完建期相同。

则合力偏心距 $e=\frac{7.6}{2}-\frac{29\ 024.52}{8\ 063.1}=3.8-3.6=0.2$ m；基底压应力 $P_{\min}^{\max}=\frac{8\ 063.1}{7.6\times 15.0}\times\left(1\pm\frac{6\times 0.2}{7.6}\right)=70.73(1\pm 0.16)=^{81.89}_{59.55}\ \text{kN/m}^2<126.61\ \text{kN/m}^2$；不均匀系数 $\eta=\frac{P_{\max}}{P_{\min}}=\frac{81.89}{59.55}=1.38<1.5$，符合要求。

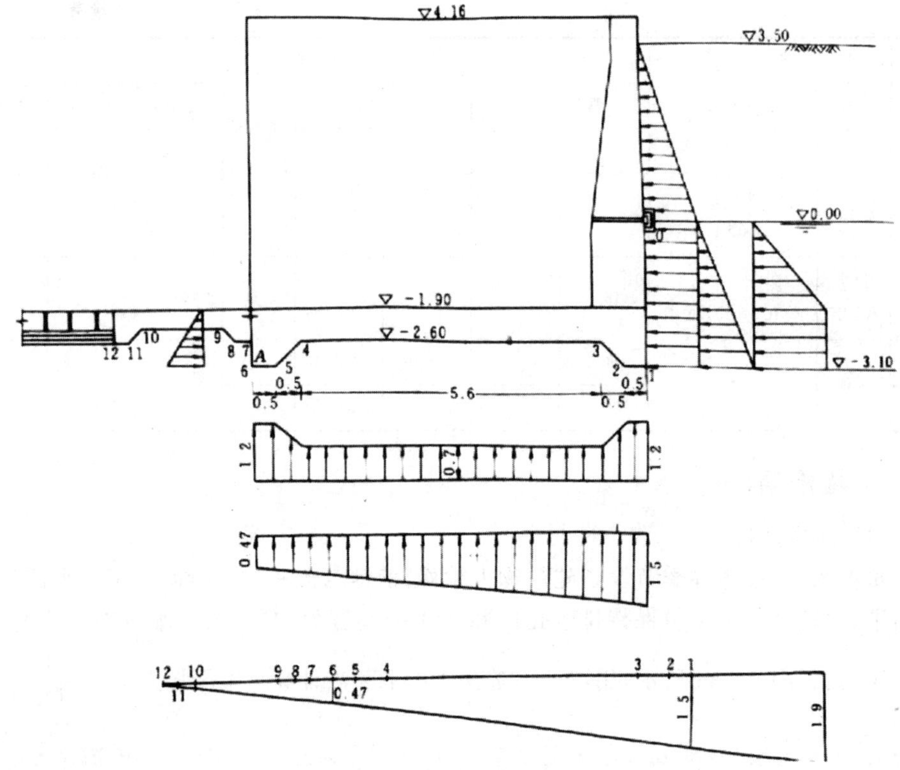

图 6-36　泵房检修期(一)稳定计算图(单位:m)

表 6-14　泵房检修期(一)稳定计算表

项次	名称	计算式	对A点求力矩							备注
			垂直力/kN		水平力/kN		力臂/m	力矩/(kN·m)		
			+↓	−↑	+→	−←		+↘	−↙	
1		完建期计算成果	13 008.16	2 952.33				55 938.71	12 054.11	
2	墙后土压力	$\frac{1}{2}\times0.528\times17.64\times3.5^2\times13.5$				770.14	4.27		3 285.93	
	墙后土压力	$0.528\times3.5\times17.64\times3.1\times14.5$				1 465.31	1.55		2 271.23	
	墙后土压力	$\frac{1}{2}\times0.528\times8.82\times3.1^2\times15.0$				324.46	1.03		335.28	
	进水侧土压力	$\frac{1}{2}\times0.528\times8.82\times1.2^2\times15.0$			50.30		0.40	20.12		

续表 6-14

项次	名称	计算式	对 A 点求力矩							备注
			垂直力/kN		水平力/kN		力臂/m	力矩/(kN·m)		
			+↓	−↑	+→	−←		+↘	−↙	
3	墙后水压力	$\frac{1}{2}\times1.9^2\times15.0\times9.8$				265.34	1.83		485.57	
3	墙后水压力	$1.9\times1.2\times15.0\times9.8$				335.16	0.60		201.10	
4	浮托力	$1.2\times7.6\times15.0\times9.8$		1 340.64			3.80		5 094.43	
4	扣浮托力	$(5.6+6.6)\div2\times0.5\times15.0\times9.8$	448.35				3.80	1 703.73		
5	渗透压力	$0.47\times7.6\times15.0\times9.8$		525.08			3.80		1 995.32	
5	渗透压力	$1.03\times\frac{1}{2}\times7.6\times15.0\times9.8$		575.36			5.07		2 915.16	
	合计		13 456.51	5 393.41	50.30	3 160.41		57 662.65	28 638.13	
	合计		8 063.10			3 110.11		29 024.52		

6. 检修期(二)

(1) 计算资料

水位组合：在运行期(二)水泵发生故障，利用检修门抽干检修湿室单孔，泵房湿室除一孔外，其余各孔水位均为 1.5 m。湿室外地下水位受湿室内水位影响，泵房内外无水位差。其余资料同运行期。

(2) 基底压应力

用基底压应力公式计算。

式中：$\sum G$ ——基础上全部垂直向荷载，见表 6-12；

$\sum M$ ——基础上各分力对前趾 A 点力矩的代数和，如图 6-37 所示。见表 6-15；

其余符号与完建期同。

则合力偏心距 $e=\frac{7.6}{2}-\frac{29\,617.74}{7\,919.92}=3.8-3.74=0.06$ m；基底压应力 $P_{\min}^{\max}=\frac{7\,919.92}{7.6\times15.0}\times\left(1\pm\frac{6\times0.06}{7.6}\right)=69.47(1\pm0.05)=\frac{72.76}{66.18}$ kN/m² <126.61 kN/m²；不均匀系数 $\eta=\frac{P_{\max}}{P_{\min}}=\frac{72.76}{66.18}=1.10<1.5$，符合要求。

表 6－15　泵房检修期(二)稳定计算表

项次	名称	计算式	对A点求力矩							备注
			垂直力/kN		水平力/kN		力臂/m	力矩/(kN·m)		
			+↓	−↑	+→	−←		+↘	−↙	
1		完建期计算成果	13 008.16	2 952.33				55 938.71	12 054.11	
2	墙后土压力	$\frac{1}{2}\times0.528\times17.64\times2.0^2\times13.5$				251.48	5.27		1 325.28	
	墙后土压力	$0.528\times2.0\times17.64\times46\times14.5$				1 242.48	2.30		2 857.70	
	墙后土压力	$\frac{1}{2}\times0.528\times8.82\times4.6^2\times14.5$				714.42	1.53		1 093.07	
	进水侧土压力	$\frac{1}{2}\times0.528\times8.82\times1.2^2\times15.0$			50.30		0.40	20.12		
3	水重	$3.4\times6.4\times10.0\times9.8$	2 132.48				3.2	6 823.94		
	水重	$\frac{1}{2}\times1.9\times0.3\times10.0\times9.8$	27.93				6.5	181.54		
	扣检修孔水重	$3.4\times5.74\times2.5\times9.8$		478.14			3.53		1 687.84	
	扣检修孔水重	$\frac{1}{2}\times1.9\times0.3\times2.5\times9.8$		6.98			6.5		45.39	
	墩头水重	$0.6\times0.3\times3.4\times3\times9.8$	17.99				0.2	3.60		
	门槽水重	$0.15\times0.2\times3.4\times6\times9.8$	5.99				0.76	4.56		
4	浮托力	$4.6\times7.6\times15.0\times9.8$		5 139.12			3.8		19 528.66	
	扣浮托力	$(5.6+6.6)\times0.5\div2\times15.0\times9.8$	448.35				3.8	1 703.73		
	扣检修孔浮托力	$3.4\times6.94\times3.7\times9.8$	855.59				4.13	3 533.59		
	合计		16 496.49	8 576.57	50.30	2 208.38		68 209.79	38 592.05	
			7 919.92			2 158.08		29 617.74		

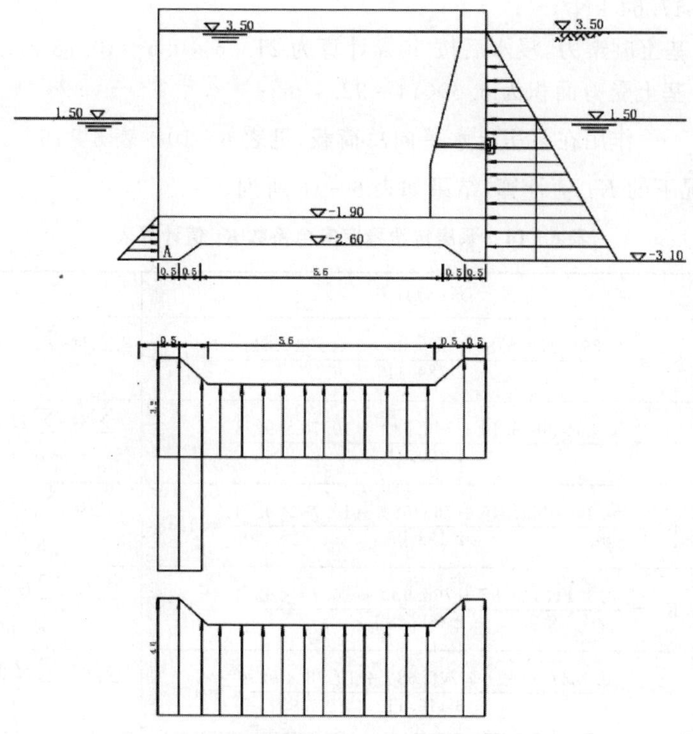

图 6-37 泵房检修期(二)稳定计算图(单位:m)

6.5.4 泵房抗滑稳定性计算

1. 计算资料

抗滑稳定容许安全系数$[K_c]$:查资料得四级建筑物基本荷载组合为 1.2,特殊荷载组合为 1.0。其余资料与基底压应力计算部分相同。

2. 抗滑稳定安全系数 K_c

抗滑稳定安全系数用下式计算。

$$K_c = \frac{f_0(\sum G + W) + CA}{\sum H}$$

式中:f_0——齿坎间基土摩擦系数,$f_0 = \text{tg}\,\phi = \text{tg}\,20° = 0.364$;

$\sum G$ ——基础上全部垂直向荷载,见表 6-10~表 6-15 计算;

W——底板下齿坎间土体重,其体积为$\frac{(5.6+6.6)\times 0.5}{2}\times 13.5 = 41.175\text{m}^3$。

其中水下部分用饱和容重 18.62 kN/m³,水上部分用自然容重

17.64 kN/m^3；

C——基土凝聚力，浸水后按50%计算为21.56×0.5=10.78 kN/m^2；

A——基土受剪面积为6.6×14=92.4 m^2；

$\sum H$ ——作用在泵房上水平向总荷载，见表6-10～表6-15。

则各工况下的K_c值计算，结果如表6-16所列。

表6-16 泵房抗滑稳定安全系数 K_c 值计算表

计算工况	K_c 值计算	备注
完建期	$K_c=\dfrac{0.364(10055.83+726.33)+10.78\times92.4}{2\ 739.41}=1.49$	$\sum G$、$\sum H$ 值见表6-7，$[K_c]=1.2$
运行期(一)	$K_c=\dfrac{0.364(6688.18+766.68)+10.78\times92.4}{1\ 420.41}=2.03$	$\sum G$、$\sum H$ 值见表6-8，$[K_c]=1.2$
运行期(二)	$K_c=\dfrac{0.364(7551.46+766.68)+10.78\times92.4}{2\ 158.08}=1.48$	$\sum G$、$\sum H$ 值见表6-9，$[K_c]=1.2$
运行期(三)	$K_c=\dfrac{0.364(8140.95+766.68)+10.78\times92.4}{2\ 468.88}=1.38$	$\sum G$、$\sum H$ 值见表6-10，$[K_c]=1.2$
检修期(一)	$K_c=\dfrac{0.364(8063.1+766.68)+10.78\times92.4}{3\ 110.11}=1.09$	$\sum G$、$\sum H$ 值见表6-11，$[K_c]=1.0$
检修期(二)	$K_c=\dfrac{0.364(7919.92+766.68)+10.78\times92.4}{2\ 158.08}=1.54$	$\sum G$、$\sum H$ 值见表6-12，$[K_c]=1.0$

6.5.5 泵房稳定性计算成果汇总

上述计算表明：各项指标符合规定要求，满足整体稳定，所拟泵房尺寸合理。计算成果如表6-17所列。

表6-17

工况	水位组合/m		水位组合/m		基底压应力 P(kN/m^2)		不均匀系数		抗滑稳定系数	
	湿室内	湿室外	进水侧	出水侧	P_{min}^{max}	$[P]$	η	$[\eta]$	K_c	$[K]$
完建期	−3.1	−3.1	0.05		91.74 84.68	146.42	1.083	1.5	1.49	1.2
运行期(一)	3.5	3.5		0.11	63.77 53.57	126.61	1.19	1.5	2.03	1.2
运行期(二)	1.5	1.5	0.12		72.52 59.95	126.61	1.21	1.5	1.48	1.2

续表 6 - 17

工　况	水位组合/m		水位组合/m		基底压应力 $P(\mathrm{kN/m^2})$		不均匀系数		抗滑稳定系数	
	湿室内	湿室外	进水侧	出水侧	P_{min}^{max}	[P]	η	[η]	K_c	[K]
运行期(三)	0.22	0.22	0.12		78.19 64.63	126.61	1.21	1.5	1.38	1.2
检修期(一)	−1.9	0.0	0..20		81.89 59.55	126.61	1.38	1.5	1.09	1.0
检修期(二)	1.5 1 孔～1.9	1.5	0.06		72.76 66.18	126.61	1.1	1.5	1.54	1.0

6.6　泵站进出水建筑物设计

本节包括进水前池、出水管路与出水池等内容。

6.6.1　前池设计

1. 型　式

根据泵站枢纽总体布置，本设计采用正向式进水前池。斜坡式池壁，与进水池侧池壁(即湿室边墩)用八字形翼墙连接。

2. 尺寸拟定

(1) 立面尺寸

① 前池底坡 i。引渠末端底高程−1.23 m，湿室底板高程−1.9 m，两者高差为−1.23−(−1.9)＝0.67 m。按经验规定，前池底坡在靠近湿室处为 0.2～0.3，本设计取 0.2，则该段底坡所占池长为 0.67/0.2＝3.35 m，取 3.0 m。前池靠近湿室段实际底坡 i＝0.67/3.0＝0.223，其余段底坡与引渠底坡一致。

② 前池顶高程。前池顶与引渠堤顶高程齐平为 4.0 m，在原地面 3.0 m 高程处与引渠一样设置 1.0 m 宽的平台。使前池横断面设计成复式断面。边坡系数取 1.5。

(2) 平面尺寸

池长 L 用下式计算确定

$$L=\frac{B-b}{2}\mathrm{ctg}\,\frac{\propto}{2}$$

式中：B——湿室总宽度 11.8 m；

b——引渠渠底宽度 4.2 m；

α——前池平面扩散锥角，取经验值 30°。

则 $L=\frac{11.8-4.2}{2}\times ctg\frac{30^\circ}{2}=3.8\times3.732=14.18$ m，取 14.0 m。除去 3.0 m 标准底坡段外，实际扩散锥角为 38°。

(3) 细部结构设计

池底 3.0 m 标准底坡段用 100 号混凝土现浇，防渗透铺盖。铺盖段以外 3.0 m 为 50 号砂浆砌石护底，厚度 0.4 m，并设置 $\phi50$ 间距为 1.0 m 的梅花状冒水孔，下设反滤排水。其余 8.0 m 段为 0.4 m 厚的浆砌块石护底，下设 0.1 m 砂石垫层。斜坡池壁用 0.3 m 厚浆砌块石护砌，下设 0.1 m 砂石垫层。八字形翼墙为顶宽 0.6 m 的浆砌块石变截面重力式结构。前池尺寸与结构如图 6－38 所示。

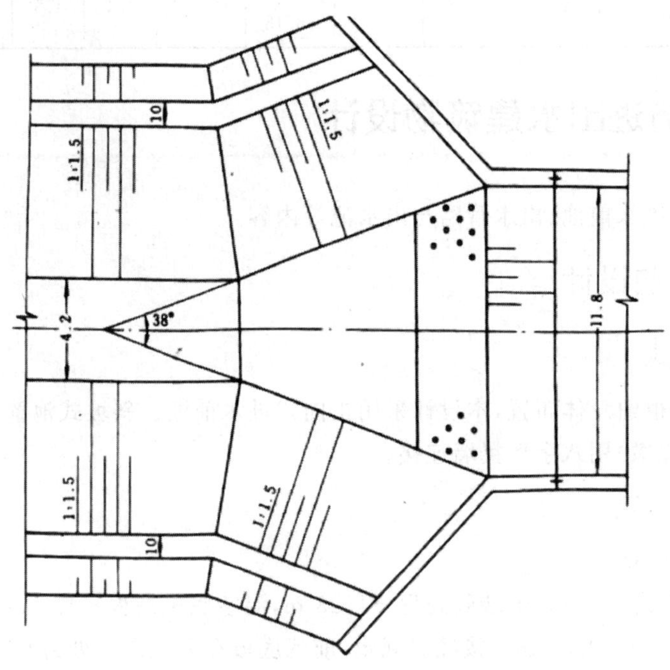

图 6－38　进水前池工程示意图(单位:m)

6.6.2　出水管路与出水池设计

1. 出水管路

本设计属低扬程短管路泵站，为满足泵站效率要求，必须将管路运行效率限制在一定范围内。因此，应尽量扩大管径，缩短管长，以减少水头损失。

(1) 管　材

因管内压力较低，故选用低压法兰接头铸铁管。

(2) 管　径

管径用下式计算后取标准值。

$$D=\sqrt{\frac{4Q}{\pi V}}$$

式中：Q——通过管路的流量，本设计取水泵铭牌流量 1.305 m^3/s；

V——管路控制流速，本设计取 1.5 m/s。

则 $D=\sqrt{\frac{4\times 1.305}{3.14\times 1.5}}=1.05$ m，取标准管径 1.0 m。

(3) 管路附件

渐扩接管 1 个：长度为 $L_{扩}=2(D_{大}-D_{小})+150$ mm $=2\times(1\,000-800)+150=550$ mm；30°弯头 1 个；软接头两个；出口渐扩管 1 个：取出口直径为 1.2 m，长为 0.55 m 的铸铁件；断流设施采用快速闸门。

2. 出水池

(1) 型　式

采用池中设隔墩的开敞式侧向水池。

(2) 尺寸确定

① 池底高程 $\nabla H_{底}$ 用下式计算

$$\nabla H_{底}=\nabla H_{min}-(h_{淹}+D_{出}+P)$$

式中：∇H_{min}——出水池最低水 3.84 m；

$h_{淹}$——出水管路出口最小淹没深度，取 $2\frac{V_{出}^2}{2g}$；

$D_{出}$——出水管路出口直径 1.2 m；

P——出水管路出口下缘至池底净空，取 0.3 m；

$V_{出}$——出水管路出口处流速，$V_{出}=\frac{4\times 1.305}{3.14\times 1.2^2}=1.15$ m/s。

则 $\nabla H_{底}=3.84-\left(2\times\frac{1.15^2}{19.62}+1.2+0.3\right)=3.84-(0.14+1.2+0.3)=2.2$ m。

② 池顶高程 $\nabla H_{顶}$ 用下式计算

$$\nabla H_{顶}=\nabla H_{max}+a$$

式中：∇H_{max}——出水池最高水位 4.14 m；

a——出水池壁安全超高，取 0.5 m。

则 $\nabla H_{顶}=4.14+0.5=4.64$ m，取整数 4.7 m。

③ 池长 L 用下式计算确定

$$L=n(D_{出}+2b)+(n-1)\delta+5D_{出}$$

式中：n——出水管路入池根数，本设计为 4 根；

b——出水口至两侧墩壁净间距，本设计取 0.7 m；

δ——池中快速闸门墩厚度，取 0.5 m；

其余符号同前。

则 $L=4(1.2+2\times0.7)+(4-1)\times0.5+5\times1.2=17.9$ m。

④ 池宽 B。$B_1=(4\sim5)D_{出}=(4\sim5)\times1.2=4.8\sim6.0$，取 5.0 m；$B_4=B_1+3D_{出}=5.0+3\times1.2=8.6$ m。

⑤ 收缩段长度 $L_{缩}$ 用下式计算后确定

$$L_{缩}=\frac{B-F}{2}\times\text{ctg}\,\frac{\alpha}{2}$$

式中：B——出水池末端宽度，即 B_4 为 8.6 m；

F——输水渠底宽 3.0 m；

α——渐缩收缩锥角，本设计取 45°。

则 $L_{缩}=\dfrac{8.6-3.0}{2}\times\text{ctg}\,\dfrac{45^\circ}{2}=2.8\times2.414=6.76$ m，取 7.0 m。

⑥ 渠首护砌段长度 $L_{护}$。渠首护砌段凭经验取 5 倍渠道设计水深，本设计渠中水深为 1.63 m，则 $L_{扬}=5\times1.63=8.15$ m，取整数 8.0 m。

(3) 细部结构设计

① 挡水墙与闸墩。挡水墙净高为 4.7－2.2＝2.5 m，顶宽为 0.4 m，采用钢筋混凝土重力式结构，与闸墩一并浇筑，墩厚 0.5 m，墩顶与池顶齐平，墩长为 1.5 m，闸门槽断面为 0.2 m×0.1 m，墙墩底板厚 0.5 m，其尺寸如图 6－39 所示。

② 底板。池底板与挡水墙做成分离式结构，采用 0.4 m 厚钢筋混凝土实心板，接缝处设水平止水。

③ 收缩段。为斜坡式渐变段，与挡水墙用八字形翼墙连接。采用 0.4 m 厚 50 号砂浆砌石护坡护底，底面设 0.1 m 砂石垫层，与池底高差为 2.37－2.2＝0.17 m，采用垂直坎方式连接。

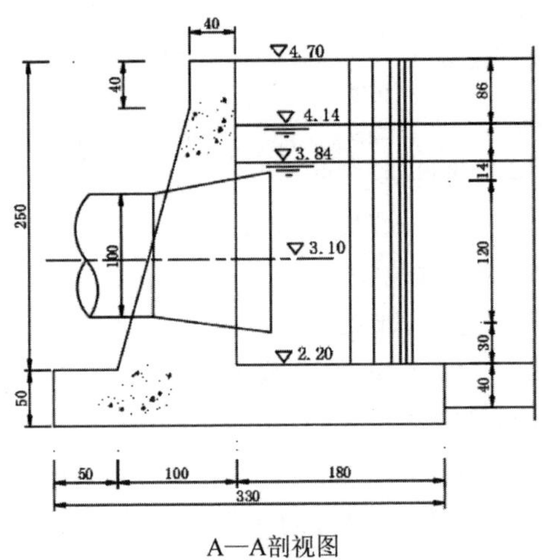

图 6－39　挡水墙与闸墩尺寸结构图(单位:cm)

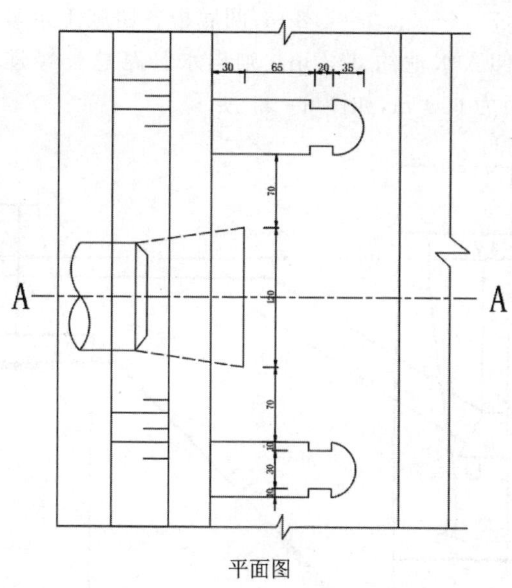

平面图

图 6-39　挡水墙与闸墩尺寸结构图(单位:cm)(续)

④ 护砌段。采用 0.3 m 厚干砌块石护坡护底,下设 0.1 m 厚砂石垫层。

出水池尺寸如图 6-40 所示。

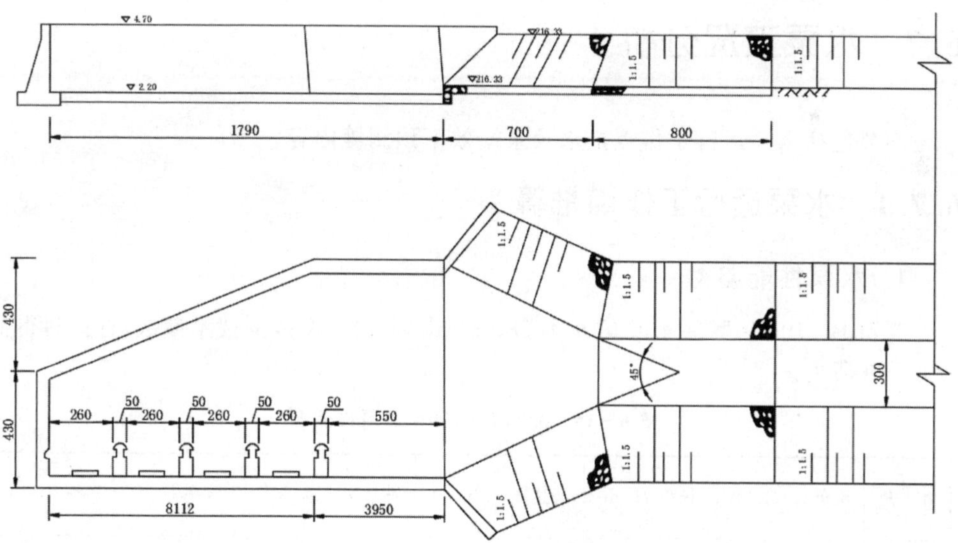

图 6-40　出水池尺寸结构示意图(单位:cm)

3. 出水管路长度

出水管路长度按照出水池挡水墙建在泵房施工开挖线以外的原状土上为原则确定,以避免日后出水池发生过多沉陷而影响管路安全。泵房底板底面与出水池挡水墙底板底面高差为 1.7－(－3.1)＝4.8 m，两底板各留施工余量为 0.5 m，泵房基坑开挖边坡取 1∶1管口伸入水池约 0.3 m。则出水管路总长经逐段计算累加得 9.88 m，泵房与出水池净距为 6.9 m，如图 6－41 所示。

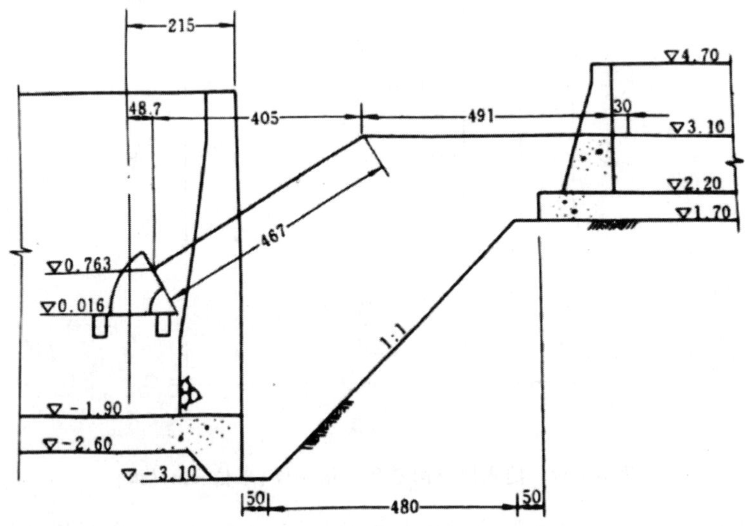

图 6－41　出水管路长度确定计算示意图(单位:cm)

6.7　水泵工况分析

本节包括水泵运行工作点推求及泵站效率预测等内容。

6.7.1　水泵运行工作点推算

1. 水泵性能参数

32ZLB－100A 型泵 4°叶角 n 为 580 r/min 下的工作范围技术参数，查资料得如表 6－18 所列。

表 6－18　32ZLB－100A 型泵性能表

叶　角	流量 Q/(L/s)	扬程 H/m	转速 n/(r/min)	轴功率 $N_{轴}$/kW	效率 η/%	备　注
4°	1 027	4.83	580	66.5	73.2	
	1 305	3.00		47.8	80.2	
	1 471	1.79		35.1	73.5	

2. 管路性能参数

用下式计算管路性能参数

$$h_{损} = SQ^2$$

和

$$S = S_{沿} + S_{局} = 10.3n^2 \frac{L}{D^{5.33}} + 0.083 \sum \frac{\xi}{d^4}$$

式中：$S_{沿}$——管路沿程阻力系数，s^2/m^5；

$S_{局}$——管路局部阻力系数，s^2/m^5；

n——管内壁糙率，本设计用铸铁管，查资料得 0013；

L——管路总长度 9.88 m；

D——管路直径 1.0 m；

ζ、d——局部阻力参数和管路局部阻力处直径，查资料得 $\zeta_{扩}=0.18$、$d=0.8$ m；$\zeta_{30°}=0.33$、$d=1.0$ m；$\zeta_{软}=0.2$、$d=1.0$ m；$\zeta_{扩}=0.18$、$d=1.0$ m；$\zeta_{出}=1.0$、$d=1.2$ m。

则 $S=10.3\times0.013^2\times\frac{9.88}{1.0^{5.33}}+0.083\times\left[\frac{0.18}{0..8^4}+\frac{0.33}{1.0^4}+\frac{2\times0.2}{1.0^4}+\frac{0.18}{1.0^4}+\frac{1.0}{1.2^4}\right]=0.17(s^2/m^5)$。

按公式 $h_{损}=SQ^2$ 列表计算 $h_{损}\sim Q$ 参数值。

3. 工作点推求

采用如图 6－42 所示的图解法推算运行工作点，编制的泵站运行工况表如表 6－20 所列。

表 6－19　管路性能参数计算表

$Q(m^3/s)$	1.027	1.10	1.20	1.30	1.35	1.40	1.47	1.5
Q^2	1.055	1.21	1.44	1.69	1.823	1.96	2.161	2.25
$h_{损}=0.17Q^2$/m	0.18	0.205	0.244	0.286	0.31	0.33	0.366	0.38

表 6－20　泵站运行工况表

出水池水位/m	4.14			3.84		
进水池水位/m	3.23	1.23	0.23	3.23	1.23	0.23
净扬程/m	0.91	2.91	3.91	0.61	2.61	3.61
单泵流量/(L/s)	—	1275	1150	—	1315	1190
单泵轴功率/kW	—	49.8	58.0	—	46.8	56.25
单泵效率/%	—	80	77.2	—	80	78.3

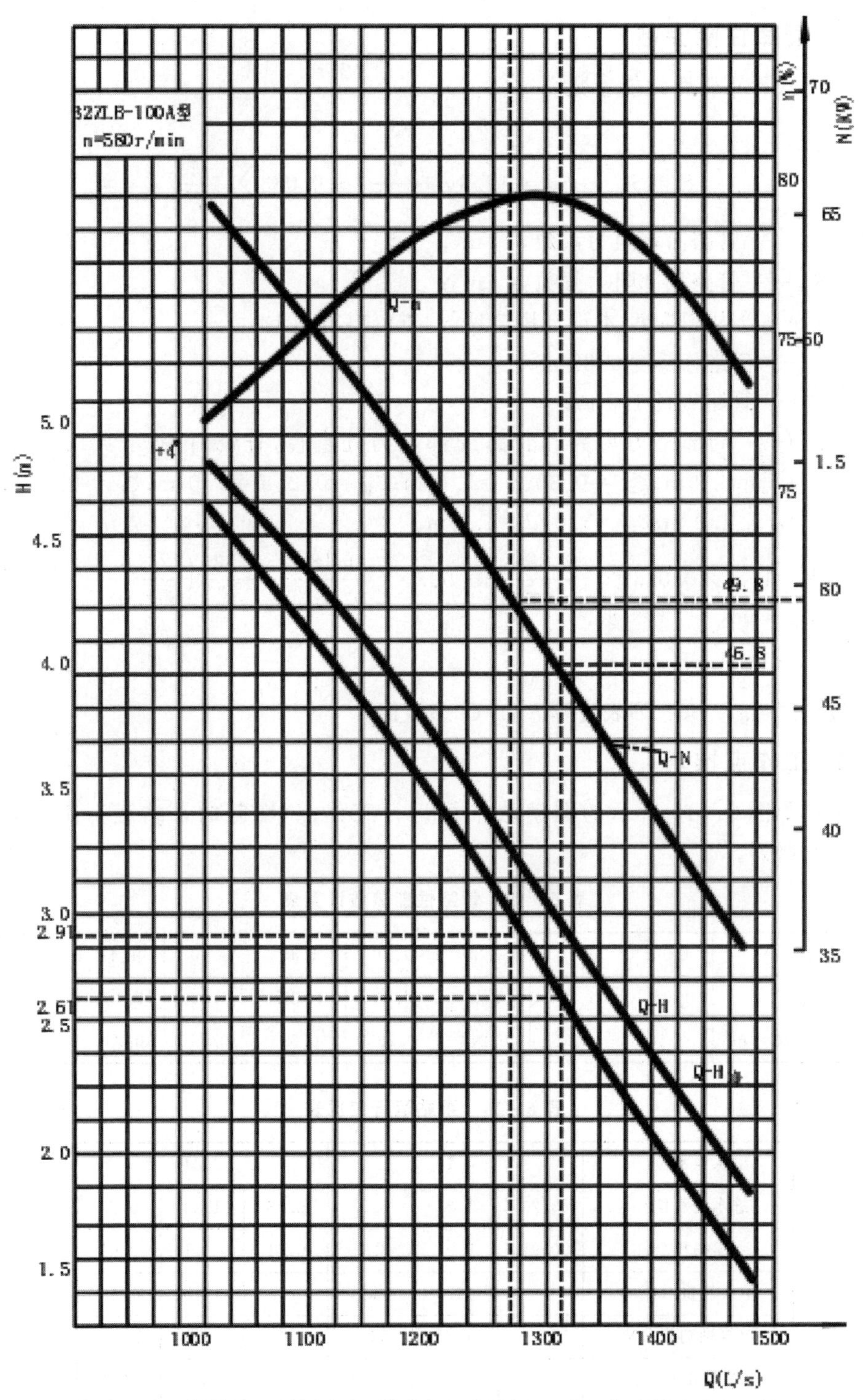

图 6-42　32ZLB-100A 型泵运行工作点推求图

4. 泵站流量校核

从运行工况表中可知：泵站在设计扬程下的流量为 1 275 L/s，则泵站总流量为 4×1 275＝5 100 L/s＞5 000 L/s，满足设计要求。当净扬程超过 3.5 m 时，流量将小于 5 000 L/s，可适当延长运行时间满足灌区对总水量的需求。

6.7.2 泵站效率预测

泵站效率用下式进行预测

$$\eta_{站}=\eta_{泵}\,\eta_{动}\,\eta_{传}\,\eta_{管}\,\eta_{池}$$

式中：$\eta_{泵}$——查运行工况表水泵运行效率在设计工况下为 80%；

$\eta_{动}$——电机运行效率，按负荷率状况对额定效率作适当调整得到。查运行工况表得设计工况下轴功率为 49.8 kW，电机负荷率为 49.8/80＝0.622 5＜0.75。应将额定效率调低，原电机效率为 91.2%，调低后的效率为 89.2%；

$\eta_{传}$——机组传动效率，弹性联轴器传动取 0.995；

$\eta_{管}$——管路效率，查图 6－42 得设计工况下的水泵扬程为 3.2 m，则管路效率为 2.91/3.2＝0.91；

$\eta_{池}$——水池效率，输水渠首与引渠末端间水位差比上下水池水位差即是。本设计估算为 0.95。

则 $\eta_{站}$＝0.8×0.892×0.995×0.91×0.95＝0.613 8＝61.38%＞54.4%，符合规定要求。

第 7 章

机电设备

7.1 水 泵

7.1.1 离心泵

1. IS 型泵

IS 型泵是中国根据 ISO 国际标准最新研制的一种系列产品。它已部分代了 BBA 型泵,IS 型泵在效率和吸程方面比 B、BA 型泵均有较大提高,且噪音低,振动小。

(1) 型号意义

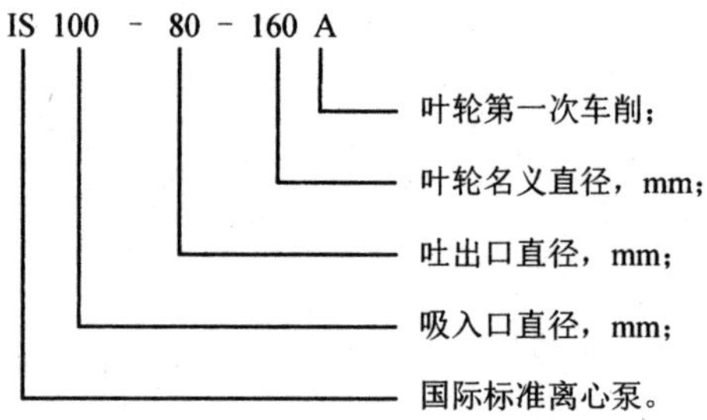

(2) 性 能

IS 型泵的部分性能如表 7-1 所列。

表7-1 IS型泵性能表

型　号	流量 Q/(L/s)	扬程 H/m	转速 n/(r/min)	效率 η/%	轴功率 N/kW	配套动力		允许吸程 H_s/m	重量/kg
						功率/kW	型　号		
IS100-80-106	18.1 27.8 34.7	14 12.5 11	2 900	78	4.36	5.5	$Y132S_1-2$	5.8	38
IS100-80-106A	16.1 25 31.1	10.5 9.5 8.7	2 900	76	3.06	4	Y112M-2	5.8	38
I5100-80-125	18.1 27.8 34.7	22 20 18	2 900	81	6.72	11	$Y160M_1-2$	5.8	42
IS100-80-125A	16.1 25 31.1	17 15 13	2 900	79	4.65	7.5	$Y132S_2-2$	5.8	42
IS100-80-160	18.1 27.8 34.7	35 32 28	2 900	79	11	15	$Y160M_2-2$	5.8	60
IS100-80-160A	16.1 25 31.1	27 24 22	2 900	77	7.6	11	$Y160M_1-2$	5.8	60
IS100-65-200	18.1 27.8 34.7	55 50 45	2 900	76	17.9	22	Y180M-2	5.8	71
IS100-65-200A	16.1 25 31.1	42 38 35	2 900	74	12.6	18.5	Y160L-2	5.8	71
IS100-65-250	18.1 27.8 34.7	86 80 72	2 900	72	30.3	37	$Y200L_2-2$	5.8	84
IS100-65-250A	16.1 25 31.1	66 61 56	2 900	71	21.1	30	$Y200L_1-2$	5.8	84
IS100-65-315	18.1 27.8 34.7	140 125 115	2 900	65	52.4	75	Y280S-2	5.8	100

续表 7-1

型　号	流量 Q/(L/s)	扬程 H/m	转速 n/(r/min)	效率 η/%	轴功率 N/kW	配套动力		允许吸程 H_s/m	重量/kg
						功率/kW	型　号		
IS100-65-315A	16.9 26.4 32.8	125 111 102	2 900	64	44.9	55	Y250M-2	5.8	100
IS100-65-315B	16.1 25 31.1	110 97 90	2 900	63	37.7	45	Y225M-2	5.8	100
IS150-100-250	36.1 55.6 69.4	86 80 72	2 900	78	56	75	Y280S-2	4.5	95
IS150-100-250A	31.9 48.9 61.1	66 61 56	2 900	76	38.5	55	Y250M-2	4.5	95
IS150-100-315	36.1 55.6 69.4	140 125 115	2 900	74	92.1	110	Y315S-2	4.5	115
IS150-100-315A	33.9 52.2 65.3	125 111 102	2 900	73	77.8	90	Y280M-2	4.5	115
IS150-100-315B	31.9 48.9 61.1	110 97 90	2 900	72	64.6	75	Y280S-2	4.5	115
IS100-80-125	8.61 13.9 17.8	5.5 5 4.5	1 460	78	0.87	1.1	Y90S-4	7.3	42
IS100-80-125A	7.78 12.5 16.1	4.2 3.7 3.3	1 460	76	0.6	0.75	Y802-4	7.3	42
IS100-80-160	8.61 13.9 17.8	8.7 8 7.2	1 460	76	1.43	2.2	Y100L_1-4	7.3	42
IS100-80-160A	7.78 12.5 16.1	6.7 6 5.5	1 460	74	1.0	1.5	Y90L-4	7.3	42
IS100-65-200	8.61 13.9 17.8	14 12.5 11	1 460	73	2.33	3	Y100L_2-4	7.3	46

续表 7-1

型　号	流量 Q/(L/s)	扬程 H/m	转速 n/(r/min)	效率 η/%	轴功率 N/kW	配套动力		允许吸程 H_s/m	重量/kg
						功率/kW	型　号		
IS100-65-200A	7.78 12.5 16.1	10.5 9.5 8.7	1 460	72	1.62	2.2	Y100L_1-4	7.3	46
IS100-100-125	18.1 27.8 34.7	5.5 5.0 4.5	1 460	82	1.66	2.2	Y100L_1-4	6.8	43
IS100-100-125A	16.1 25 31.1	4.2 3.7 3.3	1 460	80	1.13	1.5	Y90L-4	6.8	43
IS100-100-160	18.1 27.8 34.7	8.7 8 7.2	1 460	80	2.73	4	Y112M-4	6.8	47
IS100-100-160A	16.1 25 31.1	6.7 6 5.5	1 460	78	1.9	3	Y100L_2-4	6.8	47
IS150-125-160	36.1 55.6 69.4	8.7 8.0 7.2	1 460	84	5.2	7.5	Y132M-4	5.8	76
IS150-125-160A	31.9 48.9 61.1	6.7 6 5.5	1 460	82	3.51	5.5	Y132S-4	5.8	76
IS150-125-200	36.1 55.6 69.4	14 12.5 11	1 460	82	8.31	11	Y160M-4	5.8	85
IS150-125-200A	31.9 48.9 61.1	10.5 9.5 8.7	1 460	80	5.7	7.5	Y132M-4	5.8	85
IS150-125-250	36.1 55.6 69.4	22 20 18	1 460	81	13.45	18.5	Y180M-4	5.8	120
IS150-125-250A	31.9 48.9 61.1	12 15 13	1 460	79	9.1	15	Y160L-4	5.8	120
IS150-125-315	36.1 55.6 69.4	35 32 28	1 460	78	22.1	30	Y200L-4	5.8	140

续表 7-1

型　号	流量 Q/(L/s)	扬程 H/m	转速 n/(r/min)	效率 η/%	轴功率 N/kW	配套动力		允许吸程 H_s/m	重量/kg
						功率/kW	型　号		
IS150-125-315A	31.9 48.9 61.1	27 24 22	1 460	76	15.1	22	Y180L-4	5.8	140
IS150-125-400	36.1 55.6 69.4	55 50 45	1 460	74	36.8	45	Y225M-4	5.8	160
IS150-125-400A	31.9 48.9 61.1	42 38 35	1 460	72	25.3	37	Y225S-4	5.8	160
IS200-150-200	63.9 87.5 105.6	14 12.5 11	1 460	85	12.6	18.5	Y180M-4	4.5	135
IS200-150-200A	58.3 77.8 94.4	10.5 9.5 8.7	1 460	82	8.84	15	Y160L-4	4.5	135
IS200-150-250	63.9 87.5 105.6	22 20 18	1 460	85	20.2	30	Y200L-4	4.5	160
IS200-150-250A	58.3 77.8 94.4	17 15 13	1 460	83	13.8	18.5	Y180M-4	4.5	160
IS200-150-315	63.9 87.5 105.6	35 32 28	1 460	83	33.1	45	Y225M-4	4.5	190
IS200-150-315A	58.3 77.8 94.4	27 24 22	1 460	81	22.6	37	Y225S-4	4.5	190
IS200-150-400	63.9 87.9 105.6	55 50 45	1 460	80	53.6	75	Y280S-4	4.5	215
IS200-150-400A	58.3 77.8 94.4	42 38 35	1 460	78	37.2	55	Y250M-4	4.5	215

(3) IS 型泵外形及安装尺寸

IS 型泵的外形及安装尺寸，如图 7-1 所示，如表 7-2 所列。

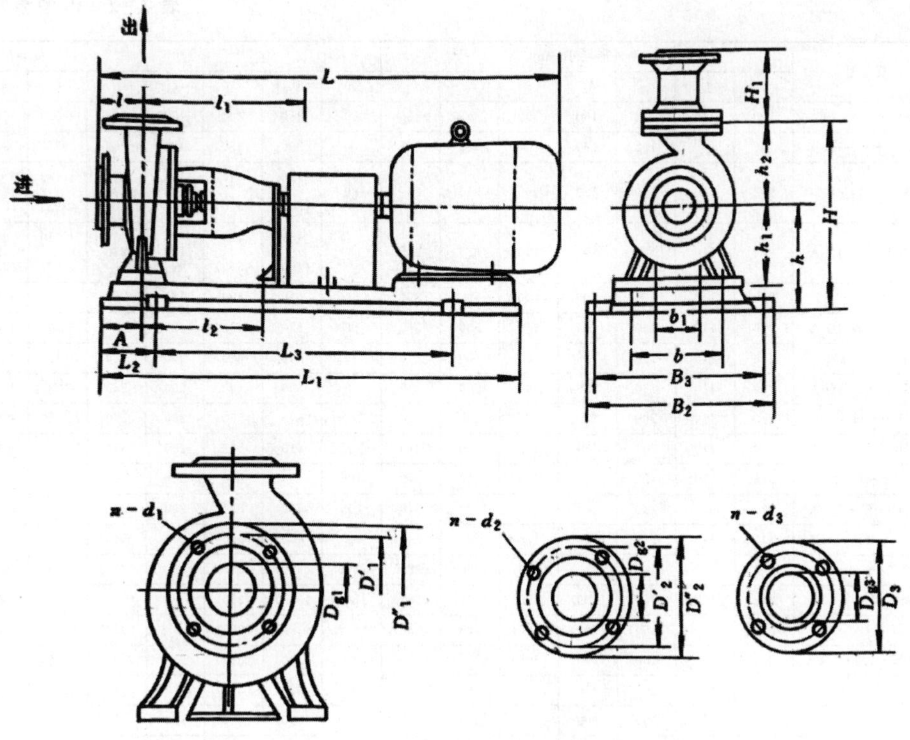

图 7－1　IS 型泵外形及安装尺寸

2. B 型泵

IS 型泵目前生产厂家不多，现尚保留部分 B 型系，供参考。

（1）型号意义

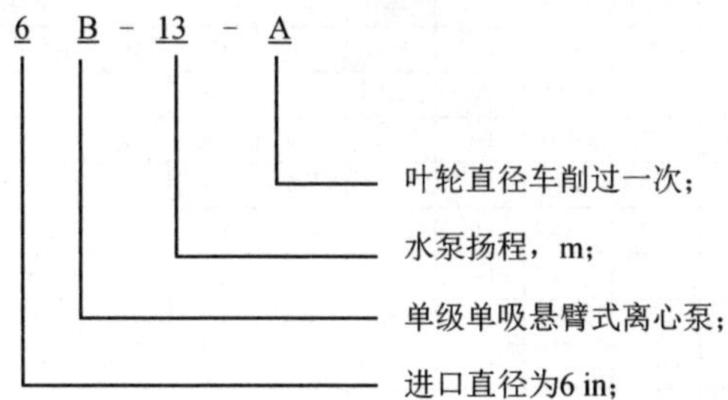

（2）性能

B 型泵性能如表 7－3 所列。

表 7 - 2　IS 型泵外形

型　号	泵外形尺寸/mm							安装尺寸						
	b	b_1	h_1	h_2	l	l_1	l_2	A	B_2	B_3	H_1	h	L	L_1
IS100 - 80 - 106	190	110	132	160	100	385	285	80	450	400	120	202	1 060	930
IS100 - 80 - 106A	190	110	132	160	100	385	285	70	390	350	120	202	985	870
IS100 - 80 - 125	212	110	160	180	100	385	285	80	490 (390)	440 (350)	120	230	1 185 (895)	1 045 (830)
IS100 - 80 - 125A	212	110	160	180	100	385	285	(180)	450 (390)	400 (350)	120	230	1 060 (870)	930 (830)
IS100 - 80 - 160	212	110	160	200	100	500	370	85	540	490	120	260	1 300	1 170
IS100 - 80 - 160A	212	110	160	200	100	500	370	85	540	490	120	260	1 300	1 170
IS100 - 65 - 200	250	110	180	225	100	500	370	85	540	490	200	280	1 410	1 250
IS100 - 65 - 200A	250	110	180	225	100	500	370	85	540	490	200	280	1 385	1 250
IS100 - 65 - 250	280	110	200	250	125	500	370	105	610	550	200	320	1 540	1 355
IS100 - 65 - 250A	280	110	200	250	125	500	370	105	610	550	200	320	1 540	1 355
IS100 - 65 - 315	315	110	225	280	125	530	370	105	730	670	200	400	1 795	1 635
IS100 - 65 - 315A	315	110	225	280	125	530	370	105	660	600	200	370	1 725	1 520
IS100 - 65 - 315B	315	110	225	280	125	530	370	105	660	600	200	345	1 610	1 470
IS100 - 100 - 125	(212)	110	(160)	(180)	(100)	(385)	(285)	(80)	(390)	(350)	—	(230)	(965)	(880)
IS100 - 100 - 125A	(212)	110	(160)	(180)	(100)	(385)	(285)	(80)	(390)	(350)	—	(230)	(920)	(880)
IS100 - 100 - 160	(212)	110	(160)	(200)	(100)	(385)	(285)	(80)	(390)	(350)	—	(230)	(985)	(880)
IS100 - 100 - 160A	(212)	110	(160)	(200)	(100)	(385)	(285)	(80)	(390)	(350)	—	(230)	(985)	(880)
IS100 - 80 - 160	212	110	160	200	(100)	385	285	(80)	(390)	(350)	120	(230)	965	(880)
IS100 - 80 - 160	212	110	160	200	(100)	385	285	(80)	(390)	(350)	120	(230)	920	(880)
IS100 - 65 - 200	250	110	180	225	(100)	385	285	(80)	450	400	200	250	965	(880)
IS100 - 65 - 200A	250	110	180	225	(100)	385	285	(80)	450	400	200	250	965	(880)
IS150 - 125 - 160	(280)	110	(200)	(280)	(140)	(500)	(370)	(105)	(540)	(490)	(150)	(300)	(1 295)	(1 155)
IS150 - 125 - 160A	(280)	110	(200)	(280)	(140)	(500)	(370)	(105)	(540)	(490)	(150)	(300)	(1 255)	(1 115)
IS150 - 125 - 200	280	110	(200)	(280)	(140)	(500)	(370)	(105)	(540)	(490)	150	(300)	(1 380)	(1 230)
IS150 - 125 - 200A	280	110	(200)	(280)	(140)	(500)	(370)	(105)	(540)	(490)	150	(300)	(1 295)	(1 155)
IS150 - 125 - 250	315	110	(250)	(355)	(140)	(530)	(370)	(105)	(610)	(550)	150	(370)	(1 480)	(1 320)
IS150 - 125 - 250A	(315)	110	(250)	(355)	140	(530)	370	(105)	(610)	(550)	150	(370)	(1 455)	(1 320)
IS150 - 125 - 315	(400)	110	(280)	(355)	140	530	370	130	660	600	150	(400)	(1 585)	(1 500)
IS150 - 125 - 315A	(400)	110	(280)	(355)	140	530	370	130	660	600	150	(400)	(1 520)	(1 500)
IS150 - 125 - 400	(400)	110	(315)	(400)	140	530	370	130	660	600	150	(435)	(1 655)	(1 525)
IS150 - 125 - 400A	(400)	110	(315)	(400)	140	530	370	130	660	600	150	(435)	(1 630)	(1 500)
IS150 - 100 - 250	315	110	250	355	140	530	370	130	660	600	200	400	1 810	1 590
IS150 - 100 - 250A	315	110	250	355	140	530	370	130	660	600	200	370	1 740	1 525
IS150 - 100 - 315A	400	110	280	(355)	140	530	370	130	730	670	200	400	1 860	1 660
IS150 - 100 - 315B	400	110	280	(355)	140	530	370	130	730	670	200	400	1 810	1 660
IS200 - 150 - 200	400	110	280	(375)	100	(530)	370	(130)	(610)	(550)	(180)	(400)	(1 540)	(1 390)
IS200 - 150 - 200A	400	110	280	(375)	100	(530)	370	(130)	(610)	(550)	(180)	(400)	(1 515)	(1 390)
IS200 - 150 - 250	400	110	280	(375)	100	(530)	370	(130)	(660)	(600)	(180)	(400)	(1 645)	(1 465)
IS200 - 150 - 250A	400	110	280	(375)	100	(530)	370	(130)	(660)	(600)	(180)	(400)	(1 540)	(1 465)
IS200 - 150 - 315	(450)	(140)	(315)	(400)	100	(670)	500	(130)	(730)	(670)	(180)	(435)	(1 855)	(1 665)
IS200 - 150 - 315A	(450)	(140)	(315)	(400)	100	(670)	500	(130)	(730)	(670)	(180)	(435)	(1 830)	(1 665)
IS200 - 150 - 400	(450)	(140)	(315)	(450)	100	(670)	500	(130)	(730)	(670)	(180)	(435)	(2 010)	(1 795)
IS200 - 150 - 400A	(450)	(140)	(315)	(450)	100	(670)	500	(130)	(730)	(670)	(180)	(435)	(1 940)	(1 730)

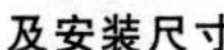

及安装尺寸

/mm			进口法兰/mm				出口法兰/mm				吐出锥管/mm			
L_2	L_3	$4-d$	D_{g1}	D_1'	D_1''	$n-d_1$	D_{g2}	D_2'	D_2''	$n-d_2$	D_{g3}	D_3	$n-d_3$	H
170	660	24	100	180	220	8−18	80	160	200	8−18	100	180	8−18	362
150	600	18.5	100	180	220	8−18	80	160	200	8−18	100	180	8−18	362
190 (150)	740 (600)	24 (18.5)	100	180	220	8−18	80	160	200	8−18	100	180	8−18	410
170 (150)	660 (600)	24 (18.5)	100	180	220	8−18	80	160	200	8−18	100	180	8−18	410
205	840	24	100	180	220	8−18	80	160	200	8−18	100	180	8−18	460
205	840	24	100	180	220	8−18	80	160	200	8−18	100	180	8−18	460
205	840	24	100	180	220	8−18	65	145	185	4−18	100	180	8−18	505
205	840	24	100	180	220	8−18	65	145	185	4−18	100	180	8−18	505
230	940	28	100	180	220	8−18	65	145	185	4−18	100	180	8−18	570
230	940	28	100	180	220	8−18	65	145	185	4−18	100	180	8−18	570
300	1200	28	100	· 180	220	8−18	65	145	185	4−18	100	180	8−18	680
270	1 060	28	100	180	220	8−18	65	145	185	4−18	100	180	8−18	650
270	1 060	28	100	180	220	8−18	65	145	185	4−18	100	180	8−18	625
(150)	(600)	(18.5)	100	180	220	8−18	(100)	(180)	(220)	(8−18)	100	180	8−18	(410)
(150)	(600)	(18.5)	100	180	220	8−18	(100)	(180)	(220)	(8−18)	100	180	8−18	(410)
(150)	(600)	(18.5)	100	180	220	8−18	(100)	(180)	(220)	(8−18)	100	180	8−18	430
(150)	(600)	(18.5)	100	180	220	8−18	(100)	(180)	(220)	(8−18)	100	180	8−18	430
(150)	(600)	(18.5)	100	180	220	8−18	80	160	200	8−18	100	180	8−18	430
(150)	(600)	(18.5)	100	180	220	8−18	80	160	200	8−18	100	180	8−18	430
170	660	(24)	100	180	220	8−18	65	145	185	4−18	100	180	8−18	475
170	660	(24)	100	180	220	8−18	65	145	185	4−18	100	180	8−18	475
(205)	(840)	(24)	(150)	(240)	(285)	(8−23)	(125)	(210)	(250)	(8−18)	(150)	(240)	(8−23)	(580)
(205)	(840)	(24)	(150)	(240)	(285)	(8−23)	(125)	(210)	(250)	(8−18)	(150)	(240)	(8−23)	(580)
(205)	(840)	(24)	(150)	(240)	(285)	(8−23)	(125)	(210)	(250)	(8−18)	(150)	(240)	(8−23)	(580)
(205)	(840)	(24)	(150)	(240)	(285)	(8−23)	(125)	(210)	(250)	(8−18)	(150)	(240)	(8−23)	(580)
(230)	(940)	(28)	(150)	(240)	(285)	(8−23)	(125)	(210)	(250)	(8−18)	(150)	(240)	(8−23)	(725)
(230)	(940)	28	(150)	(240)	(285)	8−23	(125)	(210)	(250)	(8−18)	150	240	8−23	(725)
270	1 060	28	(150)	(240)	(285)	8−23	(125)	(210)	(250)	(8−18)	150	240	8−23	(755)
270	1 060	28	(150)	(240)	(285)	8−23	(125)	(210)	(250)	(8−18)	150	240	8−23	(755)
270	1 060	28	(150)	(240)	(285)	8−23	(125)	(210)	(250)	(8−18)	150	240	8−23	(835)
270	1 060	28	(150)	(240)	(285)	8−23	(125)	(210)	(250)	(8−18)	150	240	8−23	(835)
300	1200	28	150	240	285	8−23	100	210	250	8−18	150	240	8−23	755
300	1200	28	150	240	285	8−23	100	210	250	8−18	150	240	8−23	755
(230)	(940)	28	(200)	(295)	(340)	(12−23)	(150)	(240)	(285)	(8−23)	(200)	(295)	(12−23)	(775)
(230)	(940)	28	(200)	(295)	(340)	(12−23)	(150)	(240)	(285)	(8−23)	(200)	(295)	(12−23)	(775)
(270)	(1 060)	28	(200)	(295)	(340)	(12−23)	(150)	(240)	(285)	(8−23)	(200)	(295)	(12−23)	(775)
(270)	(1 060)	28	(200)	(295)	(340)	(12−23)	(150)	(240)	(285)	(8−23)	(200)	(295)	(12−23)	(775)
(300)	(1200)	28	(200)	(295)	(340)	(12−23)	(150)	(240)	(285)	(8−23)	(200)	(295)	(12−23)	(835)
(300)	(1200)	(28)	(200)	(295)	(340)	(12−23)	(150)	(240)	(285)	(8−23)	(200)	(295)	(12−23)	(885)
(300)	(1200)	(28)	(200)	(295)	(340)	(12−23)	(150)	(240)	(285)	(8−23)	(200)	(295)	(12−23)	(885)
(300)	(1200)	(28)	(200)	(295)	(340)	(12−23)	(150)	(240)	(285)	(8−23)	(200)	(295)	(12−23)	(885)

注：当一种型号有两个数据时，不带括号的为 Y 系列电机转速为 1 460 r/min 时的尺寸，括号内为转速 1 450 r/min 时的尺寸。

表 7-3 B 型泵性能表

型号	流量 Q/(L/s)	扬程 H/m	转速 n/(r/min)	效率 η/%	轴功率 N/kW	配套动力		允许吸程 H_1/m
						功率/kW	型号	
4B15	15 22 27.5	17.6 14.8 10	2 900	78	4.1	4.5	JO2-41-2	5.0
4B15A	14 20 24	14 11 8.5	2 900	75	2.9	4	JO2-32-2	5.0
6B33	30.6 47.2 55.6	36.5 32.5 29.6	1 450	76.5	19.7	28	JO2-72-4	5.9
6B33A	30.6 47.2 55.6	30.5 25.8 21.3	1 450	76	15.7	22	JO2-71-4	5.9
6B33B	30.6 38.9 50	24.4 20 18.1	1 450	74	11.3	17	JO2-62-4	6.3
6B13	35 45 52	14.3 12.5 9.6	1 450	84	6.56	10	JO2-52-4	5.5
6B13A	32 40 45	11 9.5 8	1 450	74	5.0	7.5	JO2-51-4	5.5
8B18A	55.6 72.2 87	17.5 15.7 12.7	1 450	83.5	13.3	17	JO2-62-4	5.8

注：凡已公布淘汰的产品不再列入表中，列出的产品，只择其部分规格。

(3) B 型泵外形及安装尺寸

B 型泵外形与安装尺寸如图 7-2 所示，如表 7-4 所列。

表 7-4 B 型泵外形及安装尺寸

型号	泵外形尺寸/mm										安装尺寸		
	l	l_1	l_2	l_3	l_4	b	h	h_1	A	$4-d$	L	L_1	L_2
4B15	100	413	98	125	82	130	135	150	98	14	894	62	411
4B15A	100	413	98	125	82	130	135	150	98	14	838	62	381
6B33	220	626	160	220	116	260	257	260	200	18	1 428	110	702

续表 7-4

型　号	泵外形尺寸/mm										安装尺寸/mm		
	l	l_1	l_2	l_3	l_4	b	h	h_1	A	$4-d$	L	L_1	L_2
6B33A	220	626	160	220	116	260	257	260	200	18	1 404	110	690
6B33B	220	626	160	220	116	260	257	260	200	18		110	
6B13	110	583	131	190	122	225	225	220	164	18	1 177	95	536
6B13A	110	583	131	190	122	225	225	220	164	18	1 143	95	519
8B18A	220	669	160	220	121	260	270	280	200	18	1 347	110	626

安装尺寸/mm				进口法兰/mm			出口法兰/mm			吐出锥管/mm			电机型号
L_3	B	B_1	H	D_g	D	$n-d$	D_g	D	$n-d$	D_g	D	$n-d$	
651	330	220	192	100	170	4—18	80	150	4—18	100	180	8—18	JO2-41-2
612	300	220	172	100	170	4—18	80	150	4—18	100	180	8—18	JO2-32-2
1 113	510	390	315	150	225	8—18	100	170	4—18	150	240	8—23	JO2-72-4
1 088	510	390	315	150	225	8—18	100	170	4—18	150	240	8—23	JO2-71-4
	510	390	315	150	225	8—18	100	170	4—18	150	240	8—23	JO2-62-4
865	390	390	260	150	225	8—18	125	200	8—18	150	240	8—23	JO2-52-4
833	390	390	260	150	225	8—18	125	200	8—18	150	240	8—23	JO2-51-4
1 003	435	390	290	200	280	8—18	150	225	8—18	200	295	8—23	JO2-62-4

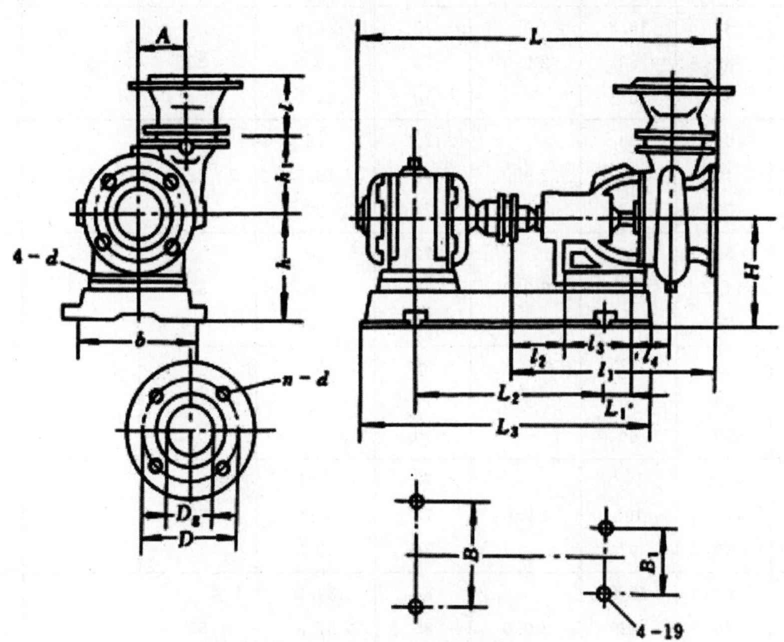

图 7-2　B型泵外形及安装尺寸

3. S、Sh 型系

S、Sh 型系是单级双吸泵壳中开式离心泵。

(1) 型号意义

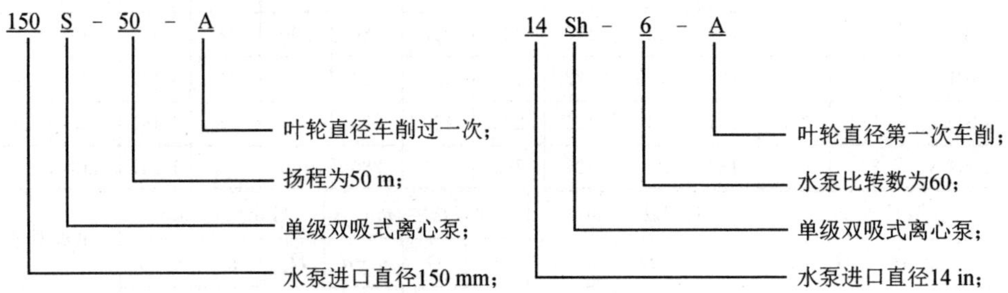

(2) 性　能

S 型泵的部分性能见表 7-5;Sh 型泵的部分性能如表 7-6 所列。

表 7-5　S 型泵性能表

型　号	流量 Q/(L/s)	扬程 H/m	转速 n/(r/min)	效率/%	轴功率 N/kW	配套功率/kW	允许吸程 H_s/m	叶轮直径/mm
150S50	36.2 44.5 61.2	52 50 32	2 950	72.9 79 77	25.3 27.6 31.3	40	5.5	206
150S50A	31 39 50	43.8 39 35	2 950	72 75 70	18.5 19.9 24.5	30	5.5	185
150S50B	30 40 50	38 35 28	2 950	72.5 78 74	16 18.5 20	22	5.5	170
150S78	35 44.5 55	84 78 70	2 950	72 74 72	40 46 52.4	55	5.5	245
150S78A	31 39 50	67 60 50	2 950	68 72 70	30 31.9 38.5	40	5.5	223
150S100	41.6 44.5 50	102 100 97	2 950	72 78 76	54 55.9 59.5	75	5.5	270
200S42	60 78 95	49.2 42 35	2 950	81 85 81	34.8 37.8 40.2	55	5.0	204

续表 7-5

型　号	流量 Q/(L/s)	扬程 H/m	转速 n/(r/min)	效率/%	轴功率 N/kW	配套功率/kW	允许吸程 H_s/m	叶轮直径/mm
200S42A	55 75 86	43 36 31	2 950	76 80 76	30.5 33.1 34.4	40	5.0	193
200S63	60 78 97.5	69 63 50	2 950	73.7 81 70.5	55.1 59.4 67.8	75	5.0	235
200S63A	50 68 90	54.5 48 37.5	2 950	65 77 65	41 41.6 51	55	5.0	210
250S14	100 134.5 160	17.5 14 11	1 450	80 85 78	21.4 21.7 22.1	30	6.2	245
250S14A	89 120 140	13.7 11 8.6	1 450	78 82 75	15.4 15.8 15.8	22	6.2	218
250S24	100 134.5 160	27 24 19	1 450	80 86 82	33.1 36.8 36.4	55	6.2	296
250S24A	95 115 134	22.2 20.3 17.4	1.450	80 83 80	25.8 27.6 28.6	40	6.2	270
250S65	100 134.5 170	71 65 56	1 450	75 79 72	92.8 108.5 129.6	132	6.2	450
250S65A	95 130 150	61 54 50	1 450	7477 75	76.8 89.4 98	112	6.2	400
300S12	170 219 250	14.5 12 10	1 450	80 83 74	30.2 31.1 33.1	40	5.2	251
300S19	170 219 260	22 19 14	1 450	80 87 75	45.9 46.9 47.6	55	5.2	290
300S32	170 219 250	38 32 28	1 450	83 87 80	76.2 79 86	100	5.2	352

续表 7-5

型 号	流量 Q/(L/s)	扬程 H/m	转速 n/(r/min)	效率/%	轴功率 N/kW	配套功率/kW	允许吸程 H_s/m	叶轮直径/mm
300S58	160 219 270	65 58 50	1 450	75 84 80	136 148.5 165.5	190	5.2	445
300S90	164 219 260	93 90 82	1 450	74 80 75	202 242 279	320	5.5	540
350S16	270 350 400	20 16 13.4	1 450	83 86 74	64 64 71	75	4.5	290
350S26	270 350 400	32 26 22	1 450	85 88 82	99.7 101.5 105	112	4.5	340
350S44	270 350 410	50 44 37	1 450	81 87 79	164 177.6 189	220	4.5	410
350S44A	240 310 370	41 36 30	1 450	80 84 80	121 131 136	160	4.5	380
350S75	270 350 400	80 75 65	1 450	78 85 80	271 304 319	360	4.5	500
350S75A	250 325 370	70 65 56	1 450	78 84 79	220 247 257	280	4.5	465
350S125	236 350 461	140 125 100	1 450	70 81 72.5	462 531 623	680	4.5	655
350S125A	223 328 436	125 112 90	1 450	70 78 70	391 462 550	570	4.5	620

表 7－6　Sh 型泵部分性能表

型　号	流量 Q/(L/s)	扬程 H/m	转速 n/(r/min)	效率/%	轴功率 N/kW	配套功率/kW	允许吸程 H/m	叶轮直径/mm
8Sh－13	60 80 95	48 41.3 35	2 950	81 85 81	34.9 38.1 40.2	55	3.6	204
8Sh－13A	55 75 86	43 36 31	2 950	76 80 76	30.5 33.1 34.4	40	4.2	193
10Sh－9	100 135 170	42.5 38.5 32.5	1 470	75 81 79	55.5 63 68.7	75	6.0	367
10Sh－9A	90 130 160	35.5 30.5 25	1 470	74 79 77	42.4 49.3 51	55	6.0	338
10Sh－13	100 135 160	27 23.5 19	1 470	80 86 82	33.1 36.2 36.4	55	6.0	296
10Sh－13A	95 115 134	22.2 20.3 17.4	1 470	80 83 80	25.8 27.6 28.6	40	16.0	270
12Sh－6	164 220 260	98 90 82	1 470	74 77.5 75	213 250 279	300	4.5	540
12Sh－6A	160 210 255	86 78 70	1 470	71 74 71	190 217 246	260	4.7	510
12Sh－6B	150 200 250	72 67 57	1 470	70 73 70	151 180 200	230	4.9	475
12Sh－9	160 220 270	65 58 50	1 470	80 83.5 79	127.5 150 167.5	190	4.5	435
12Sh－13	170 220 250	38 32.2 28	1 470	83 86.5 80	76.2 80.3 86	100	4.5	352

续表 7-6

型　号	流量 Q/(L/s)	扬程 H/m	转速 n/(r/min)	效率/%	轴功率 N/kW	配套功率/kW	允许吸程 H/m	叶轮直径/mm
12Sh-13A	153 200 225	31 26 24	1 470	80 84 78	58.1 60.7 68	75	4.5	322
12Sh-19	170 220 260	23 19.4 14	1 470	80 82 75	47.9 51 47.6	55	4.5	265
14Sh-6	236 347 461	140 125 100	1 470	70 78 72.5	462 545 623	680	3.5	655
14Sh-6A	223 328 436	125 112 90	1 470	70 78 70	391 462 550	570	3.5	620
14Sh-6B	207 305 405	108 96 77	1 470	70 77 72.5	313 373 422	500	3.5	575
14Sh-9	270 350 400	80 75 65	1 470	78 82 80	271 314 319	360	3.5	500
14Sh-9A	250 325 370	70 65 56	1 470	78 84 79	220 247 257	300	3.5	465
14Sh-9B	230 300 340	59 55 47.5	1 470	75 82 77	178 198 206	260	3.5	428
14Sh-13	270 350 410	50 43.8 37	1 470	81 84 79	164 179 189	230	3.5	410
14Sh-13A	240 310 370	41 36 30	1 470	80 84 80	121 130 136	190	3.5	380
14Sh-19	270 350 400	32 26 22	1 470	85 88 82	99.7 102 105	125	3.5	350
14Sh-19A	240 310 360	26 21.5 16.5	1 470	80 85 73	76.5 77 80	100	3.5	326

续表 7-6

型号	流量Q/(L/s)	扬程H/m	转速n/(r/min)	效率/%	轴功率N/kW	配套功率/kW	允许吸程H/m	叶轮直径/mm
20Sh-6	403 560 640	107.5 98.4 89	970	72.5 79.5 76	585 680 735	850	4.0	860
20Sh-6A	375 520 595	93 85 77	970	70 78.8 74	490 550 607	650	4.0	800
20Sh-9	430 560 680	66 59 50	970	82 83 77	340 390 433	460	4.0	682
20Sh-9A	390 530 630	58 50 42	970	74 75 72	300 347 360	380	4.0	640
20Sh-13	430 560 670	40 35.1 30	970	82 88 80	206 219 246.5	280	4.0	550
20Sh-13A	400 520 619	34 31 26	970	85	186	220	4.0	510
20Sh-19	450 560 650	27 22 15	970	75 84 76	159 144 126	185	4.0	465
20Sh-19A	360 520 560	23 17 14	970	73 80 76	111 108 101	0.130	4.0	427
20Sh-28	450 560 646	15.2 12.8 10.6	970	77 80 77	87 88 87.4	115	4.0	390
24Sh-13	695 880 972	56 47.4 38	970	83 88 80	460 465 426	520	2.5	630
24Sh-19	700 880 1 100	37 32 22	970	83 88 83	306 314 286	380	2.5	540
24Sh-19A	640 800 1 000	31.5 27 20	970	84 86 85	235 246 231	280	2.5	500

续表 7-6

型　号	流量 Q/(L/s)	扬程 H/m	转速 n/(r/min)	效率/%	轴功率 N/kW	配套功率/kW	允许吸程 H/m	叶轮直径/mm
24Sh-19B	650 800 950	23.5 21 18	970	77.5 82.5 79.5	193 200 210	240	2.5	470
24Sh-19C	650 800 950	17.5 15.5 13	970	77 82 78.5	145 148 154	185	2.5	430
32Sh-19	1 305 1 530 1 795	35 32.5 25.4	730	78 84 80.4	575 580 567	625	3.5	740
32Sh-19A	1 056 1 400 1 638	31 27.6 23	730	77 83.4 78	416 453 473	500	3.5	7.5

(3) 泵外形及安装尺寸

S 型泵有配带底盘和不配带底盘两种。配带底盘的泵外形及安装尺寸如图 7-3 所示，如表 7-7 所列。不配带底盘的泵外形及安装尺寸如图 7-4 所示，如表 7-8 所列。

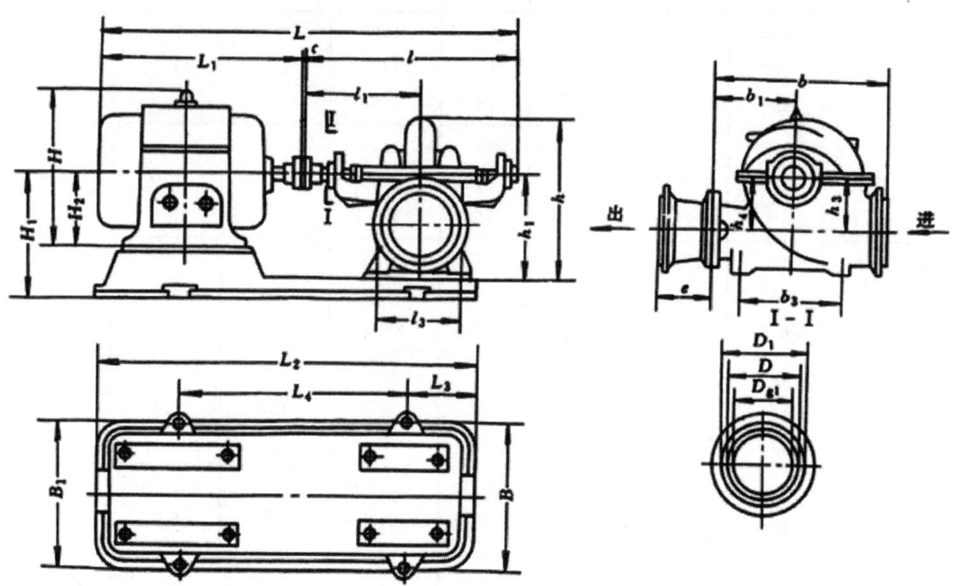

图 7-3　S 型泵配带底盘的外形及安装尺寸图

表 7-7 配带底盘泵外形及安装尺寸

水泵型号	电机型号	泵外形尺寸/mm												安装尺寸/mm			
		l	l_1	l_3	b	b_1	b_3	h	h_1	h_3	h_4	$4-d$	e	L	L_1	L_2	L_3
150S50	Y200L2-2	713.5	397	280	550	250	280	455	285	140	140	18	300	1 492.5	775	1 212.5	215
	JO2-82-2	626	335	200	450	200	110	445	270	130	140	—	300	1 565	928	1 302	150
		704.5	388	250	550	250	250	445	285	140	140	18	300	1 628.5	920	1 345	196
150S50A	Y200L1-2	713.5	397	280	550	250	280	455	285	140	140	18	300	1 492.5	775	1 212.5	215
	JO2-72-2	626	335	200	450	200	110	455	270	130	140	—	300	1 403	766	11 85	150
		704.5	388	250	550	250	250	455	285	140	140	18	300	1 466.5	758	1 245	196
150S50B	JO2-71-2	626	335	200	450	200	110	445	270	130	140	—	300	1 377	740	1 185	150
150S78	Y250M-2	713.5	397	280	550	250	280	472.5	285	140	155	18	300	1 647.5	930	1 382	221
	JO2-91-2	704.5	388	250	550	250	250	472.5	285	140	155	18	300	1 698.5	990	1 392	196
150S78A	Y250M-2	713.5	397	280	550	250	280	472.5	285	140	155	18	300	1 532.5	815	1 273.5	211
	JO2-82-2	704.5	388	250	550	250	250	472.5	285	140	155	18	300	1 628.5	920	1 345	196
200S42	JO2-91-2	744.5	410	250	620	300	250	547	355	170	170	18	375	1 738.5	990	1 423	196
200S42A	JO2-82-2	744.5	410	250	620	300	250	547	355	170	170	18	375	1 668.5	920	1 372	196
200S63	Y280S-2	743.5	409	280	620	300	280	549	355	170	170	18	350	1 747.5	1 000	1 456.5	211
	JO2-92-2	744.5	410	250	620	300	250	549	355	170	170	18	375	1 788.5	1 040	1 473	196
200S63A	Y250M-2	743.5	409	280	620	300	285	549	355	170	170	18	350	1 677.5	930	1 382	221
	JO2-91-2	744.5	410	250	620	300	250	549	355	170	170	18	375	1 738.5	990	1 423	196
250S14	Y200L-4	892.5	485	350	745	330	450	709	450	210	215	27	300	1 677.5	775	1 414.5	260
	JO2-72-4	892.5	485	350	745	330	400	709	450	210	215	27	300	1 654.5	758	1 408	245
250S14A	Y180M-4	892.5	485	350	745	330	450	709	450	210	215	27	300	1 566.5	670	1 308	245
	JO2-71-4	892.5	485	350	745	330	400	709	450	210	215	27	300	1 628.5	732	1 383	245
250S24	JO2-91-4	923.5	502	350	850	400	400	738	450	230	230	27	300	1 917.5	990	1 635	245
250S24A	JO2-82-4	923.5	502	350	850	400	400	738	450	230	230	27	300	1 847.5	920	1 525	245
300S12	Y225S-4	1 008.5	552	450	1 000	500	550	808	510	265	265	27	&	1 832.5	820	1 565	305
300S12	JO2-82-4	958.5	517	450	1 000	500	450	808	510	256	265	27	—	1 882.5	920	1 612	307
300S19	Y250M-4	978.5	537	450	900	400	550	808	510	250	260	27	300	1 912.5	930	1 632	305
	JO2-91-4	958.5	517	450	900	400	450	803	510	250	260	27	300	1 952.5	990	1 652	307
300S32	JO2-93-4	1127	625	—	—	—	760	—	620	260	272	—	—	2 172	1 040	1 740	—
		1 062.5	574	450	880	410	450	824	510	260	270	27	300	2 106.5	1 040	1 770	307

安装尺寸/mm								进口法兰/mm				出口法兰/mm				吐出锥管/mm			
L_4	B	B_1	H	H_1	H_2	C	$4-d_2$	D_{g1}	D、D_2	D_1	$n-d_1$	D_{g1}	D	D_1	$n-d_1$	D_{g1}	D	D_1	$n-d$
800	462	550	475	385	200	4	25	150	240	280	8−23	100	180	215	8−18	150	240	280	8−23
1 000	359	584	560	370	250	3	18	150	240	280	8−23	100	180	215	8−18	150	240	280	8−23
875	472	630	560	385	250	4	25	150	240	280	8−23	100	180	215	8−18	150	240	280	8−23
800	462	550	475	385	200	4	25	150	240	280	8−23	100	180	215	8−18	150	240	280	8−23
885	359	530	498	370	225	4	25	150	240	280	8−23	100	180	215	8−18	150	240	280	8−23
805	472	575	498	385	225	4	25	150	240	280	8−23	100	180	215	8−18	150	240	280	8−23
885	359	530	498	370	225	3	19	150	240	280	8−23	100	180	215	8−18	150	240	280	8−23
884	465	635	575	385	250	4	25	150	240	280	8−23	100	180	215	8−18	150	240	280	8−23
920	472	688	630	385	280	4	25	150	240	280	8−23	100	180	215	8−18	150	240	280	8−23
812	462	564	530	385	225	4	25	150	240	280	8−23	100	180	215	8−18	150	240	280	8−23
875	472	630	560	385	250	4	25	150	240	280	8−23	100	180	215	8−18	150	240	280	8−23
928	472	702	630	455	280	4	25	200	295	335	8−23	150	240	280	8−23	200	295	335	8−23
896	472	642	560	455	250	4	25	200	295	335	8−23	150	240	280	8−23	200	295	335	8−23
927	465	695	640	455	280	4	25	200	295	335	8−23	150	240	280	8−23	200	295	335	8−23
954	472	702	630	455	280	4	25	200	295	335	8−23	150	240	280	8−23	200	295	335	8−23
884	465	635	575	455	250	4	25	200	295	335	8−23	150	240	280	8−23	200	295	335	8−23
928	472	702	630	455	280	4	25	200	295	335	8−23	150	240	280	8−23	200	295	335	8−23
880	665	605	475	570	200	4	23	250	350	390	12−23	200	295	335	8−23	250	350	390	12−23
903.5	640	640	498	570	225	4	25	250	350	390	12−23	200	295	335	8−23	250	350	390	12−23
840	620	530	430	570	180	4	23	250	350	390	12−23	200	295	335	8−23	250	350	390	12−23
891	640	640	498	570	225	4	25	250	350	390	12−23	200	295	335	8−23	250	350	390	12−23
1 055.5	540	725	630	570	280	4	25	250	350	390	12−23	200	295	335	8−23	250	350	390	12−23
988.5	660	660	560	570	250	4	25	250	350	390	12−23	200	295	335	8−23	250	350	390	12−23
1 000	770	685	530	630	225	4	30	300	400	440	12−23	300	400	440	12−23	—	—	—	—
1 003.5	745	705	560	630	250	4	25	300	400	440	12−23	300	400	440	12−23	—		—	—
1 024	775	700	575	630	250	4	30	300	400	440	12−23	250	350	390	12−23	300	400	440	12−23
1 035	760	760	630	630	280	4	25	300	400	440	12−23	250	350	390	12−23	300	400	440	12−23
—	—	—	—	—	—	5	—	300	400	440	12−23	250	350	390	12−23	300	400	440	12−23
1 117.5	750	750	630	630	280	4	25	300	400	440	12−23	250	350	390	12−23	300	400	440	12−23

表7-8 S型不配带底盘泵外形及安装尺寸

水泵型号	电机型号	泵外形尺寸/mm												安装尺寸/mm		
		I	l_1	l_3	b	b_1	b_3	h	h_1	h_3	h_4	$4-d$	e	L	L_1	L_2
150S50	JO2-82-2	626	335	200	450	200	110	445	270	130	140	18	300	1 565	920	560
150S50A	JO2-72-2	626	335	200	450	200	110	445	270	130	140	18	300	1 430	800	526
150S50B	JO2-71-2	626	335	200	450	200	110	445	270	130	140	18	300	1 405	773	514
200S63	Y280S-2	743.5	409	280	620	300	280	549	355	170	170	18	350	1 747.5	1 000	603
200S63A	Y250M-2	743.5	409	280	620	300	280	549	355	170	170	18	350	1677.5	930	581
250S65	JS-115-4	1 100.5	612	450	880	400	550	856	510	240	300	27	500	2 384.5	1 280	851
	JR-115-4	1 100.5	612	450	880	400	550	856	510	240	300	27	500	2 824.5	1 720	851
	JS-115-4	952	532	360	900	450	450	786	450	220	290	27	500	2 237	1 280	817
	JR-115-4	952	532	360	900	450	450	786	450	220	290	27	500	2 677	1 720	817
	JS2-355S2-4	1 046.5	581	350	850	400	400	796	450	240	300	27	500	2 250.5	1 200	834
	JR2-355S2-4	1 046.5	581	350	850	400	400	796	450	240	300	27	500	2 740.5	1 690	834
250S65A	Y280M-4	1 100.5	612	450	880	400	550	856	510	240	300	27	500	2 154.5	1 050	721
	JR-114-4	952	532	360	900	450	450	786	450	220	290	27	500	2 577	1 620	817
	JS-114-4	952	532	360	900	450	450	786	450	220	290	27	500	2 132	1 180	817
	JS2-355S:-4	1 046.5	581	350	850	400	400	796	450	240	300	27	500	2 250.5	1 200	834
	JR2-355S1-4	1 046.5	581	350	850	400	400	796	450	240	300	27	500	2 740.5	1 690	834
300S58	JS-117-4	1 139.5	630	450	1 070	530	550	852	510	240	310	27	300	2 474.5	1330	870
	JR-117-4	1 139.5	630	450	1 070	530	550	852	510	240	310	27	300	2 914.5	1 770	870
	JS2-355M2-4	1 138.5	615	450	1 070	530	450	830	510	250	310	27	300	2 402.5	1 260	818
	JR2-355M2-4	1 138.5	615	450	1 070	530	450	830	510	250	310	27	300	2 892.5	1 750	818
300S90	JS2-400M2-4	1 188.5	664	520	1 046	470	450	898	510	268	325	27	500	2 593.5	1400	934
	JR2-400M2-4	1 188.5	664	520	1 046	470	450	898	510	268	325	27	500	3 073.5	1 880	934
350S16	Y280S-4	1 128.5	622	500	1168	584	600	970	620	310	310	34	—	21 32.5	1 000	706
	JO2-92-4	1 128.5	622	500	1 168	584	600	970	620	310	310	34	—	2 172.5	1 040	706
350S26	JS-115-4	1170.5	642	500	1 040	460	600	963	620	290	300	34	300	2 454.5	1 280	856
	JR-115-4	1 170.5	642	500	1 040	460	600	963	620	290	300	34	300	2 894.5	1 720	856
	JS2-355S1-4	1 170.5	642	500	1 040	460	600	963	620	290	300	34	300	2 374.5	1 200	820
	JR2-355S1-4	1 170.5	642	500	1 040	460	600	963	620	290	300	34	300	2 864.5	1 690	820
350S44	JS2-400S1-4	1 252.5	695	500	1 080	510	600	980	620	300	300	34	300	2 587.5	1 330	940
	JR2-400S1-4	1 252.5	695	500	1 080	510	600	980	620	300	300	34	300	3 067.5	1 810	940
350S44A	JS2-355M1-4	1 252.5	695	500	1 080	510	600	980	620	300	300	34	300	2 517.5	1 200	874
	JR2-355M1-4	1252.5	695	500	1 080	510	600	980	620	300	300	34	300	3007.5	1750	874
350S75	JSQ-147-4	1261.5	700	500	1 250	600	600	1 017	620	274	356	34	500	3 031.5	1765	1 020
	JRQ-147-4	1 261.5	700	500	1 250	600	600	1 017	620	274	356	34	500	3 466.5	2 200	1 020
350S75A	JS2-400M1-4	1 261.5	700	500	1250	600	600	1 017	620	274	356	34	500	2 666:5	1400	945
	JR2-400M1-4	1 261.5	700	500	1 250	600	600	1 017	620	274	356	34	500	3 146.5	1 880	945
350S125	JSQ-158-4	14 49.5	827	500	1210	550	600	1 080	620	330	410	34	750	3 356.5	1 900	1 124
	JRQ-158-4	1 449.5	827	500	1 210	550	600	1 080	620	330	410	34	750	3 771.5	2 315	1 124
350S125A	JSQ-148-4	1 449.5	827	500	1 210	550	600	1 080	620	330	410	34	750	3 221.5	1765	1 149
	JRQ-148-4	1 449.5	827	500	1 210	550	600	1 080	620	330	410	34	750	3 656.5	2 200	1 149

安装尺寸/mm						进口法兰/mm				出口法兰/mm				吐出锥管/mm			
H	H_1	B	A	C	$4-d_2$	D_{g1}	D、D_2	D_1	$n-d_1$	D_{g1}	D	D_1	$n-d_1$	D_{g1}	D	D_1	$n-d$
560	250	349	406	3	25	150	240	280	8—23	100	180	215	8—18	150	240	280	8—23
505	225	311	356	3	20	150	240	280	8—23	100	180	215	8—18	150	240	280	8—23
505	225	286	356	3	20	150	240	280	8—23	100	180	215	8—18	150	240	280	8—23
640	280	368	457	4	24	200	295	335	8—23	150	240	280	8—23	200	295	335	8—23
575	250	349	406	4	24	200	295	335	8—23	150	240	280	8—23	200	295	335	8—23
855	375	590	620	4	26	250	350	390	12—23	150	240	280	8—23	250	350	390	12—23
855	375	590	620	4	26	250	350	390	12—23	150	240	280	8—23	250	350	390	12—23
875	375	590	620	5	26	250	350	390	12—23	150	240	280	8—23	250	350	390	12—23
875	375	590	620	5	26	250	350	390	12—23	150	240	280	8—23	250	350	390	12—23
850	355	500	610	4	30	250	350	390	12—23	150	240	280	8—23	250	350	390	12—23
850	355	500	610	4	30	250	350	390	12—23	150	240	280	8—23	250	350	390	12—23
640	280	419	457	4	24	250	350	390	12—23	150	240	280	8—23	250	350	390	12—23
875	375	490	620	5	26	250	350	390	12—23	150	240	280	8—23	250	350	390	12—23
875	375	490	620	5	26	250	350	390	12—23	150	240	280	8—23	250	350	390	12—23
850	355	500	610	4	30	250	350	390	12—23	150	240	280	8—23	250	350	390	12—23
850	355	500	610	4	30	250	350	390	12—23	150	240	280	8—23	250	350	390	12—23
855	375	640	620	4	26	300	400	440	12—23	250	350	390	12—23	300	400	440	12—23
855	375	640	620	4	26	300	400	440	12—23	250	350	390	12—23	300	400	440	12—23
850	355	560	610	4	30	300	400	440	12—23	250	350	390	12—23	300	400	440	12—23
850	355	560	610	4	30	300	400	440	12—23	250	350	390	12—23	300	400	440	12—23
960	400	630	686	5	36	300	400	440	12—23	200	295	335	8—23	300	400	440	12—23
960	400	630	686	5	36	300	400	440	12—23	200	295	335	8—23	300	400	440	12—23
640	280	368	457	4	24	350	460	500	16—23	350	460	500	16—23	—	—	—	—
630	280	419	457	4	25	350	460	500	16—23	350	460	500	16—23	—	—	—	—
855	375	590	620	4	26	350	460	500	16—23	300	400	440	12—23	350	460	500	16—23
855	375	590	620	4	26	350	460	500	16—23	300	400	440	12—23	350	460	500	16—23
850	355	500	610	4	30	350	460	500	16—23	300	400	440	12—23	350	460	500	16—23
850	355	500	610	4	30	350	460	500	16—23	300	400	440	12—23	350	460	500	16—23
960	400	560	686	5	36	350	460	500	16—23	300	400	440	12—23	350	460	500	16—25
960	400	560	686	5	36	350	460	500	16—23	300	400	440	12—23	350	460	500	16—25
850	355	560	610	5	30	350	460	500	16—23	300	400	440	12—23	350	460	500	16—25
850	355	560	610	5	30	350	460	500	16—23	300	400	440	12—23	350	460	500	16—25
1 130	560	870	940	5	42	350	460	500	16—23	250	350	390	12—23	350	460	500	16—25
1 130	560	870	940	5	42	350	460	500	16—23	250	350	390	12—23	350	460	500	16—25
960	400	630	686	5	36	350	460	500	16—23	250	350	390	12—23	350	460	500	16—25
960	400	630	686	5	36	350	460	500	16—23	250	350	390	12—23	350	460	500	16—25
1 280	630	1 020	1 100	7	42	350	470	520	16—25	200	295	335	12—23	350	470	520	16—25
1 280	630	1 020	1 100	7	42	350	470	520	16—25	200	295	335	12—23	350	470	520	16—25
1 130	560	870	940	7	42	350	470	520	16—25	200	295	335	12—23	350	470	520	16—25
1 130	560	870	940	7	42	350	470	520	16—25	200	295	335	12—23	350	470	520	16—25

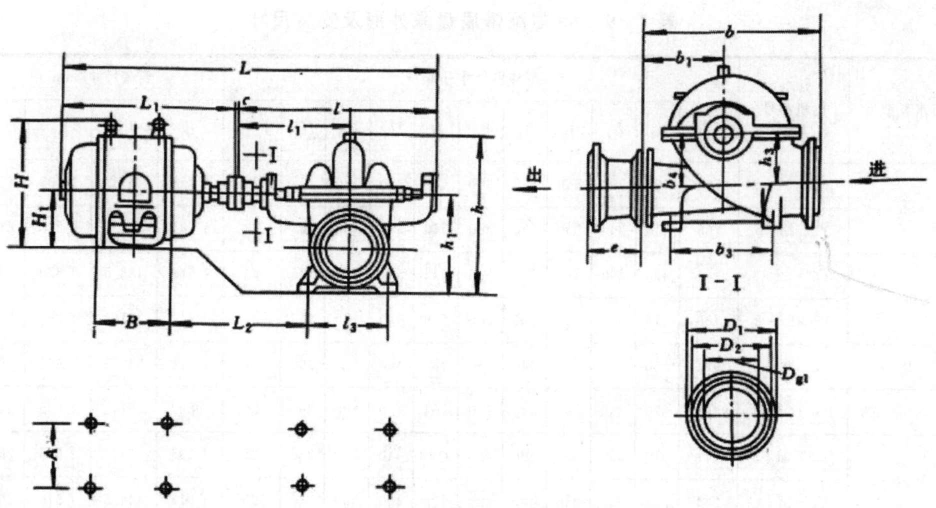

图7-4　S型泵不佩带底盘的外形及安装尺寸示意图

Sh型泵也有配带底盘和不配带底盘两种。配带底盘的泵外形及安装尺寸如图7-5所示，如表7-9所列，不配带底盘的泵外形及安装尺寸如图7-6所示，如表7-10所列。

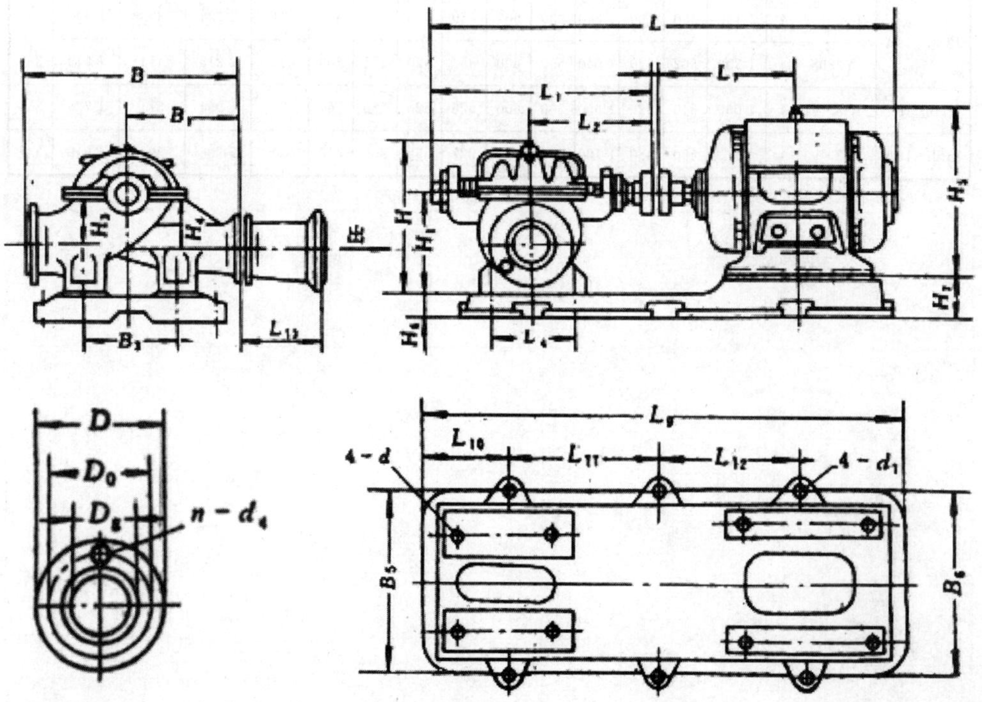

图7-5　Sh型泵配带底盘的外形及安装尺寸示意图

表 7－9　Sh 型配带底盘泵外形及安装尺寸

水泵型号	电机型号	泵外形尺寸/mm											安装尺寸/mm			
		L_1	L_2	L_4	B	B_1	B_3	H	H_1	H_3	H_4	$4-d$	L	L_7	L_9	L_{10}
8Sh－13	JO2－91－2	764	420	300	550	250	300	542	350	160	165	23	1 758	514	1 505	210
	Y225M－2	765	416	300	550	250	300	549	350	160	165	23	1 584	414.5	1 260	210
8Sh－13A	JO2－82－2	764	420	300	550	250	300	542	350	160	165	23	1 688	482.5	1 370	209
	Y200L2－2	765	416	300	550	250	300	549	350	160	165	23	1 544	395.5	1 266	210
10Sh－9	JO2－92－4	971	540	360	890	440	480	750	440	200	260	27	2 015	539.5	1 665	259
10Sh－9A	JO2－91－4	988.5	529	360	890	440	480	754	440	200	260	25	1 982.5	514	1 635	242
10Sh－13	JO2－91－4	941	510	380	850	400	480	? 23	440	230	230	25	1 935	514	1 665	259
	Y225M－4	964	531	380	850	400	480	728	440	230	230	25	1 813	444.5	1 510	267
10Sh－13A	JO2－82－4	941	510	380	850	400	480	723	440	230	230	25	1 865	482.5	1 600	280
	Y225S－4	964	531	380	850	400	480	728	440	230	230	25	1 788	432	1 510	267
12Sh－13	JO2－93－4	1 190	650	520	1 040	500	600	850	520	275	305	41	2 234	539.5	1 890	361
	Y280M－4	1 209	662	520	1 040	500	600	854	520	275	305	25	2 263	539.5	1 949	380
12Sh－13A	JO2－92－4	1 190	650	520	1 040	500	600	850	520	275	305	41	2 234	539.5	1 890	361
	Y280S－4	1 209	662	520	1 040	500	600	854	520	275	305	25	2 213	514	1 949	380
12Sh－19	JO8－91－4	1 000	540	520	1 000	500	600	826	520	250	260	25	1 994	514	1 725	359
14Sh－19A	JO2－93－4	1252	680	480	1 100	500	560	927	560	300	310	30	2 296	539.5	1 910	337

安装尺寸/mm										进口法兰/mm				出口法兰/mm				吐出锥管/mm			
L_{11}	L_{12}	L_{13}	B_5	B_6	H_5	H_6	H_7	C	$4-d$	D	D_o	D_g	$n-d_o$ (d_4)	D	Do	D_g	$n-d_o$	D	D_o	D_g	$n-d_o$ (d_4)
—	1 000	375	450	670	630	120	190	4	25	320	280	200	8—18	240	200	125	8—18	840	295	200	8—23
—	822	375	460	560	530	—	225	4	30	320	280	200	8—18	240	200	125	8—18	340	295	200	8—23
	900	375	450	600	560	110	210	4	25	320	280	200	8—18	240	200	125	8—18	340	295	200	8—23
	815.5	375	480	560	475	—	250	4	30	320	280	200	8—18	240	200	125	8—18	340	295	200	8—23
	1 060	300	750	750	630	130	290	4	25	375	335	250	12—18	320	280	200	8—18	395	350	250	12—23
1 050	—	300	750	750	630	—	290	4	25	375	335	250	12—18	320	280	200	8—18	395	350	250	12—23
—	1 060	300	750	750	630	130	290	4	25	375	335	250	12—18	335	295	200	8—23	390	350	250	12—23
—	979.5	300	765	612	530	—	335	4	23	375	335	250	12—18	335	295	200	8—23	390	350	250	12—23
—	1 000	300	790	790	560	135	325	4	25	375	335	250	12—18	335	295	200	8—23	390	350	250	12—23
—	979.5	300	765	612	530	—	335	4	23	375	335	250	12—18	335	295	200	8—23	390	350	250	12—23
—	1 200	300	930	720	630	150	390	4	25	440	395	300	12—23	375	335	250	12—18	445	400	300	12—23
—	1 200	300	910	752	640	—	390	4	23	440	395	300	12—23	375	335	250	12—18	445	400	300	12—23
—	1 200	300	930	720	630	150	390	4	25	440	395	300	12—23	375	335	250	12—18	445	400	300	12—23
—	1 200	300	913	752	640	—	390	4	23	440	395	300	12—23	375	335	250	12—18	445	400	300	12—23
—	1 060	300	930	720	630	—	370	4	25	440	395	300	12—23	390	350	250	12—23	445	400	300	12—23
—	1 060	300	870	870	630	170	450	4	25	490	445	350	12—23	440	400	300	12—23	505	460	350	16—23

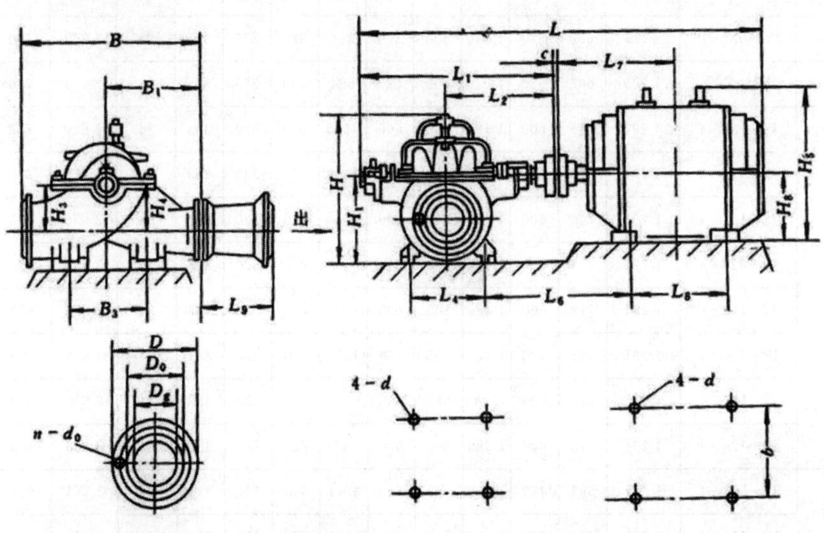

图 7-6 Sh 型泵不配带底盘的外形及安装尺寸示意图

表 7-10 Sh 型不配带底盘泵外形及安装尺寸

水泵型号	电机型号	泵外形尺寸/mm											安装尺寸/mm		
		L_1	L_2	L_4	B	B_1	B_3	H	H_1	H_3	H_4	$4-d$	L	L_6	L_7
8Sh-13	Y225M-2	765	416	300	550	250	300	549	350	160	165	23	1 584	529	4 14.5
8Sh-13A	Y200L2-2	765	416	300	550	250	300	549	350	160	165	23	1 544	513	395.5
10Sh-13	Y225M-4	964	531	380	850	400	480	728	440	230	230	25	1 813	634	444.5
10Sh-13A	Y225S-4	964	531	380	850	400	480	728	440	230	230	25	1 788	634	432
12Sh-6	JS-136-4	1 185.5	660	380	1 080	520	560	955	550	260	340	25	2 635.5	920	825
	JR-136-4	1 185.5	660	380	1 080	520	560	955	550	260	340	25	3 115.5	920	825
	JS-128-4	1 185.5	660	380	1 080	520	560	955	550	260	340	25	2 635.5	950	800
	JR-128-4	1 185.5	660	380	1 080	520	560	955	550	260	340	25	3 060.5	950	800
12Sh-6A	J5-127-4	1 185	660	380	1 080	520	560	955	550	260	340	25	2 570	950	800
12Sh-6A	JS-137-4JR	1 185	660	380	1 080	520	560	955	550	260	340	25	3 020	950	800
12Sh-6B	JS-126-4	1 185	660	380	1 080	520	560	955	550	260	340	25	2 470	950	750
	JR-126-4	1 185	660	380	1 080	520	560	955	550	260	340	25	2 920	950	750
	JS-127-4	1 185.5	660	380	1 080	520	560	955	550	260	340	25	2 570.5	950	800
	JR-127-4	1 185.5	660	380	1 080	520	560	955	550	260	340	25	3 060.5	950	800
12Sh-9	JS-117-4	1 144	639	320	1 020	500	520	890	520	265	304	25	2 934	944	780
	JS-126-4	1 143.5	639	320	1 020	500	520	890	520	265	304	25	2 428.5	959	750
	JR-126-4	1 143.5	639	320	1 020	500	520	890	520	265	304	25	2 918.5	959	750
12Sh-13	Y280M-4	1209	662	520	1 040	500	520	854	520	275	305	25	2 263	730	539.5
12Sh-13A	Y280S-4	1 209	662	520	1 040	500	520	854	520	275	305	25	2 213	730	514
14Sh-13	JS-136-4	1 291	713	600	1 180	560	600	1005	620	320	383	34	2 826	863	825
	JR-136-4	1 291	713	600	1 180	560	600	1005	620	320	383	34	3 276	863	875
	JS-127-4	1 291	713	600	1 180	560	600	1 134	620	320	383	34	2 676	893	800
	JR-127-4	1 291	713	600	1 180	560	600	1 134	620	320	383	34	3 166	893	800
14Sh-13A	JS-116-4	1 291	713	600	1 180	560	600	1005	620	320	383	34	2 576	878	755
	JR-116-4	1 291	713	600	1 180	560	600	1005	620	320	383	34	3 016	878	755
	JS-126-4	1 291	713	600	11.80	560	600	1 134	620	320	383	34	2 576	893	750
	JR-126-4	1 291	713	600	1 180	560	600	1 134	620	320	383	34	3 066	893	750
14Sh-19	JS-116-4	1 271	693	480	1 100	500	560	1071	560	300	310	34	2 555	917	755
	JR-116-4	1 271	693	480	1 100	500	560	1071	560	300	310	34	3 040	917	755

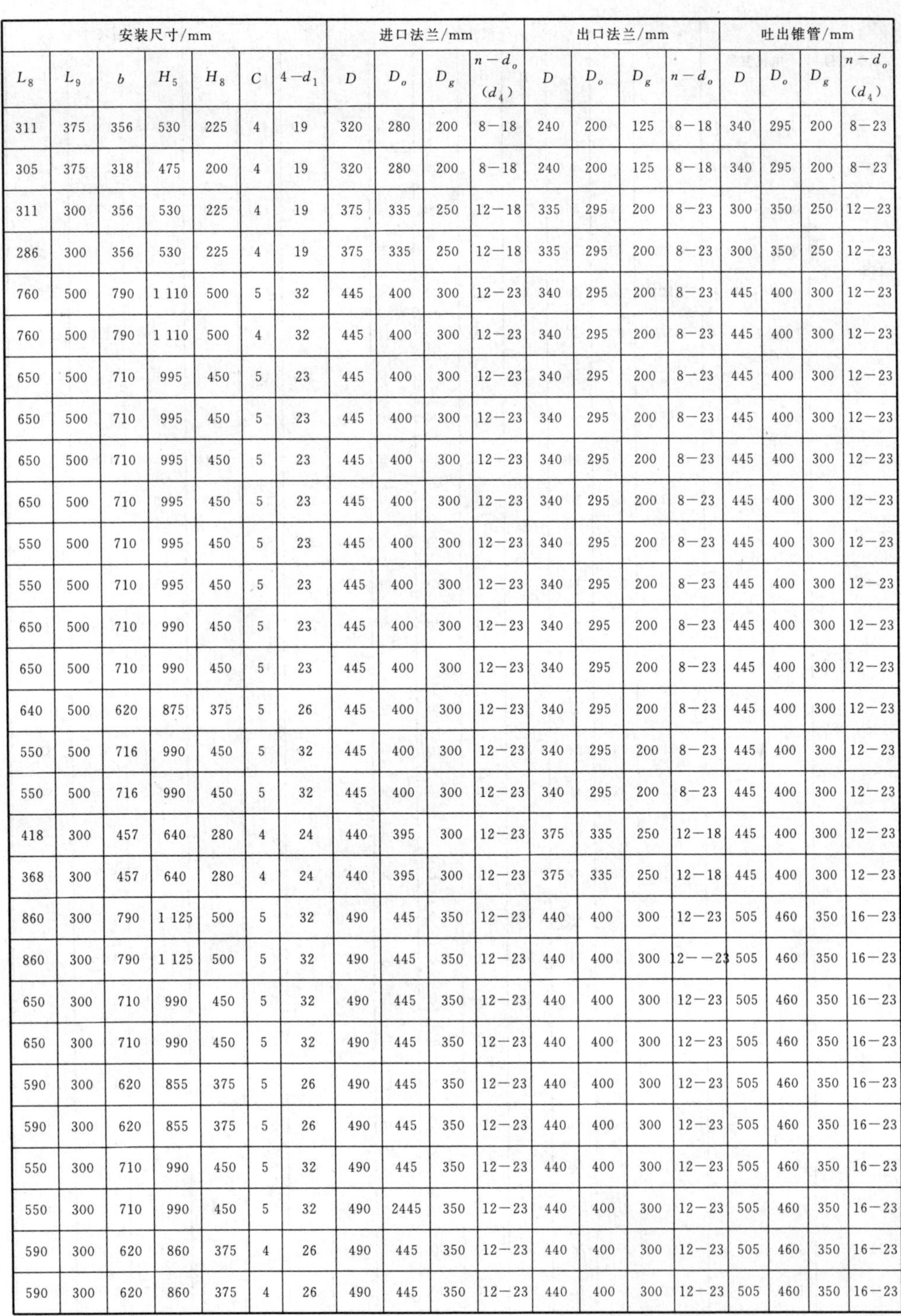

安装尺寸/mm							进口法兰/mm				出口法兰/mm				吐出锥管/mm			
L_8	L_9	b	H_5	H_8	C	$4-d_1$	D	D_o	D_g	$n-d_o$ (d_4)	D	D_o	D_g	$n-d_o$	D	D_o	D_g	$n-d_o$ (d_4)
311	375	356	530	225	4	19	320	280	200	8—18	240	200	125	8—18	340	295	200	8—23
305	375	318	475	200	4	19	320	280	200	8—18	240	200	125	8—18	340	295	200	8—23
311	300	356	530	225	4	19	375	335	250	12—18	335	295	200	8—23	300	350	250	12—23
286	300	356	530	225	4	19	375	335	250	12—18	335	295	200	8—23	300	350	250	12—23
760	500	790	1 110	500	5	32	445	400	300	12—23	340	295	200	8—23	445	400	300	12—23
760	500	790	1 110	500	4	32	445	400	300	12—23	340	295	200	8—23	445	400	300	12—23
650	500	710	995	450	5	23	445	400	300	12—23	340	295	200	8—23	445	400	300	12—23
650	500	710	995	450	5	23	445	400	300	12—23	340	295	200	8—23	445	400	300	12—23
650	500	710	995	450	5	23	445	400	300	12—23	340	295	200	8—23	445	400	300	12—23
650	500	710	995	450	5	23	445	400	300	12—23	340	295	200	8—23	445	400	300	12—23
550	500	710	995	450	5	23	445	400	300	12—23	340	295	200	8—23	445	400	300	12—23
550	500	710	995	450	5	23	445	400	300	12—23	340	295	200	8—23	445	400	300	12—23
650	500	710	990	450	5	23	445	400	300	12—23	340	295	200	8—23	445	400	300	12—23
650	500	710	990	450	5	23	445	400	300	12—23	340	295	200	8—23	445	400	300	12—23
640	500	620	875	375	5	26	445	400	300	12—23	340	295	200	8—23	445	400	300	12—23
550	500	716	990	450	5	32	445	400	300	12—23	340	295	200	8—23	445	400	300	12—23
550	500	716	990	450	5	32	445	400	300	12—23	340	295	200	8—23	445	400	300	12—23
418	300	457	640	280	4	24	440	395	300	12—23	375	335	250	12—18	445	400	300	12—23
368	300	457	640	280	4	24	440	395	300	12—23	375	335	250	12—18	445	400	300	12—23
860	300	790	1 125	500	5	32	490	445	350	12—23	440	400	300	12—23	505	460	350	16—23
860	300	790	1 125	500	5	32	490	445	350	12—23	440	400	300	12——23	505	460	350	16—23
650	300	710	990	450	5	32	490	445	350	12—23	440	400	300	12—23	505	460	350	16—23
650	300	710	990	450	5	32	490	445	350	12—23	440	400	300	12—23	505	460	350	16—23
590	300	620	855	375	5	26	490	445	350	12—23	440	400	300	12—23	505	460	350	16—23
590	300	620	855	375	5	26	490	445	350	12—23	440	400	300	12—23	505	460	350	16—23
550	300	710	990	450	5	32	490	445	350	12—23	440	400	300	12—23	505	460	350	16—23
550	300	710	990	450	5	32	490	2445	350	12—23	440	400	300	12—23	505	460	350	16—23
590	300	620	860	375	4	26	490	445	350	12—23	440	400	300	12—23	505	460	350	16—23
590	300	620	860	375	4	26	490	445	350	12—23	440	400	300	12—23	505	460	350	16—23

续表 7-10

水泵型号	电机型号	泵外形尺寸/mm											安装尺寸/mm		
		L_1	L_2	L_4	B	B_1	B_3	H	H_1	H_3	H_4	$4-d$	L	L_6	L_7
14Sh-6	JSQ-158-4	1 523	865	560	1 240	540	600	1 125	635	320	433	34	3 428	1 130	1 050
	JRQ-158-4	1 731	937	560	1 240	540	600	1 245	635	320	433	34	4 053	1 204	1 050
	JRQ-1410-4	1 672	885	560	1 240	540	600	1 101	635	320	433	40	3 976	1 174	1 050
14Sh-6A	JSQ-148-4	1 523	865	560	1 240	540	600	1 125	635	320	433	34	3 293	1 155	1 000
	JRQ-148-4	1 523	865	560	1 240	540	600	1 125	635	320	433	34	3 728	1 155	1 000
14Sh-6B	JSQ-1410-4	1 523	865	560	1 240	540	600	1 125	635	320	433	34	3 393	1155	1 050
	JRQ-1410-4	1 731	937	560	1 240	540	600	1 245	635	320	433	34	4 038	1 279	1 100
	JRQ-147-4	1 672	885	560	1 240	540	600	1 101	635	320	433	40	3 876	1 174	1 000
14Sh-9	JSQ-147-4	1 311	741	440	1 300	650	720	1 060	560	260	360	34	3 081	1 091	1 000
	JRQ-147-4	1 311	741	440	1 300	650	720	1 060	560	260	360	84	3 516	1 091	1 000
	JS-138-4	1 533	822	440	1 300	650	720	1 106	560	260	360	34	3 084	1 053	875
14Sh-9	JR-138-4	1 533	822	440	1 300	650	720	1 106	560	260	360	34	3 564	1 053	875
14Sh-9A	JS-136-4	1 533	822	440	1 300	650	720	1 106	560	260	360	34	2 984	1 053	825
	JR-136-4	1 533	822	440	1 300	650	720	1 106	560	260	360	34	3 464	1 053	825
	JS-138-4	1 311	741	440	1 300	650	720	1 060	560	260	360	34	2 846	971	875
	JR-138-4	1 311	741	440	1 300	650	720	1 060	560	260	360	34	3 296	971	875
	JS-128-4	1 533	822	440	1 300	650	720	1 106	560	260	360	34	2 919	1 083	800
	JR-128-4	1 533	822	440	1 300	650	720	1 106	560	260	360	34	3 409	1 083	800
14Sh-9B	JS-127-4	1 311	741	440	1 300	650	720	1 060	560	260	360	34	2 696	1 001	800
	JR-127-4	1 470	770	440	1 300	650	720	963	560	260	360	34	3 304	1 029	800
20Sh-6	JRQ-1510-6	1 880	1 000	780	1 550	750	800	1 505	900	425	545	48	4 199	1 154	1 050
	JSQ-1512-6	1 713	961	780	1 550	750	800	1 513	900	425	545	41	3621	1 119	1 050
	JRQ-1512-6	1 713	961	780	1 550	750	800	1 513	900	425	545	41	4036	1 119	1 050
20Sh-6A	JRQ-158-6	1 909.5	1 025	780	1 550	750	800	1 614	900	425	545	41	4232	1 183	1 050
	JSQ-1510-6	1 713	961	780	1 550	750	800	1 513	900	425	545	41	3 621	1 119	1 050
	JRQ-1510-6	1 713	961	780	1 550	750	800	1513	900	425	545	41	4 036	1 119	1 050
20Sh-9	JRQ-1410-6	1 843	970	780	1 550	750	800	1 440	900	425	500	46	4 147	1 149	1 050
	JSQ-157-6	1 693	950	780	1 550	750	800	1 457	900	425	500	41	3 400	1 107	950
	JRQ-157-6	1 693	950	780	1 550	750	800	1 457	900	425	500	41	3 815	1 107	950

安装尺寸/mm							进口法兰/mm				出口法兰/mm				吐出锥管/mm			
L_8	L_9	b	H_5	H_8	C	$4-d_1$	D	D_o	D_g	$n-d_o$ (d_4)	D	D_o	D_g	$n-d_o$	D	D_o	D_g	$n-d_o$ (d_4)
1 020	750	1 100	1 280	630	5	42	555	490	350	16—34	360	310	200	12—25	520	470	350	16—25
1 020	750	1 100	1 430	630	7	42	555	490	350	16—34	360	310	200	12—25	520	470	350	16—25
970	1 000	940	1 130	560	4	42	555	490	350	16—34	360	310	200	12—25	520	470	350	16—25
870	750	940	1 130	560	5	42	555	490	350	16—34	360	310	200	12—25	520	470	350	16—25
870	750	940	1 130	560	5	42	555	490	350	16—34	360	310	200	12—25	520	470	350	16—25
970	750	940	1 130	560	5	42	555	490	350	16—34	360	310	200	12—25	520	470	350	16—25
970	750	940	1260	560	7	42	555	490	350	16—34	360	310	200	12—25	520	470	350	16—25
870	1 000	940	1 130	560	4	42	555	490	350	16—34	360	310	200	12—25	520	470	350	16—25
870	500	940	1 130	560	5.	34	505	460	350	16—22	395	350	250	12—22	505	460	350	16—23
870	500	940	1 130	560	5	34	505	460	350	16—22	395	350	250	12—22	505	460	350	16—23
860	500	790	1 110	500	6	32	505	460	350	16—22	395	350	250	12—22	505	460	350	16—23
860	500	790	1 110	500	6	32	505	460	350	16—22	395	350	250	12—22	505	460	350	16—23
760	500	790	1 110	500	6	32	505	460	350	16—22	395	350	250	12—22	505	460	350	16—23
760	500	790	1 110	500	6	32	505	460	350	16—22	395	350	250	12—22	505	460	350	16—23
860	500	790	1 125	500	5	34	505	460	350	16—22	395	350	250	12—22	505	460	350	16—23
860	500	790	1 125	500	5	34	505	460	350	16—22	395	350	250	12—22	505	460	350	16—23
650	500	710	990	450	6	32	505	460	350	16—22	395	350	250	12—22	505	460	350	16—23
650	500	710	990	450	6	32	505	460	350	16—22	395	350	250	12—22	505	460	350	16—23
650	500	710	995	450	5	34	505	460	350	16—22	395	350	250	12—22	505	460	350	16—23
650	500	710	995	450	4	32	505	460	350	16—22	395	350	250	12—22	505	460	350	16—23
1 020	1 000	1 100	1 280	630	4	42	670	620	500	20—25	440	400	300	12—23	670	620	500	20—25
1 020	1 000	1 100	1 280	630	8	42	670	620	500	20—25	440	400	300	12—23	670	620	500	20—25
1 020	1 000	1 100	1 280	630	8	42	670	620	500	20—25	440	400	300	12—23	670	620	500	20—25
1 020	1 000	1 100	1 430	630	8	42	670	620	500	20—25	440	400	300	12—23	670	620	500	20—25
1 020	1 000	1 100	1 280	630	8	42	670	620	500	20—25	440	400	300	12—23	670	620	500	20—25
1 020	1 000	1 100	1 280	630	8	42	670	620	500	20—25	440	400	300	12—23	670	620	500	20—25
970	1 000	940	1 130	560	4	42	670	620	500	20—25	445	400	300	12—23	670	620	500	20—25
820	1 000	1 100	1 280	630	7	42	670	620	500	20—25	445	400	300	12—23	670	620	500	20—25
820	1 000	1 100	1 280	630	7	42	670	620	500	20—25	445	400	300	12—23	670	620	500	20—25

续表 7-10

水泵型号	电机型号	泵外形尺寸/mm											安装尺寸/mm		
		L_1	L_2	L_4	B	B_1	B_3	H	H_1	H_3	H_4	$4-d$	L	L_6	L_7
20Sh-9A	JRQ-147-6	1 843	970	780	1 550	750	800	1 440	900	425	500	46	3 947	1 149	950
	JSQ-1410-6	1 693	950	780	1 550	750	800	1 457	900	425	500	41	3 565	1 132	1 050
	JRQ-1410-6	1 693	950	780	1 550	750	800	1 457	900	425	500	41	4 000	1 132	1 050
20Sh-13	JS-137-6	1 467	824	600	1 450	650	720	1 290	800	450	450	41	2 963	1 035	885
	JR-137-6	1 467	824	600	1 450	650	720	1 290	800	450	450	41	3 413	1 035	885
	JS-138-6	1 675	897	600	1 450	650	720	1 460	800	450	450	41	3 186	1 108	885
	JR-138-6	1 675	897	600	1 450	650	720	1 460	800	450	450	41	3 666	1 108	885
20Sh-13A	JS-128-6	1 467	824	600	1 450	650	720	1 290	800	450	450	41	2 863	1 020	815
	JR-128-6	1 467	824	600	1 450	650	720	1 290	800	450	450	41	3 313	1 020	815
	JS-136-6	1 675	897	600	1 450	650	720	1 406	800	450	450	41	3 086	1 108	835
	JR-136-6	1 675	897	600	1 450	650	720	1 406	800	450	450	41	3 566	1 108	835
20Sh-19	JS-128-6	1 692	890	600	1 380	-650	720	1 431	800	430	455	41	3 092	1 085	815
	JR-128-6	1 692	890	600	1 380	650	720	1 431	800	430	455	41	3 582	1 085	815
20Sh-19A	JS-126-6	1 692	890	600	1 380	650	720	1 431	800	430	455	41	2 992	1 085	765
	JR-126-6	1 667	890	600	1 380	650	720	1 285	800	430	455	34	3 416	1 064	765
20Sh-28	JS-117-6	1 500	828	600	1 560	780	720	1 250	800	430	455	41	2 785	993	755
	JR-117-6	1 500.	828	600	1 560	780	720	1 250	800	430	455	41	3 225	993	755
24Sh-13	JSQ-158-6	1 833	1 021	900	1 800	800	1 000	1 575	950	532	663	41	3 740	1 118	1 050
	JRQ-158-6	1 833	1 021	900	1 800	800	1 000	1 575	950	532	663	41	4 155	1 118	1 050
	JRQ-1410-6	2 019	1 075	900	1 800	800	1 000	1 580	950	532	663	42	4 325	1 190	1 050
24Sh-19	JSQ-1410-6	1 572	872	760	1 590	750	1 000	1 475	900	500	530	41	3 442	1 062	1 050
	JRQ-1410-6	1 572	872	760	1 590	750	1 000	1 475	900	500	530	41	3 877	1 062	1 050
	JRQ-147-6	1 766	935	760	1 590	750	1 000	1 450	900	500	530	41	3 872	1 126	950
24Sh-19A	JS-137-6	1 572	872	760	1 590	750	1 000	1 475	900	500	530	41	3 067	1 002	885
	JR-137-6	1 572	872	760	1 590	750	1 000	1 475	900	500	530	41	3 517	1 002	885
	JS-138-6	1791	955	760	1 590	750	1 000	1 586	900	500	530	41	3 302	1 086	885
	JR-138-6	1 791	955	760	1 590	750	1 000	1 586	900	500	530	41	3 782	1 086	885
24Sh-19B	JS-136-6	1 572	872	760	1 590	750	1 000	1 475	900	500	530	41	2 967	1 002	835
	JR-136-6	1 572	872	760	1 590	750	1 000	1 475	900	500	530	41	3 417	1 002	885
32Sh-19	JRQ-1510-8	2 295	1 200	1 000	2 150	750	900	1 902	1 200	720	660	40	4 614	1 244	1 050

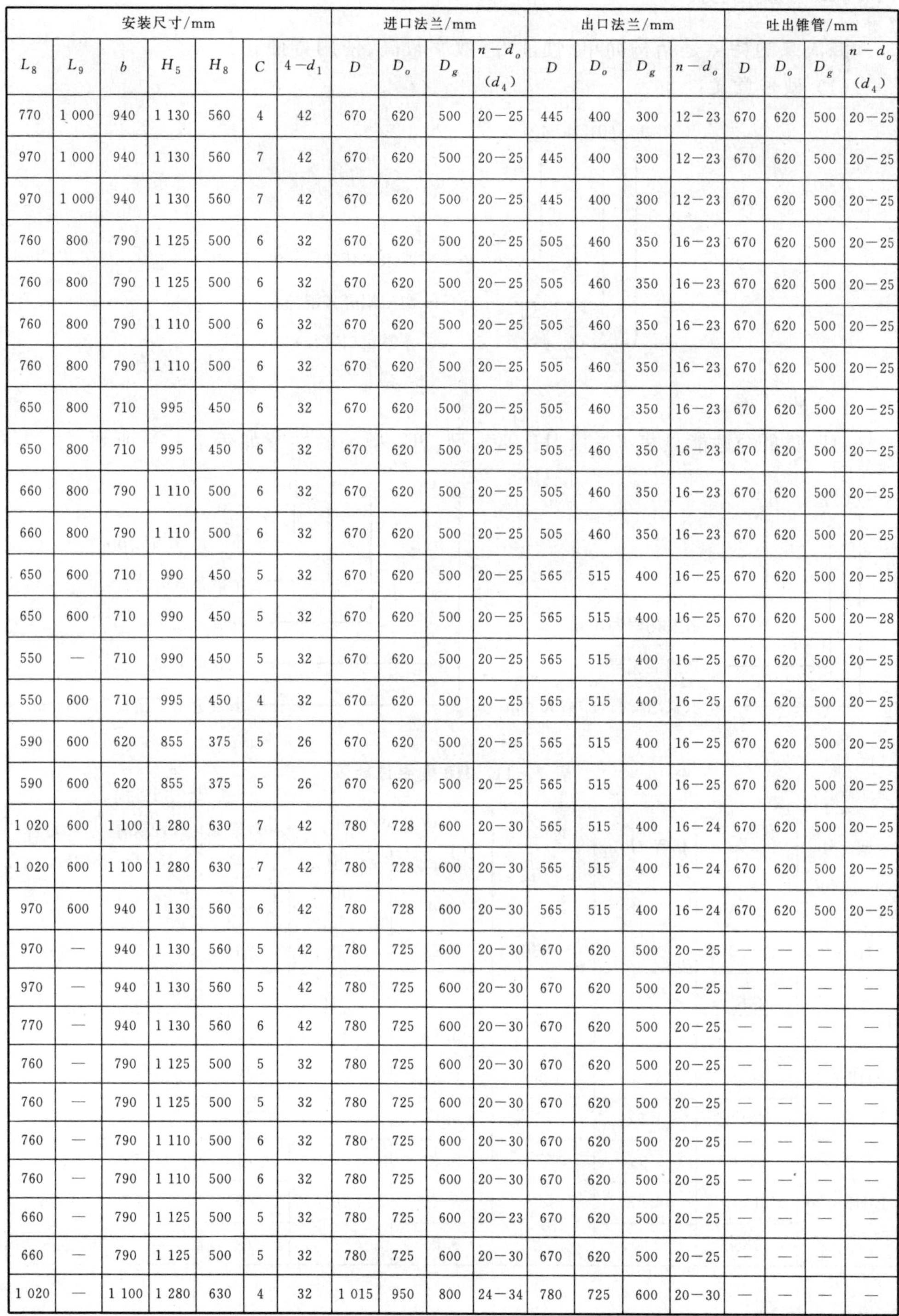

安装尺寸/mm							进口法兰/mm				出口法兰/mm				吐出锥管/mm			
L_8	L_9	b	H_5	H_8	C	$4-d_1$	D	D_o	D_g	$n-d_o$ (d_4)	D	D_o	D_g	$n-d_o$	D	D_o	D_g	$n-d_o$ (d_4)
770	1 000	940	1 130	560	4	42	670	620	500	20—25	445	400	300	12—23	670	620	500	20—25
970	1 000	940	1 130	560	7	42	670	620	500	20—25	445	400	300	12—23	670	620	500	20—25
970	1 000	940	1 130	560	7	42	670	620	500	20—25	445	400	300	12—23	670	620	500	20—25
760	800	790	1 125	500	6	32	670	620	500	20—25	505	460	350	16—23	670	620	500	20—25
760	800	790	1 125	500	6	32	670	620	500	20—25	505	460	350	16—23	670	620	500	20—25
760	800	790	1 110	500	6	32	670	620	500	20—25	505	460	350	16—23	670	620	500	20—25
760	800	790	1 110	500	6	32	670	620	500	20—25	505	460	350	16—23	670	620	500	20—25
650	800	710	995	450	6	32	670	620	500	20—25	505	460	350	16—23	670	620	500	20—25
650	800	710	995	450	6	32	670	620	500	20—25	505	460	350	16—23	670	620	500	20—25
660	800	790	1 110	500	6	32	670	620	500	20—25	505	460	350	16—23	670	620	500	20—25
660	800	790	1 110	500	6	32	670	620	500	20—25	505	460	350	16—23	670	620	500	20—25
650	600	710	990	450	5	32	670	620	500	20—25	565	515	400	16—25	670	620	500	20—25
650	600	710	990	450	5	32	670	620	500	20—25	565	515	400	16—25	670	620	500	20—28
550	—	710	990	450	5	32	670	620	500	20—25	565	515	400	16—25	670	620	500	20—25
550	600	710	995	450	4	32	670	620	500	20—25	565	515	400	16—25	670	620	500	20—25
590	600	620	855	375	5	26	670	620	500	20—25	565	515	400	16—25	670	620	500	20—25
590	600	620	855	375	5	26	670	620	500	20—25	565	515	400	16—25	670	620	500	20—25
1 020	600	1 100	1 280	630	7	42	780	728	600	20—30	565	515	400	16—24	670	620	500	20—25
1 020	600	1 100	1 280	630	7	42	780	728	600	20—30	565	515	400	16—24	670	620	500	20—25
970	600	940	1 130	560	6	42	780	728	600	20—30	565	515	400	16—24	670	620	500	20—25
970	—	940	1 130	560	5	42	780	725	600	20—30	670	620	500	20—25	—	—	—	—
970	—	940	1 130	560	5	42	780	725	600	20—30	670	620	500	20—25	—	—	—	—
770	—	940	1 130	560	6	42	780	725	600	20—30	670	620	500	20—25	—	—	—	—
760	—	790	1 125	500	5	32	780	725	600	20—30	670	620	500	20—25	—	—	—	—
760	—	790	1 125	500	5	32	780	725	600	20—30	670	620	500	20—25	—	—	—	—
760	—	790	1 110	500	6	32	780	725	600	20—30	670	620	500	20—25	—	—	—	—
760	—	790	1 110	500	6	32	780	725	600	20—30	670	620	500	20—25	—	—	—	—
660	—	790	1 125	500	5	32	780	725	600	20—23	670	620	500	20—25	—	—	—	—
660	—	790	1 125	500	5	32	780	725	600	20—30	670	620	500	20—25	—	—	—	—
1 020	—	1 100	1 280	630	4	32	1 015	950	800	24—34	780	725	600	20—30	—	—	—	—

7.1.2 混流泵

混流泵的特点是结构简单、性能好、效率较高、使用方便。

(1) 型号意义

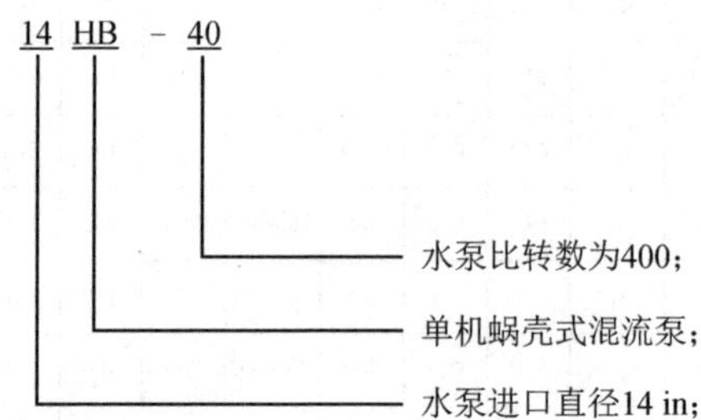

(2) 性 能

HB 型泵的性能见表 7-11，HLWB 型、HL 型泵的性能如表 7-12 所列。

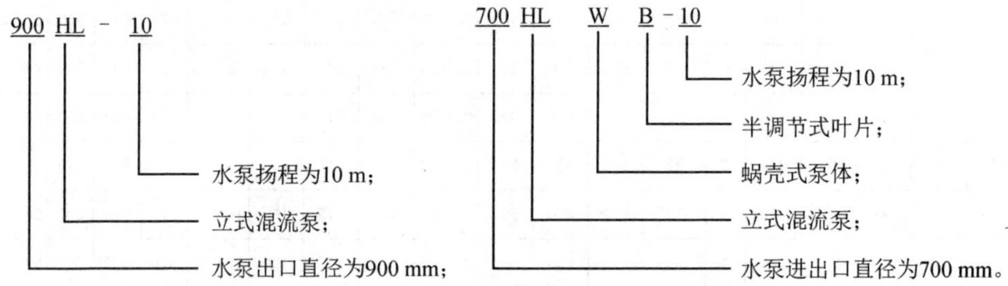

表 7-11　HB 型泵性能表

型　号	流量 Q/(L/s)	扬程 H/m	转速 n (r/min)	功率 N/kW		效率 η/%	允许吸程 H_s/m	叶轮直径/mm
				轴功率	配套功率			
6HB-35	27.8	7.9	1 450	3.0	4	71	3.5	194
	36.6	6.6		3.13		76		
	43.4	5.45		3.25		71		
8HB-35	64	7.1	1250	6.17	7	72	3.5	248
	80.6	6.15		6.21		78		
	93.1	4.92		6.15		73		
10HB-30	81.6	7.77	980	8.53	10	73	3.5	306
	109	6.43		8.46		81		
	136	5.0		8.54		78		

续表 7-11

型 号	流量 Q/(L/s)	扬程 H/m	转速 n(r/min)	功率 N/kW		效率 η/%	允许吸程 H_s/m	叶轮直径/mm
				轴功率	配套功率			
12HBC-40	189	8.0	980	18.3	20	81	6.0	341
	216.5	6.9		17.5		84		
	252.5	5.0		16.0		77		
14HBA-40	250	9.4	980	26.5	28	85	5.0	378
	278	8.1		26.0		85.5		
	306	6.75		24.8		81.5		
16HB-40	260	8.5	730	26.3	28	82	5.5	331
	320	7.0		25.7		85.5		
	368	5.5		24.8		80		
20HB-40	469	7.6		41.9	55	83.4	5.0	—
	550	6.2	580	38.9		86		
	606	5.3		39.1		80.4		

表 7-12 2HLWB 型、H 型泵性能表

型号	叶角/(°)	流量 Q/(L/s)	扬程 H/m	转速 n/(r/min)	功率 N/kW		效率 η/%	叶轮直径/mm
					轴功率	配套功率		
900HL-10		1 804	10.0	590	207.3	260	85.3	—
700HLWB-10	−4	650～840	11.0～6.6	730	87.6～67.5	110	80～83	572
	−2	760～943	10.8～6.5		97.8～75	110	80～84.5	
	0	750～1 028	12.5～7.0		112.4～87.1	130	80.5～84.5	
	2	825～1 145	13.0～7.6		131.1～104	155	80.2～84.5	

(3) 泵外形及安装尺寸

HB 型泵外形及安装尺寸如图 7-7 所示,如表 7-13～表 7-14 所列。700HLWB-10 型、900HL-10 型泵外形及安装尺寸如图 7-8～图 7-9 所示。

表 7-13 6 HB～12 HB 型泵外形尺寸

型 号	泵外形尺寸/mm								进出口法兰/mm	
	C	D	E	F	G	I	J	K	Do	n−d
6HB-35	352	165	130	370	200	80	150	110	210	6−14
8HB-35	431	200	180	510	270	95	240	180	280	8−18
10HB-30	412	215	230	630	330	120	290	210	320	8−18
12HBC-40	516	245	252	692	342	150	320	200	380	8−18

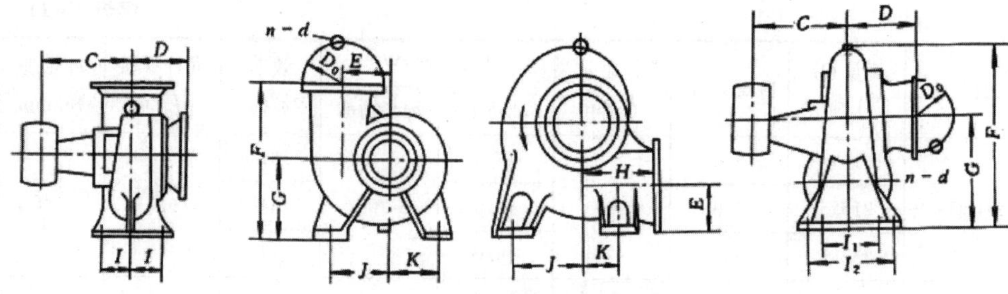

图 7－7　HB 型泵外形尺寸图

表 8－14　14 HB～20 HB 型泵外形尺寸

型　号	泵外形尺寸/mm										进出口法兰/mm	
	C	D	E	F	G	H	I1	I2	J	K	Do	n－d
14HB－40	485	300	255	903	545	420	300	300	340	200	445	8－23
16HB－40	634	365	280	1035	625	500	380	380	350	250	500	8－23
20HB－40	748	460	330	1370	810	595	400	480	580	275	600	8－23

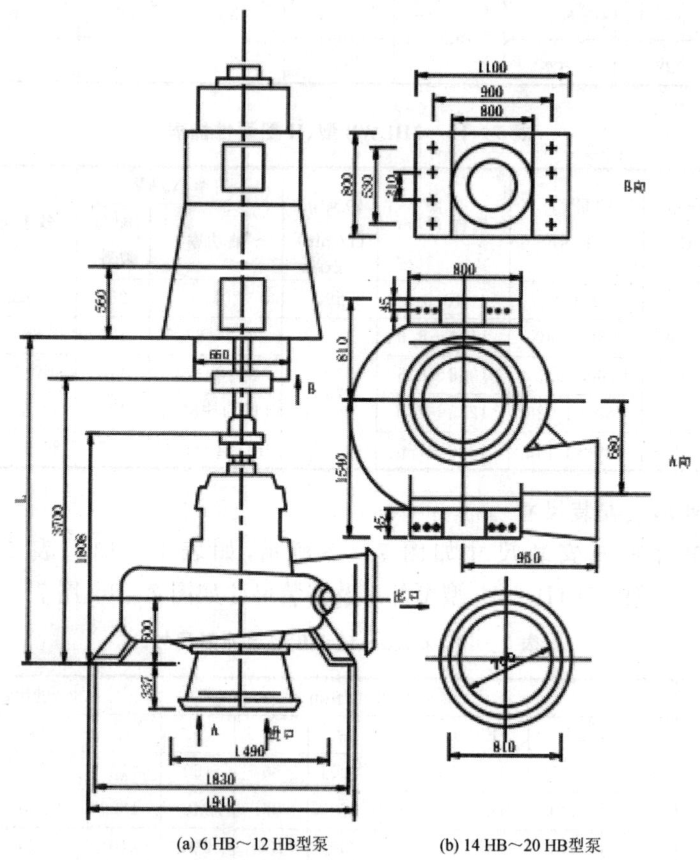

(a) 6 HB～12 HB型泵　　(b) 14 HB～20 HB型泵

图 7－8　700HLWB－10 型泵外形尺寸(单位:mm)

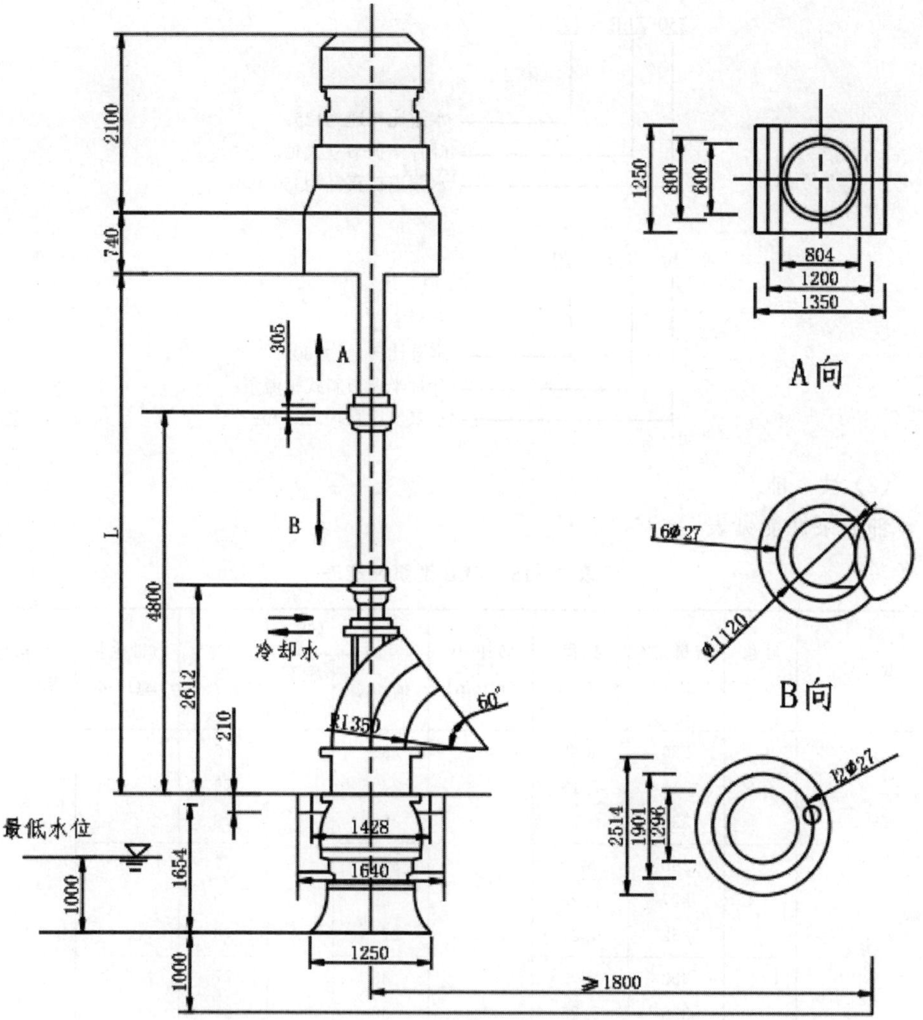

图 7-9　900HL-10 型泵外形尺寸(单位:mm)

7.1.3　轴流泵

其特点是扬程低、流量大、结构简单、使用广泛。

(1) 型号意义

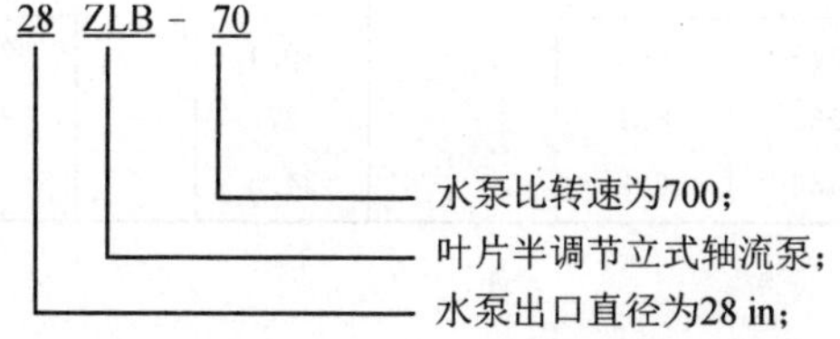

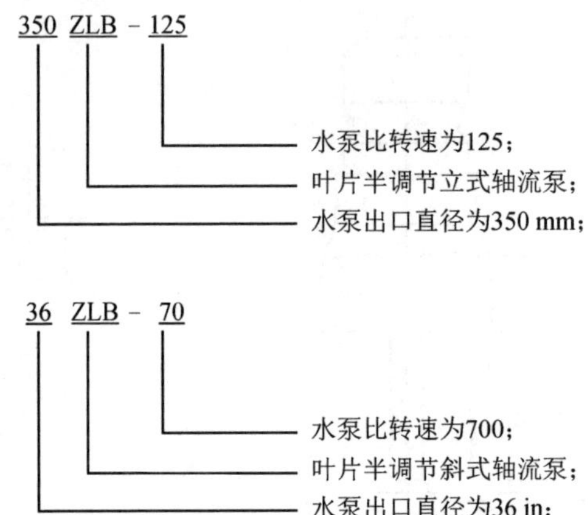

(2) 性　能

轴流泵性能见表 7－15。

表 7－15　ZLB 型泵性能表

型　号	叶角/(°)	流量 Q/(L/s)	扬程 H/m	转速 n/(r/min)	功率 N/kW		效率 η/%	汽蚀余量 ΔH/m	叶轮直径/mm
					轴功率	配套功率			
350ZLB－70	－6	280	8.2	1 450	30	45	75		300
		311	7.15		27.6		79		
		333	6.25		26.2		78		
	－4	290	8.5		31.4		77		
		327	7.25		29		80		
		352	6.24		27.6		78		
	－2	303	8.5		33		77		
		336	7.25		30		81		
		374	6.24		29		79		
	0	320	8.55		35		78		
		361	7.53		31.5		82		
		392	6.24		30.4		79		
	2	333	8.75		36.6		80		
		373	7.74		34.1		82		
		411	6.25		32		79		
	4	345	9.2		40.4		77		
		380	8.1		37		81		
		436	6.3		34.5		78		

续表 7-15

型号	叶角/(°)	流量Q/(L/s)	扬程H/m	转速n/(r/min)	功率N/kW		效率η/%	汽蚀余量ΔH/m	叶轮直径/mm
					轴功率	配套功率			
350ZLB-125	−6	157	4.2	1 450	9.1	11	72		300
		198	2.7		6.8		78		
		204	2.5		6.5		76		
	−4	195	4.8		11.9	18.5	77		
		233	3.6		10.2		80		
		264	2.4		7.8		78		
	−2	244	5.3		16.6	22	77		
		283	4.0		13.9		80		
		326	2.3		9.6		78		
	0	290	5.5		21.1	30	74		
		334	4.2		17.2		80		
		385	2.6		12.4		78		
	2	334	5.5		24.3		74		
		382	4.3		20.0		80		
		426	2.9		15.5		78		
	4	445	4.3		23.6		79		
		477	3.4		20.6		76		
500ZLB-125	−4	450	4.6		26.5	30	75		450
		545	3.2		21.3		80.5		
		610	2.0		16.0		75		
	−2	575	4.8	980	34.4	37	78		
		665	3.3		26.4		81.5		
		750	1.9		18.6		75		
	0	690	4.8		41.4	45	78.5		
		790	3.5		32.9		82.5		
		890	2.0		23.8		73.5		
	2	780	5.1		51.0	55	76.5		
		900	3.6		39.0		82		
		975	2.5		31.9		75		
	4	1010	4.0		50.5		79.5		
		1065	3.6		49.2		76.5		
	−2	437	2.8	730	15.1	18.5	78		
		506	1.9		11.6		81.5		
		570	1.1		8.2		75		
	0	525	2.8		18.2	22	78.5		
		600	2.0		14.5		82.5		
		676	1.2		10.5		73.5		
	2	620	2.7		21.0		78.5		
		684	2.1		17.2		82		
		741	1.5		14.0		75		

续表 7-15

型 号	叶角/(°)	流量 Q/(L/s)	扬程 H/m	转速 n/(r/min)	功率 N/kW 轴功率	功率 N/kW 配套功率	效率 η/%	汽蚀余量 ΔH/m	叶轮直径/mm
600ZLB-100	-6	710 780 870	4.5 3.5 2.4		38.2 32.7 26.9	40	81.1 81.6 77		550
	-4	840 870 930	4.0 3.5 2.7	730	39.6 36.2 29.8		83.1 83.4 81.3		
	-2	870 950 1 020	4.5 3.5 2.5		45.7 38.7 31.0	55	83 84 81.2		
	0	930 1 002 1 007	4.5 3.6 3.0		49.3 43.0 37.3		82.7 84.2 83		
	2	1 140～ 1 160	3.4～ 2.9		44.7～ 40.4		84.2～ 81.7		
	4	1 160～ 1 190	3.8～ 1 83.4		51.2～ 47.8		84.2～ 83.3		
600ZLB-100	-6	560～ 690	2.9～ 1.4		19.5～1 2.2	30	81～79		550
	-4	606 670 752	3.2 2.5 1.5		23.1 19.8 14.0		81 83 81		
	-2	642 718 792	3.3 2.5 1.8		25.3 21.2 16.6		81 84 82		
	0	694 800 878	3.4 2.4 1.6	580	28.2 21.9 17.0		81 84.5 81		
	2	767 860 913	3.2 2.4 1.9		29.3 23.6 20.3	40	82 84.4 82		
	4	820 900 970	3.3 2.6 3.0		32.3 27.3 23.2		81 84 82		

续表 7-15

型 号	叶角/(°)	流量 Q/(L/s)	扬程 H/m	转速 n/(r/min)	功率 N/kW 轴功率	功率 N/kW 配套功率	效率 η/%	汽蚀余量 ΔH/m	叶轮直径/mm
700ZLB-100	−6	826,	6.3	730	64.5	80	79		600
700ZLB-100	−6	910	5.4	730	59.1	80	81		600
700ZLB-100	−6	1 120	2.8	730	38.7	80	80		600
700ZLB-100	−4	983	5.9	730	70.0	95	81		600
700ZLB-100	−4	1 075	4..8	730	61.0	95	83		600
700ZLB-100	−4	1 220	3.0	730	44.0	95	81		600
700ZLB-100	−2	1 047	6.1	730	77.7	95	81		600
700ZLB-100	−2	1 168	4.9	730	66.4	95	84		600
700ZLB-100	−2	1 300	3.3	730	52.0	95	82		600
700ZLB-100	0	1 132	6.3	730	83.8	110	81		600
700ZLB-100	0	1 249	5.2	730	75.4	110	84		600
700ZLB-100	0	1 409	3.4	730	57.2	110	82		600
700ZLB-100	2	1 216	6.4	730	94.2	110	81		600
700ZLB-100	2	1 341	5.2	730	81.4	110	84		600
700ZLB-100	2	1 506	3.5	730	62.0	110	82		600
700ZLB-100	4	1 039	6.4	730	82.0	110	80		600
700ZLB-100	4	1 470	5.0	730	75.8	110	84		600
700ZLB-100	4	1 611	3.6	730	69.2	110	81		600
700ZLB-125	−6	810	5.0	730	51.2	55	77.5		650
700ZLB-125	−6	995	3.5	730	40.9	55	82.5		650
700ZLB-125	−6	1 040	3.0	730	38.1	55	81		650
700ZLB-125	−4	944	6.1	730	73.3	80	77		650
700ZLB-125	−4	1 270	3.6	730	53.5	80	84		650
700ZLB-125	−4	1 428	2.1	730	38.0	80	78		650
700ZLB-125	−2	1 265	6.2	730	97.0	110	79.2		650
700ZLB-125	−2	1 562	3.7	730	68.2	110	84		650
700ZLB-125	−2	1 576	1.9	730	44.0	110	76		650
700ZLB-125	0	1 486	6.5	730	120.0	130	79		650
700ZLB-125	0	1 850	4.0	730	86.0	130	84.5		650
700ZLB-125	0	2 050	2.4	730	60.5	130	78		650
700ZLB-125	2	1760	6.3	730	135.4	155	80		650
700ZLB-125	2	2 068	4.3	730	103.0	155	84		650
700ZLB-125	2	2 220	3.2	730	85.0	155	80.6		650
700ZLB-125	4	2 320~2 334	4.8~4.7	730	132.0~130.0	155	83~83		650

续表 7-15

型号	叶角/(°)	流量 Q/(L/s)	扬程 H/m	转速 n/(r/min)	功率 N/kW		效率 η/%	汽蚀余量 ΔH/m	叶轮直径/mm
					轴功率	配套功率			
700ZLB-125	−6	650 800 833	3.2 2.2 2.0	585	26.7 21.6 20.0	30	76.5 81.5 80		650
	−4	757 1 019 1 140	3.9 2.3 1.4		38.3 27.8 19.7	45	76 83.3 77		
	−2	1 010 1 253 1 403	4.0 2.4 1.2		50.2 44.3 22.6	55	78.5 83.8 75.5		
	0	1 220 1 476 1 645	4.0 2.6 1.5		60.2 44.4 31.8	65	79.5 83.8 76.4		
	2	1 408 1 653 1 778	4.0 2.7 2.0		70.4 53.3 44.0	80	79 83.3 80		
	4	1 856～ 1 870	3.1～ 3.0		68.4～ 67.3		82.5～ 82.5		
900ZLB-100	−2	1 780～ 1 930	5.0～ 4.5	485	120.9～ 111.4	155	74～ 78		850
	0	2 150 2 460 2 760	5.5 4.0 2.5		142.0 112.5 85.0		81.6 85.7 79.6		
	2	2 470 2 660 2 950	5.0 4.0 2.5		143.0 121.7 90.9		84.7 85.7 79.6		
14ZLB-70	−2	125 154 167	3.36 2.16 1.54	980	6.15 4.65 3.86	7.5	67 70.2 65.5	2.93 2.7 3.38	300
	0	143 180 204	3.94 2.84 1.64		8.02 6.48 4.56	10	68.9 77.4 72	3.38 3.6 3.6	
	2	182 210 235	3.79 2.9 2.06		9.16 7.76 6.5		73.8 76.8 73	5.4 4.06 4.5	
	4	218 245 268	3.52 2.84 2.22		10.2 8.82 7.87	14	73.6 77.3 74.1	4.96 4.06 4.73	
	6	245 267 287	3.64 3.12 2.62		12.0 11.1 10		72.6 78.6 73.8	5.18 5.4 4.96	

续表 7-15

型　号	叶角/(°)	流量 Q/(L/s)	扬程 H/m	转速 n/(r/min)	功率 N/kW		效率 η/%	汽蚀余量 ΔH/m	叶轮直径/mm
					轴功率	配套功率			
20ZLB-70	−4	380	9.4	980	50.4	55	70		450
		489	7.0		42.2		79.6		
		571	4.4		31.1		78.5		
	−2	479	8.2		51.9		74.5		
		559	6.4		44.0		80		
		625	4.9		40.6		73.5		
	0	583	7.0		50.0		80		
		688	6.3		45.5		81.2		
		696	3.9		34.6		77		
	2	650	6.6		52.2		81.5		
		711	5.5		46.7		82		
		741	4.7		41.6		81.5		
	4	750～794	5.6～4.4		49.5～43.4		83～79		
20ZLB-70	−4	282	5.3	730	20.8	30	68.2		
		364	3.95		17.4		78.4		
		426	2.5		12.9		77.2		
	−2	326	5.2		21.8		73		
		416	3.6		18.2		78.8		
		465	2.8		16.8		71.9		
	0	410	4.2		21.2		77.8		
		447	3.6		18.9		80.1		
		520	2.2		14.3		75.6		
	2	475	4.0		22.2		80.4		
		530	3.1		19.3		80.9		
		552	2.6		17.2		80.4		
	4	454	4.44		26.0		75.4		
		545	3.52		22.2		82		
		582	2.82		19.2		81.5		
28ZLB-70	−4	675	6.9	580	63.5	80	72		650
		869	5.1		54.0		80.9		
		1 013	3.2		39.5		79.8		
	−2	776	6.7		67.0		76.1		
		993	4.7		56.4		81.3		
		1 110	3.6		51.8		75.2		
	0	976	5.5		65.6		80.3		
		1 064	4.6		58.3		82.4		
		1 235	2.86		44.2		78.4		
	2	1 130	5.1		68.6		82.7		
		1 260	4.0		60.0		83.1		
		1 316	3.4		53.4		82.7		
	4	1 296	4.55		69.0		84.1		
		1 389	3.65		59.6		83.6		

续表 7-15

型号	叶角/(°)	流量 Q/(L/s)	扬程 H/m	转速 n/(r/min)	功率 N/kW 轴功率	功率 N/kW 配套功率	效率 η/%	汽蚀余量 ΔH/m	叶轮直径/mm
32ZLB-100A	-4	606 670 778	2.5 2.0 1.3	480	19.8 17.6 14.1	20	74.3 74.6 70.3		750
	-2	600 770 898	3.1 2.1 1.2		25.1 20.0 15.0	28	72.2 77.7 71.8		
	0	750 892 1 015	2.9 2.0 1.2		27.7 21.8 16.0		76.2 80 73		
	2	795 992 1 122	3.2 2.0 1.2		33.2 24.3 17.6	40	74 80.1 73.8		
	4	873 1 091 1 218	3.2 2.0 2		37.6 27.3 19.8		73.2 79.3 72.5		
	6	962 1 191 1 319	3.3 2.0 1.25		42.3 30.0 22.4	55	72.6 78.2 72.3		
	-4	593 806 945	4.5 3.1 1.9	580	37.4 32.0 24.7	40	70.4 75.8 71.2		
	-2	709 945 1 083	4.6 2.9 1.8		44.0 34.5 25.9	55	72.3 78.5 73.1		
	0	833 1 083 1 235	4.7 2.9 1.7		51.7 37.6 27.8		73.8 80.8 73.2		
	2	1 027 1 193 1 360	4.2 3.0 1.7		54.4 42.7 31.1		77.6 80.9 74.2		
	4	1 027 1 305 1 471	4.83 3.0 1.8		66.5 47.8 35.1	75	73.2 80.2 73.5		
	6	1 137 1 415 1 596	4.9 3.1 1.8		75.1 54.3 38.6	80	72.7 79.2 73.1		

续表 7-15

型　号	叶角/(°)	流量 Q/(L/s)	扬程 H/m	转速 n/(r/min)	功率 N/kW 轴功率	功率 N/kW 配套功率	效率 η/%	汽蚀余量 ΔH/m	叶轮直径/mm
		1 250	8.1		133.0		74		
	−4	1 610	6.0		114.0		82.3		
		1 880	3.7		84.2		81.4		
		1 440	7.8		143.0		77.5		
	−2	1 840	5.5		120.0	155	82.7		
		2 060	4.2		110.0		77		
		1810	6.4		139.0		81.8		
36ZLB-70	0	2 000	5.4	480	125.0		83.6		850
		2 290	3.3		93.3		80.1		
		2 100	6.0		147.0		84		
	2	2 340	4.7		128.0		84.4		
		2 440	4.0		114.0	180	84		
		2 000	6.9		166.0		81.1		
	4	2 405	5.3		148.0		85.3		
		2 580	4.3		128.0		84.8		

(3) 泵外形及安装尺寸

ZLB 型泵外形及安装尺寸如图 7-10～图 7-16 所示。

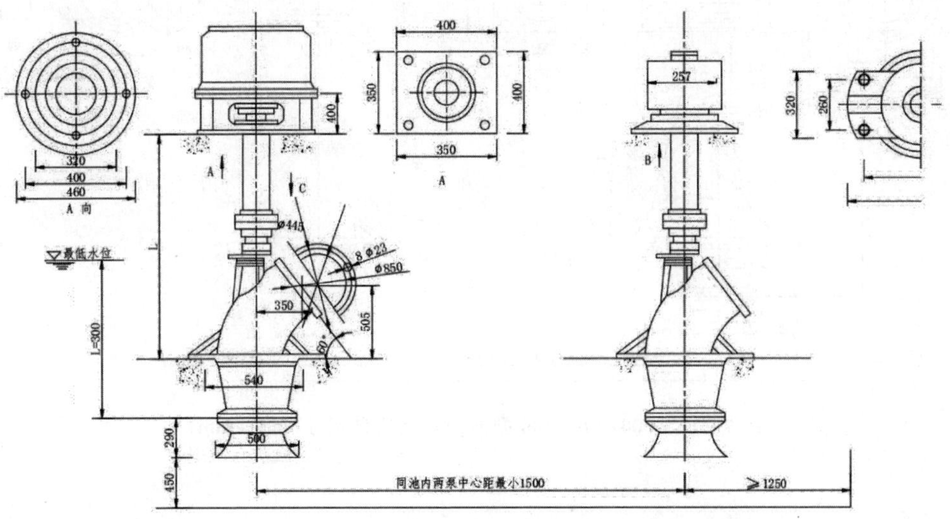

说明：传动轴长公式：立电 $l=L-750$，立平 $l=L-610$；$l=1\ 400$～212 100，每隔 100 mm 为一挡。

泵体重 300 kg，转子重 60 k，轴向力 550 kg

图 7-10　350ZLB-125 型泵外形及安装尺寸(单位：mm)

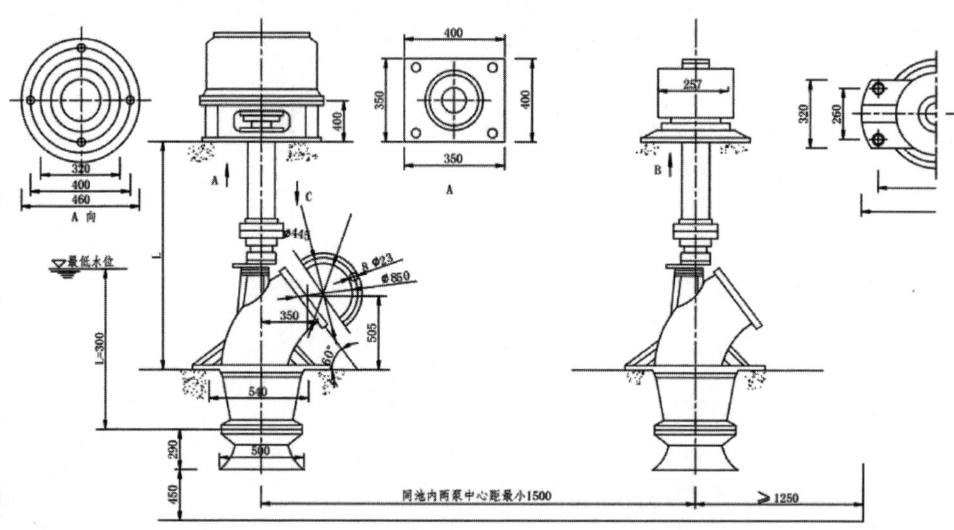

图 7-11　20ZLB-70 型泵外形及安装尺寸(单位:mm)

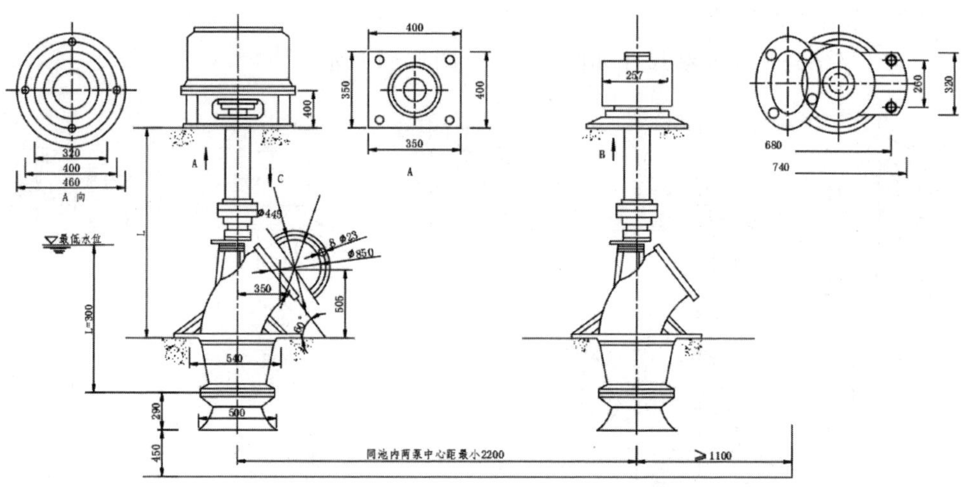

图 7-12　600ZLB-100 型泵外形及安装尺寸(单位:mm)

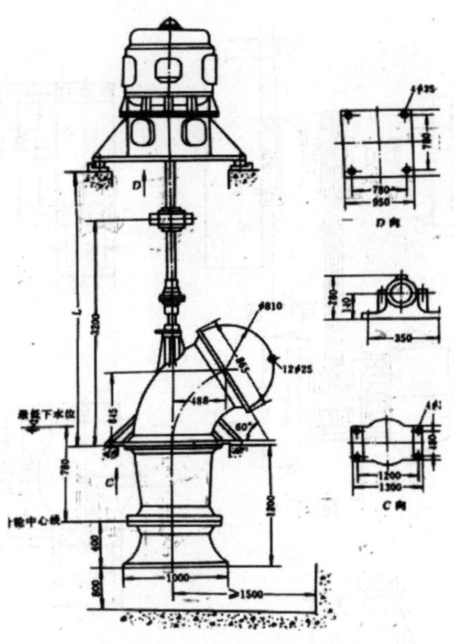

图 7－13　700ZLB－100 型泵外形及安装尺寸(单位:mm)

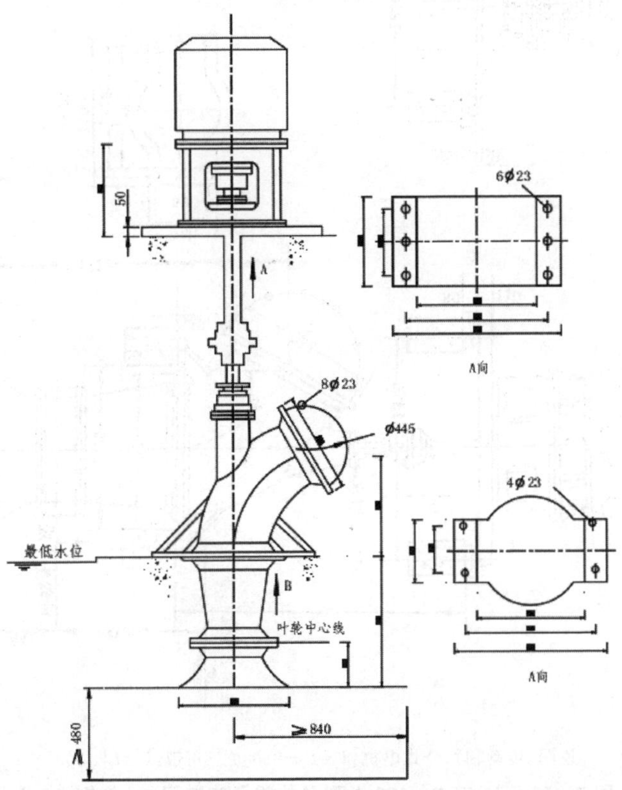

图 7－14　350 ZLB－70 A 型泵外形及安装尺寸(单位:mm)

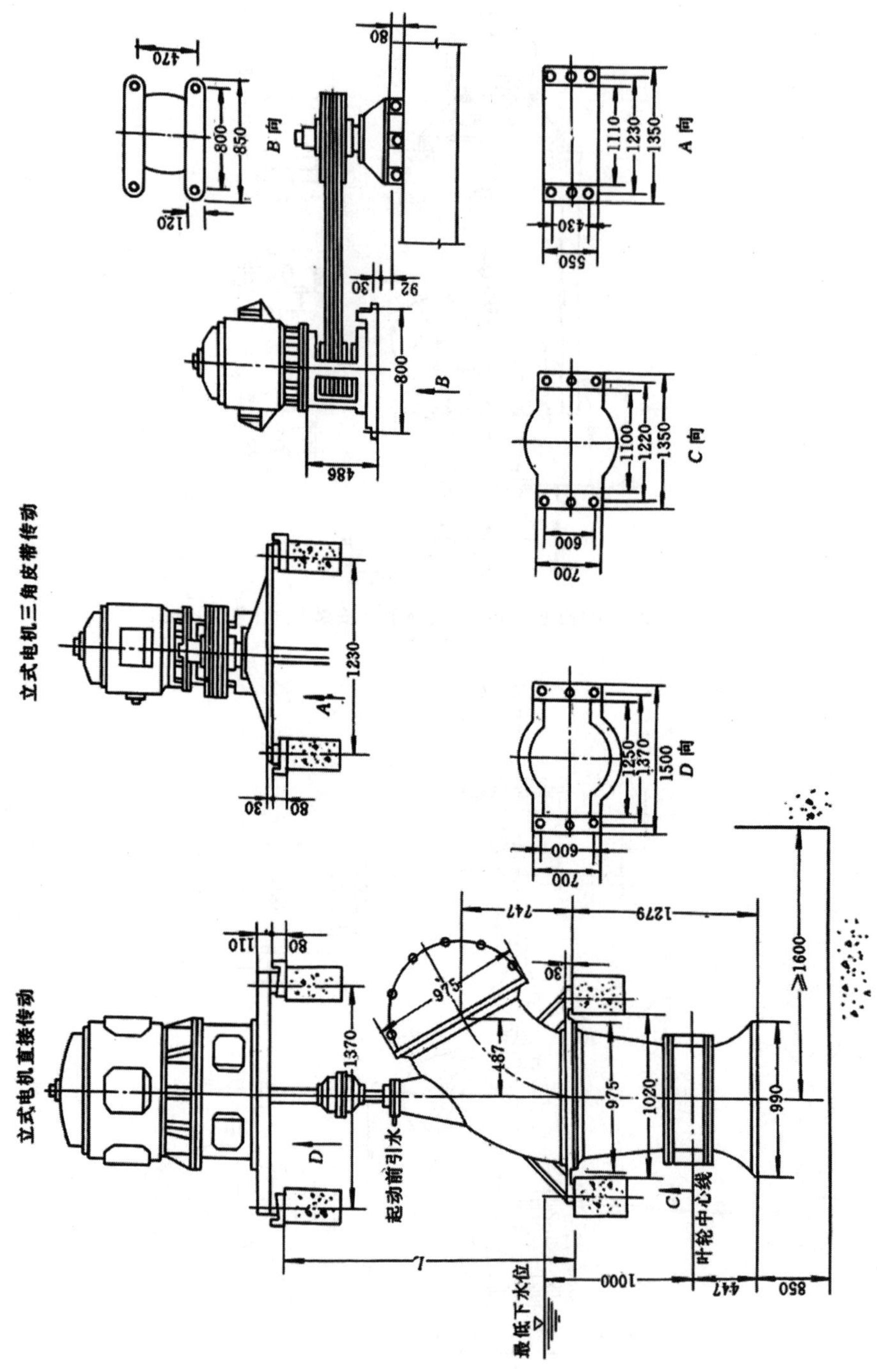

说明：传动轴长公式电机：$I=L-960$ 立三角带：$I=L-863$

图 7－15　32 ZLB－100 A 型泵外观及安装尺寸(单位:mm)

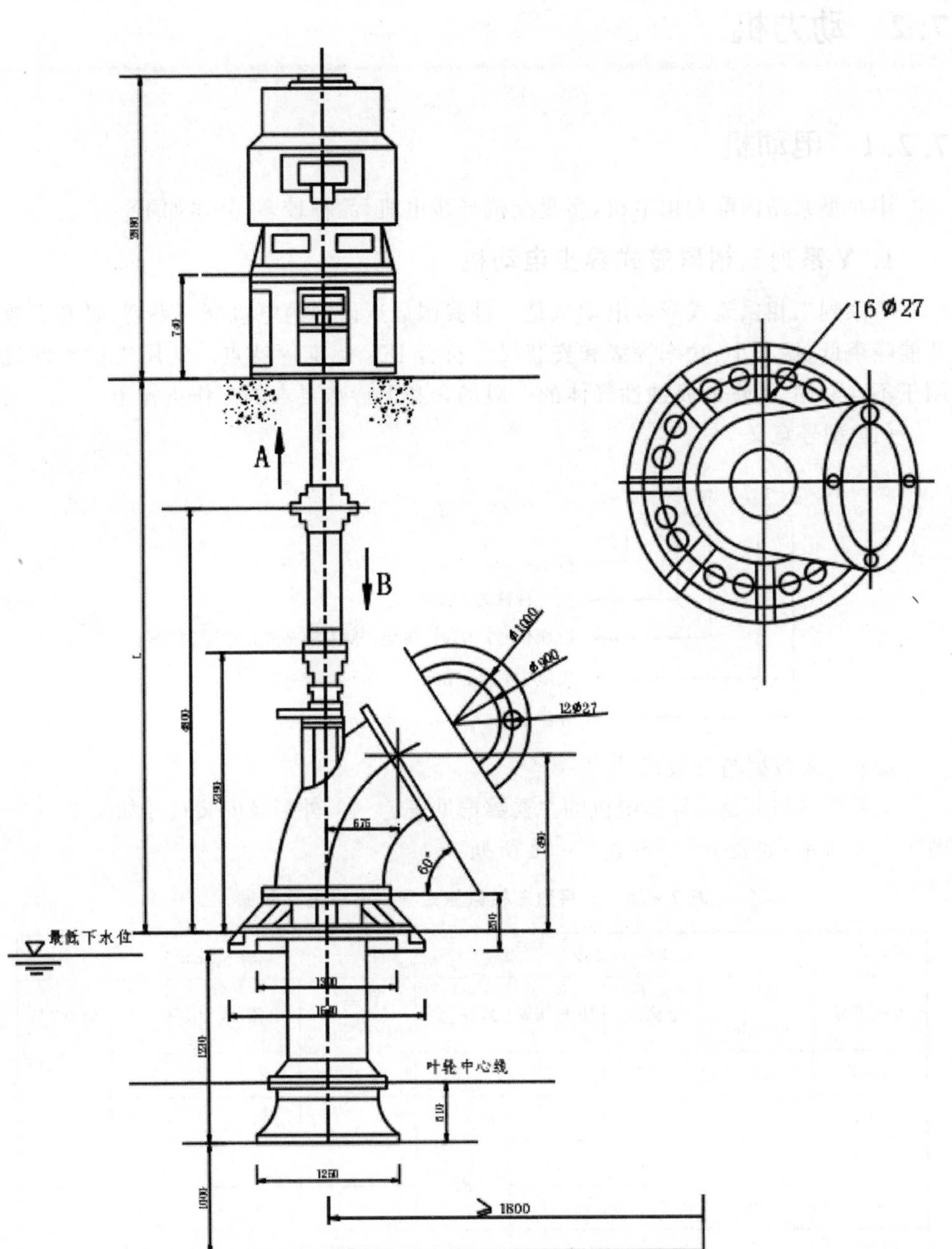

说明:泵壳重 2 650 kg;转子重 680 kg;轴向力 5 360 kg。$L>5\ 100$ mm 时设中间轴承。

图 7-16 36ZLB-70 型泵外形及安装尺寸(单位:mm)

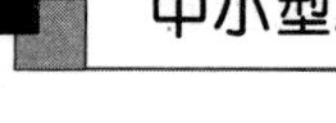

7.2 动力机

7.2.1 电动机

中小型泵站内配套用电机，多是交流异步电机，品种较多，分述如下。

1. Y 系列三相鼠笼式异步电动机

Y 系列三相鼠笼式异步电动机是一种我国最近研制的电机统一系列，具有高效、节能噪声低、振动小、功率等级和安装尺寸符合 IEC 标准等特点。使用维护方便，适用于不含易燃、易爆或腐蚀性气体的一般场合和无特殊要求的工作机械上。

(1) 型号意义

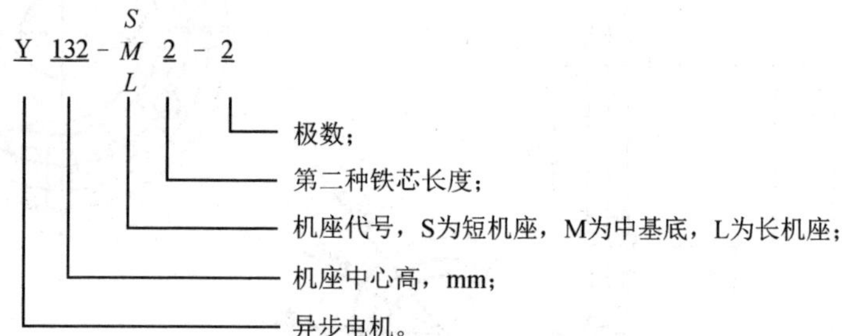

(2) 主要数据与安装尺寸

Y 系列三相鼠笼式异步电机的主要数据见表 7－16，外形及安装尺寸如图 7－17～图 7－19 所示，如表 7－17～表 7－19 所列。

表 7－16 Y 系列三相鼠笼式异步电机主要数据

额定电压	380 V(2 极)				380 V(4 极)			
电机型号	转速/(r/min)	电流/A	功率/kW	效率/%	转速/(r/min)	电流/A	功率/kW	效率/%
Y80Z	2 825	2.6	1.1	76	1 390	2.1	0.75	72.5
Y90S	2 840	3.4	1.5	79	1 400	2.7	1.1	79
Y90L		4.7	2.2	82		3.7	1.5	79
Y100L	2 880	6.4	3.0		—	—	—	—
$Y100L_1$	—	—	—	—	1 420	5	2.2	81
$Y100L_2$	—	—	—	—	1 420	6.8	3.0	82.5
Y112M	2 890	8.2	4.0	85.5	1 440	8.8	4.0	84.5
$Y132S_1$	2 900	11.1	5.5	85.5	—	—	—	—
$Y132S_2$		15	7.5	86.2	—	—	—	—

续表 7－16

额定电压	380 V(2 极)				380 V(4 极)			
电机型号	转速/(r/min)	电流/A	功率/kW	效率/%	转速/(r/min)	电流/A	功率/kW	效率/%
Y132S	—	—	—	—	1 440	11	5.5	85.5
Y132M	—	—	—	—		15.4	7.5	87
Y160M	—	—	—	—	1 460	22.6	11.0	88
$Y160M_1$	2 930	21.8	11.0	87.2	—	—	—	—
$Y160M_2$		29.4	15.0	88.2	—	—	—	—
Y160L		35.5	18.5	89	1 460	30.3	15.0	88.5
Y180M	2 940	42.2	22.0		1 470	35.9	18.5	91
Y180L	—	—	—	—		42.5	22.0	91.5
Y200L	—	—	—	—		56.8	30.0	92.2
$Y200L_1$	2 950	56.9	30.0	90	—	—	—	—
$Y200L_2$		70.4	37.0	90.5				
Y225S	—	—	—	—		69.8	37.0	91.6
Y225M	2 970	83.9	45.0	91.5		84.2	45.0	92.3
Y250M		102.7	55.0		1 480	102.5	55.0	92.6
Y280S		140.1	75.0	91.4		139.7	75.0	92.7
Y280M		167	90.0	92		164.3	90.0	93.5
Y315S		206.4	110.0	91		201.9	110.0	93
$Y315M_1$		247.6	132.0			242.3	132.0	
$Y315M_2$		298.5	160.0	91.5		293.7	160.0	

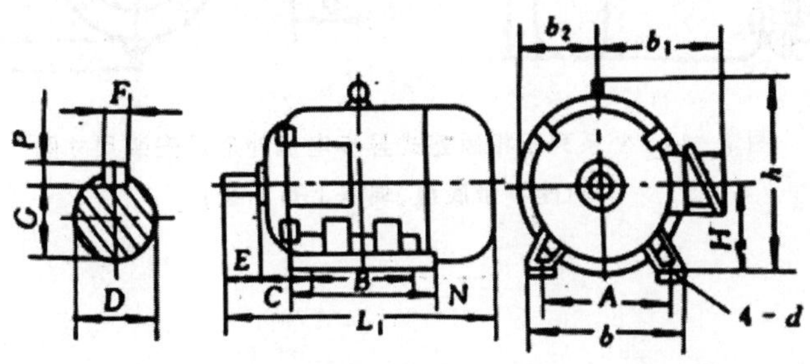

图 7－17　Y 系列三相鼠笼式异步电机外形

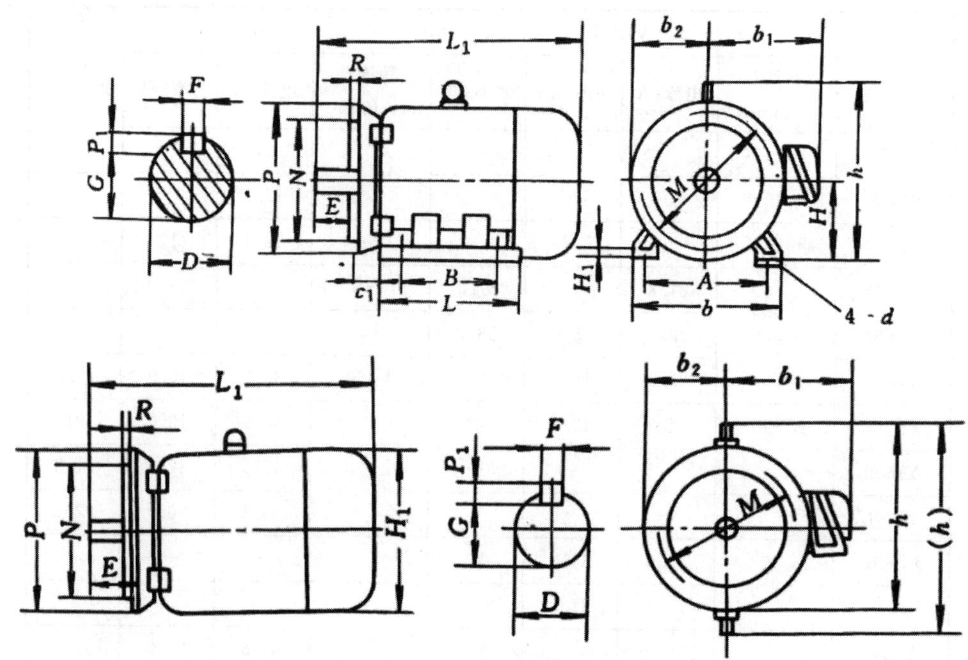

图 7-18　Y 系列三相鼠笼式异步电机外形及安装尺寸图
(机座带底盘,端盖上无凸缘)

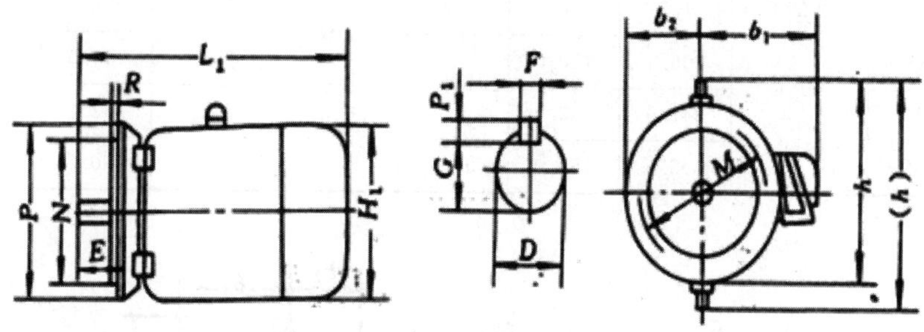

图 7-19　Y 系列三相鼠笼式异步电机外形及安装尺寸图
(机座不带底盘,端盖上有凸缘)

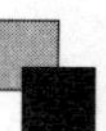

表7-17　Y系列三相鼠笼式异步电机外形及安装尺寸(机座带底盘，端盖上有凸缘)

型号	外形尺寸/mm									安装尺寸/mm																
	H	L1		4-d	b	b1	b2	h	H1	A	B	C1	M	N	P	R	n-s	D		E		F×P1		G		L
		2极	4极															2极	4极	2极	4极	2极	4极	2极	4极	
Y90S	90	310		10	180	155	105	190	12	140	100	50	165	130	200		4-ø12	24		50		8×7				130
Y90L		335									125	56												20		155
Y100L	100	380		12	205	180	130	245	14	160		63	215	180	250			28		608		8×7				176
Y112M	112	400			245	190		265	15	190	140	70												24		180
Y132S	132	475		12	280	210	155	315	18	216		89	265	230	300		4-ø15	38		80		10×8		33		200
Y132M		515									178															238
Y160M	160	600			325	255		385	20	254	210	108						42				12×8		37		270
Y160L		645									254															314
Y180M	180	670		15			180				241		300	250	350											311
Y180L		710			355	285		430	22	279	279	121					4-ø19	48		110		14×9		42.5		349
Y200L	200	775			395	310	205	475	25	318	305	133	350	300	400	0		55				16×10		49		379
Y225S	225		820	19	435	345	230	530	28	356	286	149	400	350	450			55	60	110	140	16×10	18×11	49	53	368
Y225M		815	845								311															396
Y250M	250	930		24	490	385	280	575	30	406	349	168						60	65			18×11		53	58	455
Y280S	280	1000			545	410	280	640	35	457	368	190	500	450	550		8-ø19	65	75	140			20×12			530
Y280M		1050									419							65	75							581
Y315S	315			28						508	406	216	600	550	660		8-ø24	65	80	140	170		22×14	58	71	
Y315M											457															
Y355M	355									610	560	254	740	680	800			75	90	140	170	20×12	25×14	67.5	81	

表7-18　Y系列三相鼠笼式异步电机外形及安装尺寸(机座带底盘，端盖无凸缘)

型　号	外形尺寸/mm									安装尺寸/mm										
	H	L1		4-d	b	b1	b2	h	B	C	D		E		FXP		G		A	N
		2极	4极								2极	4极	2极	4极	2极	4极	2极	4极		
Y90S	90	310		10	180	155	90	190	100	56	24		50		8x7		20		140	130
Y90L	90	335		10	180	155	90	190	125	56	24		50		8x7		20		140	155
Y100L	100	380		12	205	180	105	245	140	63	28		60		8x7		24		160	176
Y112M	112	400		12	245	190	115	265	140	70	28		60		8x7		24		190	180
Y132S	132	475		12	280	210	135	315	140	89	38		80		10x8		33		216	200
Y132M	132	515		12	280	210	135	315	178	89	38		80		10x8		33		216	238
Y160M	160	600		15	325	255	165	385	210	108	42		110		12x8		37		254	270
Y160L	160	645		15	325	255	165	385	254	108	42		110		12x8		37		254	314
Y180M	180	670		15	355	285	180	430	241	121	48		110		14x9		42.5		279	311
Y180L	180	710		15	355	285	180	430	279	121	48		110		14x9		42.5		279	349
Y200L	200	775		19	395	310	200	475	305	133	55		110		16x10		49		318	379
Y225S	225		820	19	435	345	225	530	286	149	55	60	110-	140	16x10		49	53	356	368
Y225M	225	815	845	19	435	345	225	530	311	149	55	60	110	140	16x10	18x11	49	53	356	393
Y250M	250	930	930	24	490	385	250	575	349	168	60	65	140	140	18x11		53	58	406	455
Y280S	280	1000		24	545	410	280	640	368	190	65	75	140		18x11		58	67.5	457	530
Y280M	280	1050		24	545	410	280	640	419	190	65	75	140	140	18x11	20x12	58	67.5	457	581
Y315S	315			28					406	216	65	80	140	170	18x11	22x14	58	71	508	
Y315M	315			28					457	216	65	80	140	170	18x11	22x14	58	71	508	
Y355M	355			28					560	254	75	90	140	170	20x12		67.5	81	610	

表7-19　Y系列三相鼠笼式异步电机外形及安装尺寸(机座不带底盘，端盖上有凸缘)

型　号	外形尺寸/mm					安装尺寸/mm													
	n-s	b1	b2	h	H1	L1		D		E		FXP1		G		M	N	P	R
						2极	4极	2极	4极	2极	4极	2极	4极	2极	4极				
Y90S	4-ø12	155	105	195	176	310		24		50		8x7		20		165	130	200	
Y90L						335													
Y100L	4-ø15	180	130	245	196	380		28		60				24		215	180	250	
Y112M		190		265	220	400													
Y132S		210	155	315	259	475		38		80		10x8		33		265	230	300	
Y132M						515													
Y160M	4-ø19	255	180	385	314	600		42		110		12x8		37		300	250	350	
Y160L						645													
Y180M		285		430	355	670		48				14x9		42.5					
Y180L		285	180	430	355	710		48						42.5		300	250	350	0
Y200L	4-ø19	310	205	480	397	775		55		110				49		350	300	400	
Y225S	8-ø19	345	230	535	446		820	55	60	110	140	16x10		49	53	400	350	450	
Y225M		345	230	535	446	815	845	55	60	110	140			49	53	400	350	450	
Y250M		385	280	650	485、			60	65	140		18x11		53	58	500	450	550	
Y280S		410		720	547			65	75			18x11	20x12	58	67.5				
Y280M	8-ø19	410	280	720	547			65	75	140		18x11	20x12	58	67.5	500	450	550	
Y315S	8-ø24							65	80	140	170	18x11	22x14	58	71	600	550	660	
Y315M																			
Y355M								75	90			20x12	25x14	67.5	81	740	680	800	

2. JO_2 系列三相鼠笼式异步电机

JO_2 系列三相鼠笼式异步电机是一种能防止灰尘、铁屑或其他杂物侵入的普通异步电机，具有耐温性能好、不易吸潮等优点，有立、卧两种结构型式，可在起动与运行性能上无特殊要求的工作机械上使用，适于灰尘多、水土飞溅的场合工作。

(1) 型号意义

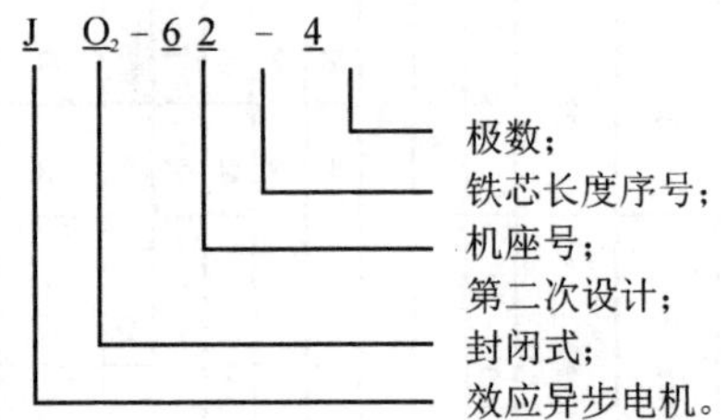

(2) 主要数据与安装尺寸

JO_2 系列电机的主要数据如表 7-20 所列。外形与安装尺寸如图 7-20～图 7-22 所示，如表 7-21～表 7-24 所列。

表 7-20 JO_2 系列三相鼠笼式异步电机主要数据

型　号	额定电压/V	额定功率/kW	转速/(r/min)	重量/kg	型号	额定电压/V	额定功率/kW	转速/(r/min)	重量/kg
JO_2-32-2	380	4.0	2 860	47	JO_2-52-4	380	10.0	1 450	114
JO_2-41-2	380	5.5	2 920	65	JO_2-82-4	380	40.0	1 470	425
JO_2-71-2,	380	22.0	2 940	228	JO_2-91-4	380	55.0	1 470	538
JO_2-72-2	380	30.0	2 940	259	JO_2-92-4	380	75.0	1 470	625
JO_2-82-2	380	40.0	2 960	395	JO_2-93-4	380	100.0	1 470	670
JO_2-91-2	380	55.0	2 960	556	JO_2-62-4	380	17.0	1 460	178
JO_2-92-2	380	75.0	2 960	608	JO_2-71-4	380	22.0	1 470	235
JO_2-51-4	380	7.5	1 450	95	JO_2-72-4	380	30.0	1 470	272

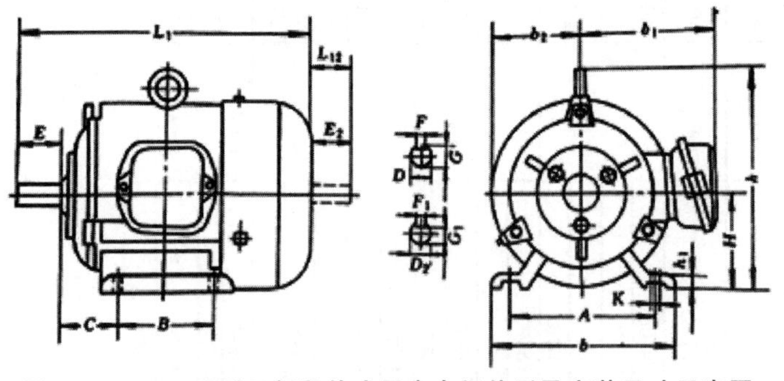

图 7-20 JO_2 系列三相鼠笼式异步电机外形及安装尺寸示意图

(机座带底盘，端盖上无凸缘)

表 7 - 21　JO_2 系列卧式三相鼠笼式异步电机外形及安装尺寸(机座带底盘,端盖上无凸缘)

<table>
<tr><th rowspan="2">(机座带底盘,端盖上无凸缘)型号</th><th colspan="20">外形及安装尺寸/mm</th></tr>
<tr><th>A</th><th>B</th><th>C</th><th>D</th><th>D_2</th><th>E</th><th>E_2</th><th>F</th><th>F_1</th><th>G</th><th>G_1</th><th>H</th><th>K</th><th>h_1</th><th>L_{12}</th><th>b</th><th>b_1</th><th>b_2</th><th>h</th><th>L_1</th></tr>
<tr><td>JO_2 - 32</td><td>190</td><td>159</td><td>70</td><td>28</td><td>22</td><td>60</td><td>50</td><td>8</td><td>6</td><td>24</td><td>18.5</td><td>112</td><td rowspan="2">13</td><td>16</td><td>55</td><td>245</td><td>180</td><td>120</td><td>270</td><td>415</td></tr>
<tr><td>JO_2 - 41</td><td>216</td><td>140</td><td>89</td><td>32</td><td>28</td><td rowspan="3">80</td><td>60</td><td>10</td><td>8</td><td>27</td><td>24</td><td>132</td><td>18</td><td>65</td><td>275</td><td>210</td><td>140</td><td>315</td><td>470</td></tr>
<tr><td>JO2 - 51</td><td rowspan="2">254</td><td>178</td><td rowspan="2">108</td><td rowspan="2">38</td><td rowspan="2">32</td><td rowspan="3">80</td><td rowspan="3">12</td><td rowspan="2">10</td><td rowspan="2">33</td><td rowspan="2">27</td><td rowspan="2">160</td><td rowspan="3">16</td><td rowspan="2">20</td><td rowspan="3">88</td><td rowspan="2">320</td><td rowspan="2">220</td><td rowspan="2">165</td><td rowspan="2">370</td><td>545</td></tr>
<tr><td>JO_2 - 52</td><td>210</td><td>575</td></tr>
<tr><td>JO_2 - 62</td><td>279</td><td>241</td><td>121</td><td>42</td><td>38</td><td rowspan="2">110</td><td rowspan="2">12</td><td>37</td><td>33</td><td>180</td><td>22</td><td>355</td><td>275</td><td>180</td><td>425</td><td>675</td></tr>
<tr><td>JO_2 - 71</td><td>356</td><td>286</td><td>149</td><td>48</td><td>42</td><td>110</td><td>14</td><td>42.5</td><td>37</td><td>225</td><td>20</td><td>25</td><td>140</td><td>430</td><td>310</td><td>205</td><td>505</td><td>760</td></tr>
<tr><td>JO_2 - 72</td><td>356</td><td>311</td><td>149</td><td>48</td><td>42</td><td>110</td><td rowspan="2">110</td><td>14</td><td>12</td><td>42.5</td><td>37</td><td>225</td><td>20</td><td>25</td><td>140</td><td>430</td><td>310</td><td>205</td><td>505</td><td>785</td></tr>
<tr><td>JO_2 - 82</td><td>406</td><td>349</td><td>168</td><td>60</td><td>48</td><td>140</td><td>18</td><td>14</td><td>53</td><td>42.5</td><td>250</td><td rowspan="4">25</td><td>30</td><td>130</td><td>490</td><td>390</td><td>235</td><td>560</td><td>920</td></tr>
<tr><td>JO_2 - 91</td><td rowspan="3">457</td><td>368</td><td rowspan="3">190</td><td rowspan="3">70</td><td rowspan="3">65</td><td rowspan="3">140</td><td rowspan="3">140</td><td rowspan="3">20</td><td rowspan="3">20</td><td rowspan="3">62.5</td><td rowspan="3">57.5</td><td rowspan="3">280</td><td rowspan="3">35</td><td rowspan="3">160</td><td rowspan="3">555</td><td rowspan="3">450</td><td rowspan="3">270</td><td rowspan="3">630</td><td>990</td></tr>
<tr><td>JO_2 - 92</td><td rowspan="2">419</td><td rowspan="2">1 040</td></tr>
<tr><td>JO_2 - 93</td></tr>
</table>

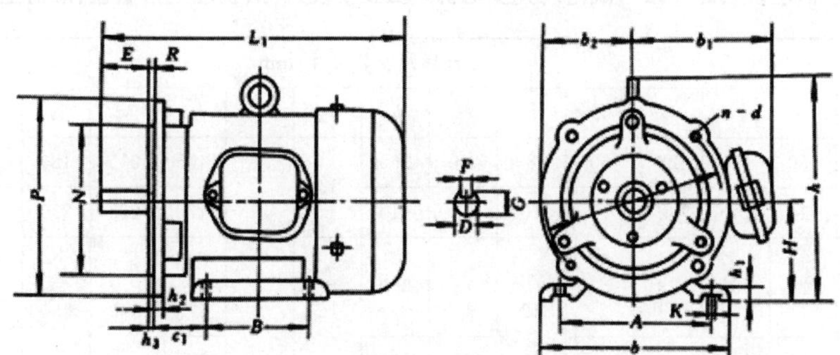

图 7 - 21　JO_2 系列卧式三相鼠笼式异步电机外形及安装尺寸示意图

(机座带底盘,端盖上有凸缘)

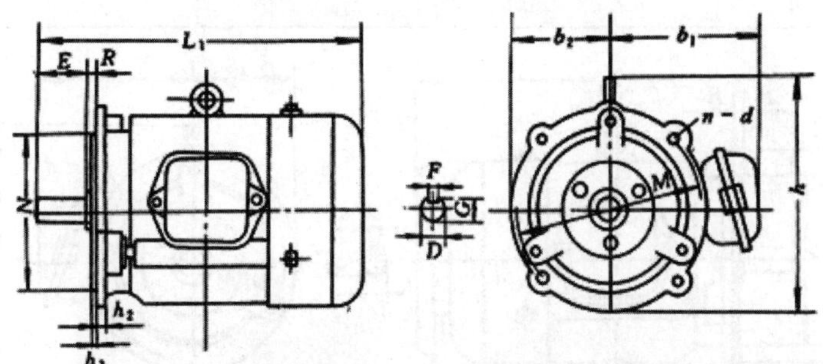

图 7 - 22　JO_2 系列卧式三相鼠笼式异步电机外形及安装尺寸示意图

(机座不带底盘,端盖上有凸缘)

表 7－22　JO_2 系列卧式三相鼠笼式异步电机外形及安装尺寸(机座带底盘,端盖上有凸缘)

型　号	外形及安装尺寸/mm																						
	A	B	C_1	D	E	F	G	H	K	M	N	P	R	d	h_1	h_2	h_3	n	b	b_1	b_2	h	L_1
JO_2-32	190	159	65	28	60	8	24	112	13	215	180	250	5	15	16	14	5	4	245	180	120	270	415
JO_2-41	216	140	81	32	80	10	27	132		265	230	300	8		18				275	210	140	315	470
JO_2-51	254	178	100	38		12	33	160	16	300	250	350	8	19	20	16	5	4	320	220	165	375	545
JO_2-52		210																					575
JO_2-62	279	241	113	42	110		37	180							22				355	275	180	430	675
JO_2-71	356	286	141	48		14	42.5	225	20	400	350	450	8	19	25	20	5	8	430	310	225	505	760
JO_2-72		311																					785
JO_2-82	406	349	160	60	140	18	53	250	25	500	450	550	8	19	30	22	5		490	390	275	560	920
JO_2-91	457	368	180	70		20	62.5	280							35				555	450		630	990
JO_2-92		419																					1 040

表 7－23　JO_2 系列卧式三相鼠笼式异步电机外形及安装尺寸(机座不带底盘,端盖上有凸缘)

型　号	外形及安装尺寸/mm													
	b_1	b_2	D	E	F	G	h	h_2	h_3	L_1	M	N	R	$n-d$
JO_2-32	180	120	28	60	8	24	265	14	5	415	215	180	5	4—15
JO_2-41	210	140	32	80	10	27	310			470	265	230	8	
JO_2-51	220	165	38		12	33	360	16		545	300	250		4—19
JO_2-52										575				
JO_2-62	275	180	42	110		37	430			675				
JO_2-71	310	230	48		14	42.5	500	20		760	400	350		8—19
JO_2-72										785				

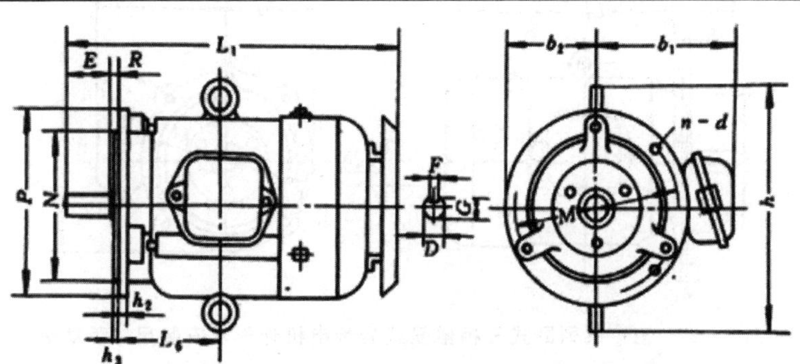

图 7－23　JS 系列三相鼠笼式异步电机外形及安装尺寸示意图

表 7 - 24 JO_2 系列立式三相鼠笼式异步电机外形及安装尺寸(机座不带底盘,端盖上有凸缘)

型 号	外形及安装尺寸/mm															
	D	E	F	G	M	N	P	R	h	b_1	b_2	h_2	h_3	L_1	L_6	$n-d$
JO_2-62	42	110	12	37	300	250	350	8	480	275	180	16	5	730	235	4—19
JO_2-71	48		14	42.5	400	350	450	8	560	310	230	20	5	820	285	8—19
JO_2-72														845	298	
JO_2-82	60	140	18	53	500	450	550	8	615	390	280	22	5	995	335	
JO_2-91	70		20	62.5				8	690	450			5	1 080	366	
JO_2-92														1 130	392	
JO_2-93																

3. JS_2、JSL_2 系列三相鼠笼式异步电机

JS_2、JSL_2 系列三相鼠笼式异步电机是为替代 JS、JSL 系列而研制的新产品。其标准符合 JB1991 技术条件,安装尺寸符合国际标准。其中 JS_2 型为防护式,JSL_2 型为立式防滴式,可拖动各种工作机械。

(1) 型号意义

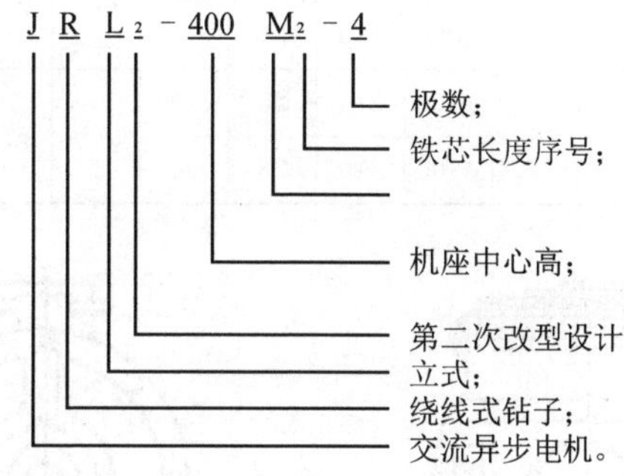

(2) 主要数据与安装尺寸

主要数据见表 7 - 25,外形及安装尺寸如图 7 - 24～图 7 - 25 所示,如表 7 - 26～表 7 - 27 所列。

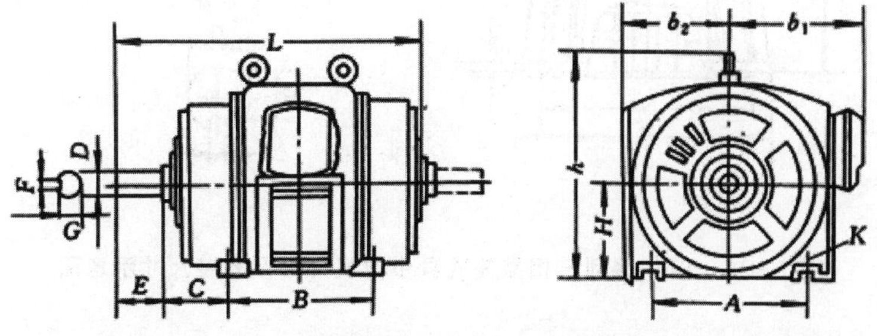

图 7 - 24 JS_2 系列三相鼠笼式异步电机外形及安装尺寸示意图

表 7-25　JS_2、JSL_2 系列三相鼠笼式异步电机主要数据

型　号	额定电压/V	额定功率/kW	转速/(r/min)	重量/kg		型　号	额定电压/V	额定功率/kW	转速/(r/min)	重量/kg	
				JS_2	JSL_2					JS_2	JSL_2
$400M_1-4$	380	280	1 475	1 500	1 550	$400S_2-8$	380	132	735	1 370	1 400
$400M_2-4$		320	1 480	1 540	1 640	$400S_3-8$		160	735	1 410	1 470
$355S_1-8$		60	735	950	970	$355S_2-10$		60	588	980	1 000
$355M_1-8$		75	735	1 070	1 100	$355M_2-10$		75	586	1 120	1 120
$355M_2-8$		95	735	1 120	1 140	$355M_1-10$		95	586	1 070	—
$355M_3-8$		112	735	1 170	1 200	$355M_1-4$		160	1 476	1 070	1 100
$355S_1-4$		112	1 476	950	980	$400S_1-4$		220	1 475	1 320	1 370
$355S_2-4$		132	1 476	980	1 020	$400S_2-4$		250	1 475	1 370	1 440

表 7-26　JS_2 系列三相鼠笼式异步电机外形及安装尺寸

型　号	外形及安装尺寸/mm												
	A	B	C	D	E	F	G	H	K	b_1	b_2	h	L
355S-4、6、8、10	686	500	254	ϕ85	170	22	76	355	ϕ30	620	400	850	1 200
355M-4、6、8、10		560		ϕ85	170	22	76						1 260
400S-4、6、8、10			280	ϕ100	210	28	90	400	ϕ36	660	450	960	1 330
400M-4、6、8、10		630		ϕ100	210	28	90						1 400

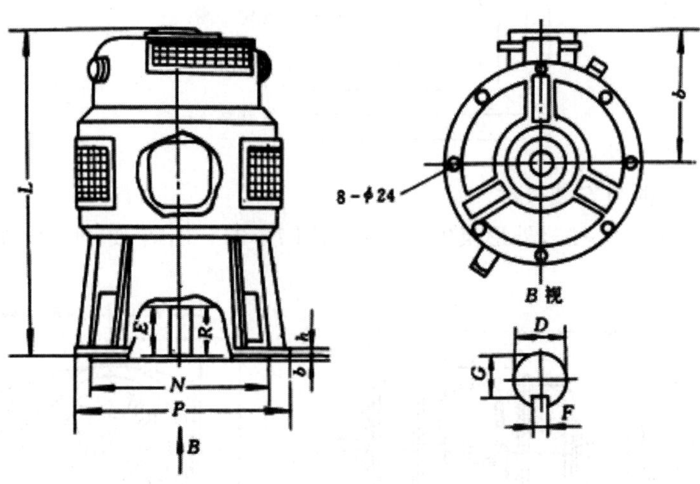

图 7-25　JSL_2 系列三相鼠笼式异步电机外形及安装尺寸示意图

表 7-27 JSL_2 系列三相鼠笼式异步电机

机座号	外形及安装尺寸/mm										
	D	E	F	G	M	N	P	R	h	b	L
355S	85	170	22	76	ϕ760	ϕ710	825	180	25	620	1 300
355M											1 360
400S	ϕ100	210	28	90	875	4 825	950	220	30	660	1 430
400M											1 500

JS 系列三相鼠笼式异步电机是一种自然通风防护式异步电机。用于拖动各种工作机械，不许在含有爆炸性气体的环境下工作，否则要用管道式通风。

(3) 型号意义

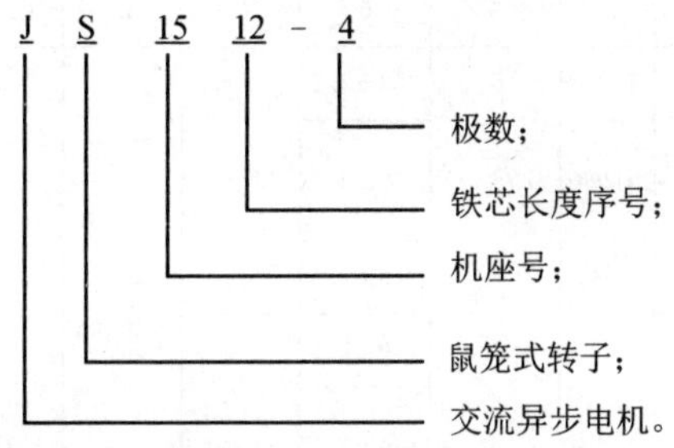

(4) 主要数据与安装尺寸

主要数据如表 7-28 所列，外形及安装尺寸如图 7-26 所示，如表 7-29 所列。

表 7-28 JS 系列三相鼠笼式异步电机主要数据

型 号	额定电压/V	额定功率/kW	转速/(r/min)	重量/kg	型 号	额定电压/V	额定功率/kW	转速/(r/min)	重量/kg
JS-114-4	380	115	1 470	910	JS-125-6	380	130	980	1 300
JS-115-4	380	135	1 480	970	JS-126-6	380	155	980	1 380
JS-116-4	380	155	1 475	1 080	JS-127-6	380	185	980	1 520
JS-117-4	380	180	1 480	1 150	JS-128-6	380	215	975	1 600
JS-126-4	380	225	1 480	1 380	JS-136-6	380	240	984	1 800
JS-127-4	380	260	1 480	1 520	JS-137-6	380	280	986	1 900
JS-128-4	380	300	1 480	1 600	JS-117-6	380	115	980	1 150

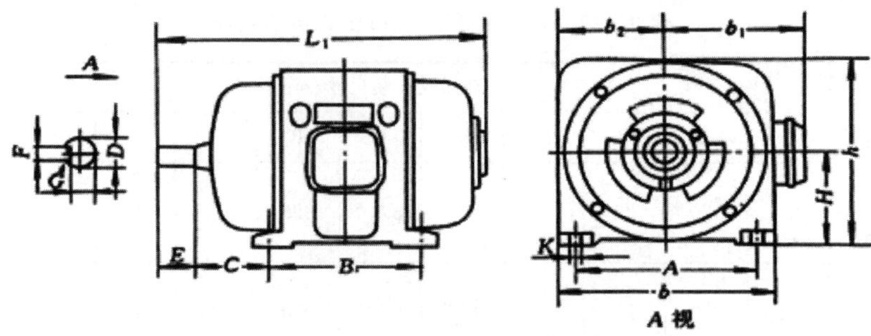

图 7-26　JS 系列三相鼠笼式异步电机外形及安装尺寸示意图

表 9-29　JS 系列三相鼠笼式异步电机外形及安装尺寸

<table>
<tr><th rowspan="2">型　号</th><th colspan="5">外形尺寸/mm</th><th colspan="9">安装尺寸/mm</th></tr>
<tr><th>b</th><th>b_1</th><th>b_2</th><th>h</th><th>L</th><th>A</th><th>B</th><th>C</th><th>D</th><th>E</th><th>F</th><th>G</th><th>H</th><th>K</th></tr>
<tr><td>JS114-4.6</td><td rowspan="3">760</td><td rowspan="3">620</td><td rowspan="3">390</td><td rowspan="3">375</td><td>1 195</td><td rowspan="3">620±2.1</td><td>490±2.1</td><td rowspan="3">290±4</td><td rowspan="5">$85^{+0.026}_{+0.003}$</td><td rowspan="7">170</td><td rowspan="7">$24^{-0.025}_{-0.09}$</td><td rowspan="5">$78^{+0}_{-0.20}$</td><td rowspan="3">$375^{+0}_{-1.5}$</td><td rowspan="3">26</td></tr>
<tr><td>JS115-4,116-4、6,117-6</td><td>1 295</td><td>590±2.1</td></tr>
<tr><td>JS117-4</td><td>1 345</td><td>640±2.1</td></tr>
<tr><td>JS126-4</td><td rowspan="4">870</td><td rowspan="4">660</td><td rowspan="4">445</td><td rowspan="4">1 005</td><td>1 295</td><td rowspan="4">710±2.1</td><td>550±2.1</td><td rowspan="2">305±4</td><td rowspan="4">$450^{+0}_{-1.5}$</td><td rowspan="6">32</td></tr>
<tr><td>JS127-4,128-4</td><td>1 395</td><td>650±2.1</td></tr>
<tr><td>JS125-6,126-6</td><td>1 310</td><td>550±2.1</td><td rowspan="2">320±4</td><td rowspan="2">$90^{+0.026}_{+0.003}$</td><td rowspan="2">$83^{+0}_{-0.23}$</td></tr>
<tr><td>JS127-6,128-6</td><td>1 410</td><td>650±2.1</td></tr>
<tr><td>JS136-6</td><td rowspan="2">970</td><td rowspan="2">725</td><td rowspan="2">500</td><td rowspan="2"></td><td>1 420</td><td rowspan="2">790±2.1</td><td>660±2.1</td><td rowspan="2">295±4</td><td rowspan="2">$100^{+0.026}_{-0.003}$</td><td rowspan="2">210</td><td rowspan="2">$28^{-0.025}_{-0.090}$</td><td rowspan="2">$92^{+0}_{-0.23}$</td><td rowspan="2">$500^{+0}_{-1.5}$</td></tr>
<tr><td>JS37-6</td><td>1 520</td><td>760±2.1</td></tr>
</table>

5. JSL 系列三相鼠笼式异步电机

JSL 系列三相鼠笼式异步电机是一种 JS 系列的立式电机，使用环境与 JS 系列相同。

(1) 型号意义

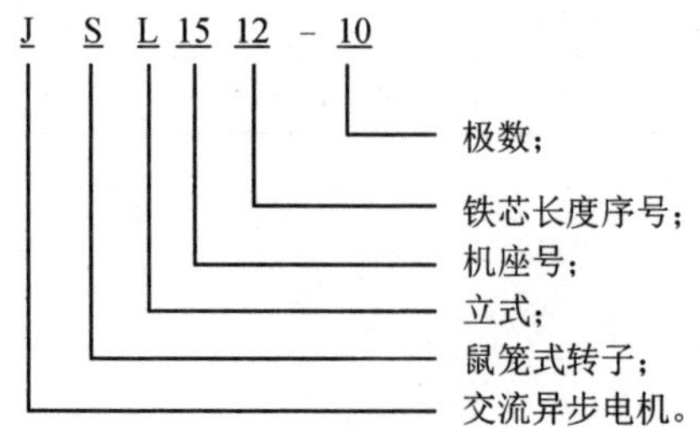

(2) 主要数据与安装尺寸

主要数据见表 7 - 30,外形及安装尺寸如图 9 - 27 所示,如表 9 - 31 所列。

表 7 - 30 JSL 系列三相鼠笼式异步电机主要数据

型 号	额定电压/V	额定功率/kW	转速/(r/min)	重量/kg	型 号	额定电压/V	额定功率/kW	转速/(r/min)	重量/kg
JSL116 - 8	380	70	730	1 185	JSL117 - 10	380	65	586	1 280
JSL117 - 8		80	733	1 310	JSL125 - 10		80	588	1 410
JSL125 - 8		95	735	1 450	JSL126 - 10		95	588	1 500
JSL126 - 8		110	734	1 600	JSL127 - 10		115	587	1 630
JSL127 - 8		130	736	1 680	JSL128 - 10		130	587	1 780
JSL128 - 8		150	736	1 800	JSL137 - 10		155	590	2 020
JSL116 - 10		55	587	1 160	JSL138 - 10		180	588	2 180

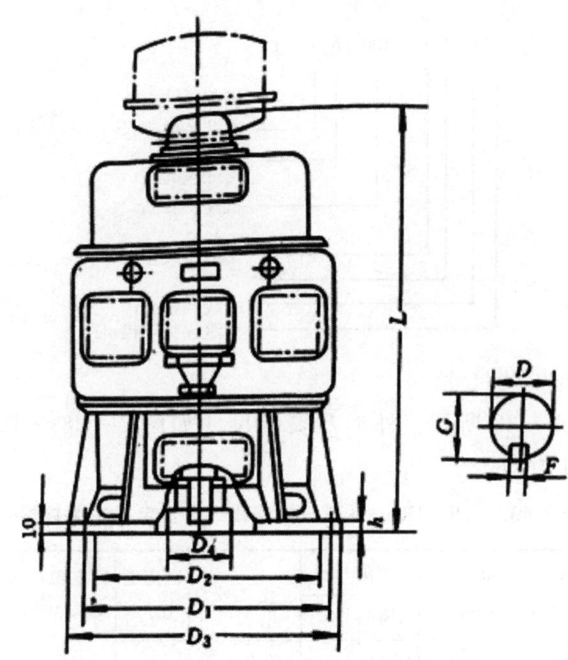

图 7 - 27 JSL 系列三相鼠笼式异步电机外形及安装尺寸示意图

表 7-31　JSL 系列三相鼠笼式异步电机外形及安装尺寸

型　号	外形及安装尺寸/mm											
	L	D_1	D_2	D_3	D_4	D	轴伸	d	n	F	G	h
116-8、10,117-8、10	1 485	760	710	825	255	ϕ85	170	24	8	24	92	25
125-8、10,126-8、10	1 510	875	825	950	275	ϕ90	170	24	8	24	97	30
127-8、10,128-8、10	1 610											
137-8、10	1 635	975	925	1 060	335	ϕ100	210	24	8	28	108	30
138-8,10	1 735											

6. JR_2、JRL_2 系列三相绕线式异步电机

JR_2、JRL_2 系列三相绕线式异步电机是为替代 JR、JRL 系列而研制的新产品。可用于拖动各种工作机械，不许在含有爆炸性气体的环境下工作，否则要采用管道式通风。

(1) 型号意义

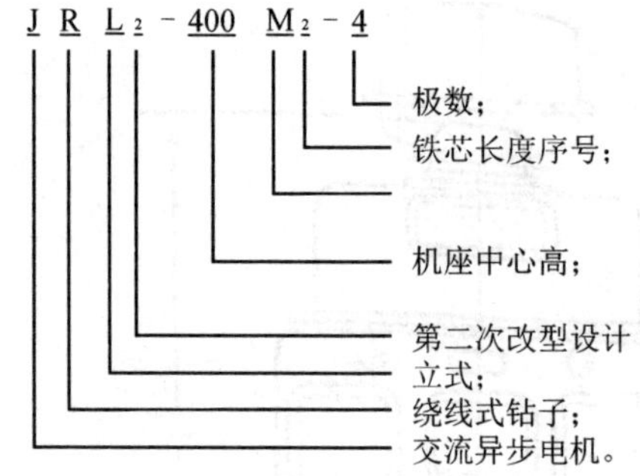

(2) 主要数据与安装尺寸

主要数据如表 7-32 所列。外形及安装尺寸如图 7-28～图 7-29 所示，如表 7-33～表 7-34 所列。

表 7-32　JR_2、JRL_2 系列三相绕线式异步电机主要数据

型　号	额定电压/V	额定功率/kW	转速/(r/min)	重量/kg		型　号	额定电压/V	额定功率/kW	转速/(r/min)	重量/kg	
				JR_2	JRL_2					JR_2	JRL_2
$355S_1-4$	380	112	1 456	1 090	1 120	$400S_1-4$	380	220	1 465	1 480	1 530
$355S_1-4$		132	1 458	1 140	1 170	$400S_2-4$		250	1 467	1 550	1 600
$355M_1-4$		160	1 461	1 220	1 250	$400M_1-4$		230	1 470	1 680	1 720
$355M_2-4$		190	1 463	1 270	1 300	$400M_2-4$		320	1 474	1 710	1 810

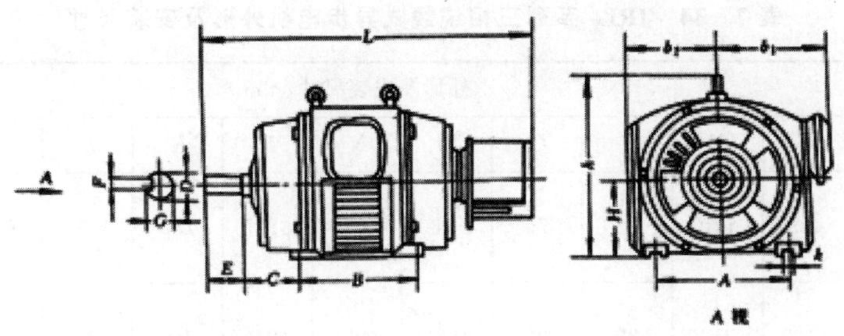

图 7－28 JR_2 系列三相绕线式异步电机外形及安装尺寸图

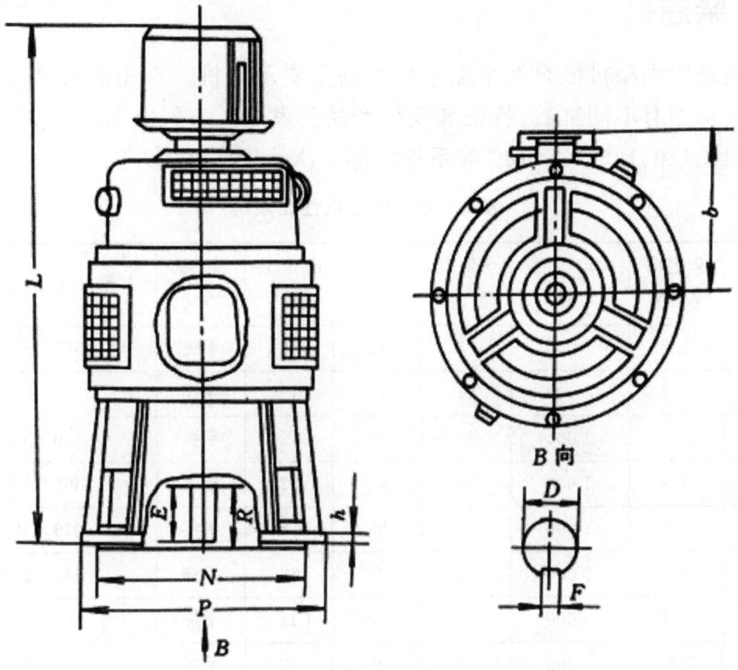

图 7－29 JRL_2 系列三相绕线式异步电机外形及安装尺寸示意图

表 7－33 JR_2 系列三相绕线式异步电机外形及安装尺寸

<table>
<tr><th rowspan="2">型 号</th><th colspan="13">外形及安装尺寸/mm</th></tr>
<tr><th>A</th><th>B</th><th>C</th><th>D</th><th>E</th><th>F</th><th>G</th><th>H</th><th>K</th><th>b_1</th><th>b_2</th><th>h</th><th>L</th></tr>
<tr><td>355S－4</td><td rowspan="2">610</td><td>500</td><td rowspan="2">254</td><td rowspan="2">485</td><td rowspan="2">170</td><td rowspan="2">22</td><td>76</td><td rowspan="2">355</td><td rowspan="2">Φ30</td><td rowspan="2">620</td><td rowspan="2">400</td><td rowspan="2">850</td><td>1 690</td></tr>
<tr><td>355M－4</td><td rowspan="2">560</td><td>79</td><td>1 750</td></tr>
<tr><td>4005－4</td><td rowspan="2">686</td><td rowspan="2">280</td><td rowspan="2">Φ100</td><td rowspan="2">210</td><td rowspan="2">28</td><td rowspan="2">90</td><td rowspan="2">400</td><td rowspan="2">Φ36</td><td rowspan="2">660</td><td rowspan="2">450</td><td rowspan="2">960</td><td>1 810</td></tr>
<tr><td>400M－4</td><td>630</td><td>1 880</td></tr>
</table>

表 7-34 JRL_2 系列三相绕线式异步电机外形及安装尺寸

型号	外形及安装尺寸/mm										
	D	*E*	*F*	*G*	*M*	*N*	*P*	*R*	*h*	*b*	*L*
355S	ϕ85	170	22	76	4 760	4 710	ϕ825	180	25	620	1 720
355M											1 780
400S	ϕ100	210	28	90	4875	Φ825	ϕ950	220	30	660	1 840
400M											1 910

7.2.3 柴油机

柴油机是中小型排灌泵站中除电机外的主要动力机。常用的有 95、110、135 等系列。同一机型有不同缸数、特征和变形产品。表 9-35 列出 65、70、75、85、90、95、100、105、110、120、125、135、160 等系列的部分产品规格，供参考。

表 7-35 柴油机性能规格

型号	额定功率/kW	额定转速/(r/min)	气缸直径/mm	活塞行程/mm	标定工况/h	起动方式	外形尺寸/mm)长×宽×高
165	2.2	2 000	65	75	12	手摇	575×355×510
165F	2.2	2 600	65	70	12	手摇	506×321×423
170	2.9	2 000	70	75	12	手摇	570×353×461
170F	2.9	2 600	70	70	12	手摇	500×320×430
175	3.7	2 000	75	90	12	手摇	628×420×610
175F	3.7	2 000	75	85	12	手摇	650×370×455
175Ⅱ	4.4	2 000	75	90	12	手摇	648×411×536
185	5.88	2 200	85	90	12	手摇	510×440×645
190F	7.35	2 200	90	100	12	手摇	426×507×792
195	8.8	2 000	95	115	12	手摇	810×585×620
S195	8.8	2 000	95	115	12	手摇	785×471×675
290T	14.7	2 000	90	110	12	电动	590×590×730
X285	14.7	3 000	85	90	持续	电动	590×500×770
2100B1	16.2	1 500	100	120	12	手、电	641×497×850
295	17.6	2 000	95	115	12	电动	590×530×745
295G	17.6	2 000	95	115	12	电动	580×512×778
2105	17.6	1 500	105	130	12	电动	580×500×880

续表 7-35

型 号	额定功率/kW	额定转速/(r/min)	气缸直径/mm	活塞行程/mm	标定工况/h	起动方式	外形尺寸/mm)长×宽×高
J485T3	20.6	2 000	85	95	12	电动	785×490×765
390	22	2 000	90	100	12	电动	700×531×792
X2105-20	22	2 000	105	120	12	手摇	740×520×909
X485	29.4	3 000	85	90	持续	电动	815×500×770
X485G	29.4	3 000	85	90	持续	电动	815×500×770
490	29.4	2 000	90	110	12	电动	806×513×748
2135G	29.4	1 500	135	140	12	电动	860×770×1 155
2135K-1	29.4	1 500	135	140	12	电动	1 490×800×1 200
485	32.3	3 000	85	100	12	电动	815×500×770
495	35.3	2 000	95	115	12	电动	835×652×865
495G	35.3	2 000	95	115	12	电动	820×600×782
X4105-15	35.3	1 500	105	120	12	电动	1 078×333×980
495A	36.75	2 000	95	115	12	电动	820×600×782
495N	36.75	2 000	95	115	12	电动	790×570×780
495T	36.75	2 000	95	115	12	电动	840×684×875
4100B1	44	2 000	100	120	12	电动	891×510×850
X4105-20	44	2 000	105	120	12	电动	881×665×915
4110	44	1 500	110	150	12	电动	1 206×806×1 116
X6105-15	53	1 500	105	120	12	电动	1 210×643×958
4125C	57.3	1 500	125	152	12	机动	1 260×805×1 380
4120SG	58.8	1 800	120	140	12	电动	1 095×670×1 040
4120FG	58.8	1 800	120	140	12	电动	1 063×680×1 045
4135G	58.8	1 500	135	140	12	电动	1 205×777×1 198
4E135D	66	750	135	180	持续	气动	1 310×840×1 150
4135AG	73.5	1 500	135	150	12	电动	1 200×777×1 165
6135G	88.2	1 500	135	140	12	电动	1 435×797×1 248
6135T	88.2	1 500	135	140	12	电动	2 172×927×1 380
6E135D	99.2	750	135	180	持续	电动	1 778×840×1150
6160A	99.2	750	160	225	12	气动	2 134×900×1 450
6135AG	110	1 500	135	150	12	电动	1 430×747×1 219